高等职业教育新形态系列教材

高等数学——理工版

（第2版）

主　编　王德华　夏德昌　田治平

副主编　高玉静　施桂萍　李本图　穆晓晴　张　静　李江红

编　委　王金平　杨燕飞　张兆安　孙玉太　梁宏昌　李　霞

北京理工大学出版社

BEIJING INSTITUTE OF TECHNOLOGY PRESS

图书在版编目（CIP）数据

高等数学：理工版/王德华，夏德昌，田治平主编 . —2 版 . —北京：北京理工大学出版社，2019.10（2021.7重印）

ISBN 978 - 7 - 5682 - 7495 - 1

Ⅰ.①高…　Ⅱ.①王…②夏…③田…　Ⅲ.①高等数学-高等职业教育-教材　Ⅳ.①O13

中国版本图书馆 CIP 数据核字（2019）第 186198 号

出版发行 / 北京理工大学出版社有限责任公司		
社　　址 / 北京市海淀区中关村南大街 5 号		
邮　　编 / 100081		
电　　话 / （010）68914775（总编室）		
（010）82562903（教材售后服务热线）		
（010）68944723（其他图书服务热线）		
网　　址 / http：//www.bitpress.com.cn		
经　　销 / 全国各地新华书店		
印　　刷 / 涿州市新华印刷有限公司		
开　　本 / 787 毫米×1092 毫米　1/16		
印　　张 / 16.25		责任编辑 / 江　立
字　　数 / 380 千字		文案编辑 / 江　立
版　　次 / 2019 年 10 月第 2 版　2021 年 7 月第 2 次印刷		责任校对 / 周瑞红
定　　价 / 42.00 元		责任印制 / 施胜娟

第2版前言

《高等数学——理工版（第2版）》是一本"互联网＋"数字化教材，书本上链接了10年以上一线数学老师讲课视频及课后习题答案等200多个线上资源．视频包括疑难知识点讲解视频、典型例题讲解视频、典型习题讲解视频．

本书依据2020年山东省专升本考试政策调整，加入了无穷级数一章的相关知识．

本教材融入课程思政元素，教材章节后增加了数学家的数学梦和爱国故事等内容，如陈景润的数学梦、苏步青的爱国梦等．通过这些数学家的故事感染现在的大学生，引导他们树立崇高的爱国主义情怀，激励他们努力学习科学文化知识，早日成为祖国的栋梁．

本教材作为线上课程的配套资源，线上课程资源丰富，包括每个知识点的讲解视频、例题讲解视频、在线测试题库、拓展资源（数学文化、数学竞赛资料、数学建模竞赛资料、数学电影等）．《高等数学》线上课程已经在山东科技职业学院大一新生中应用了6年，近30 000名学生在线上课程上进行了学习．

参加编写的人员具体分工如下：高玉静老师编写修订第一模块，穆晓晴老师录制第一模块的视频；王德华、施桂萍老师编写修订第二模块，王德华老师录制第二模块的视频；夏德昌、张静老师编写修订第三模块，夏德昌、杨燕飞、李江红老师编写修订第四模块，夏德昌老师录制第三、第四模块的视频；李本图、梁宏昌、李霞老师编写修订第五模块，李本图老师录制第五模块的视频；施桂萍、王德华、王金平老师编写修订第六模块，施桂萍、李本图老师录制第六模块的视频；高玉静、夏德昌、孙玉太老师编写修订第七模块；田治平、王德华、张兆安老师编写第八模块．本书在编写过程中，得到了学院领导和部门领导的关心、支持，在此一并表示感谢！

由于时间紧迫，水平有限，书中难免存在一些不足和缺点，诚恳地期望广大师生及读者朋友提出宝贵的意见和建议．

编　者

2019年9月

第 1 版前言

高等数学是高职高专的重要基础课，也是职业教育培养体系中服务于专业教育的必修课，让学生具备与高等教育专业要求相适应的数学能力．高等数学以讲解工程技术案例为切入点，本着够用为度、注重实效的原则，采用目标驱动的方式，体现当今数学教育不同于传统数学教育的思想，让学生掌握与专业知识需求相适应的数学知识．

本教材具有以下几个特色：

第一，本教材内容全面，知识模块之间以逻辑为主线．本书内容设计循序渐进、由浅入深，符合高职高专学生的认识规律，满足不同层次学生对数学知识的需求，从而使学生抽象概括问题的能力、逻辑推理能力、自学能力、运算能力和综合运用所学知识分析问题的能力、解决问题的能力得到提高，为学生学习后续专业课程和进一步获得现代科学技术知识奠定必要的数学基础，达到了国家对高职高专的教学要求．

第二，本教材突出学生应用能力的培养．书中加入很多专业案例或实际生活案例，以案例为载体进行知识的讲授，力图让抽象的数学知识变得生动，培养学生运用数学知识解决实际问题的能力．

第三，本教材注重对学生数学文化素质的培养．在每一模块后面加上数学文化知识，调动学生的探索精神和创造力，使他们更加灵活主动，逐步显露自己的聪明才智．

根据现在高职学生的数学认知特点，本书共包括八个模块的学习内容：函数的极限及连续、一元函数微分学、不定积分、定积分及其应用、微分方程、线性代数、概率统计初步、无穷级数．

由于时间紧迫、水平有限，书中难免存在一些不足和缺点，诚恳地期望广大师生及读者朋友提出宝贵的意见和建议．

编　者

2016 年 7 月

目　　录

第一模块　函数的极限及连续

学习目标

理解函数的概念，掌握基本初等函数的图像性质，掌握复合函数的复合过程；理解极限的思想和概念，掌握极限的运算法则和求极限的方法；理解函数的连续性概念及性质，掌握函数连续性的判断.

函数是高等数学中最重要的概念之一. 在数学、自然科学、经济学和管理科学的研究中，函数关系随处可见. 微积分学是以函数关系为研究对象的数学学科. 极限是研究函数和解决各种问题的一种基本方法. 在本模块中，我们首先将从函数的概念入手，进而讨论函数的极限、函数的连续性等概念，以及它们的一些性质和应用.

第一节　函数的概念

学习内容：函数的概念.

目的要求：熟练掌握函数的定义、定义域、对应法则，了解分段函数、显函数、隐函数、反函数的概念；熟练掌握函数的单调性、有界性、奇偶性、周期性及五种基本初等函数的图像和性质；掌握复合函数的复合过程.

重点难点：函数定义域的求法、复合函数的复合过程.

【案例】　在自由落体运动中，物体下落的时间 t 与距离 s 之间存在下列依赖关系：$s=\dfrac{1}{2}gt^2$，其中 g 是重力加速度. 假定物体着地的时刻为 $t=T$，则对每一个 $t\in[0，T]$，由上式可知，s 都有一个确定的数值与其对应.

一、函数概念

1. 函数的定义

设 x 和 y 是两个变量，D 是一个给定的非空数集. 若对于每一个数 $x\in D$，按照某一确定的对应法则 f，变量 y 总有唯一确定的数值与之对应，则称 y 是 x 的**函数**，记作

$$y=f(x)，\quad x\in D.$$

其中，x 称为**自变量**，y 称为**因变量**；数集 D 称为该函数的**定义域**，是 x 的取值范围.

自变量取定义域内某一值时，因变量的对应值叫作函数值. 对于给定的函数 $y=f(x)$，当函数的定义域 D 确定后，按照对应法则 f，因变量的变化范围也随之确定. 函数值的集

合叫作函数的**值域**. 所以，**定义域和对应法则就是确定一个函数的两个要素**. 两个函数只有在它们的定义域和对应法则都相同时，才是相同的.

函数的三种表示方法：解析式、列表法、图像法.

例题 1　求下列函数的定义域：

(1) $f(x) = \dfrac{1}{\sqrt{x^2 - x - 2}}$;

(2) $y = \ln(x+1) + \arccos(x-1)$.

函数的概念
（例题 1）

解　(1) 由分母不为零且被开方数大于等于零可知，自变量 x 应满足 $x^2 - x - 2 > 0$，解得 $x > 2$ 或 $x < -1$，故原函数的定义域为：$(-\infty, -1) \bigcup (2, +\infty)$.

(2) 该函数的定义域应为满足不等式组

$$\begin{cases} x+1 > 0, \\ -1 \leqslant x-1 \leqslant 1 \end{cases}$$

的 x 的全体，解不等式组得 $0 \leqslant x \leqslant 2$，故原函数的定义域为 $[0, 2]$.

2. 分段函数

对于自变量的不同取值范围，且对应法则也不同的函数，称为**分段函数**.

注意：

①分段函数是一个函数，而不是几个函数；

②分段函数的定义域是各段定义域的并集.

例如，$y = |x| = \begin{cases} x, & x \geqslant 0 \\ -x, & x < 0 \end{cases}$，$f(x) = \begin{cases} 1, & 0 < x \leqslant 5, \\ 0, & x = 0 \\ -1, & -5 < x < 0, \end{cases}$，符号函数 $y = \operatorname{sgn} x = \begin{cases} 1, & x > 0 \\ 0, & x = 0 \\ -1, & x < 0 \end{cases}$ 等，都是分段函数.

例题 2　设 $f(x) = \begin{cases} x-2, & 1 \leqslant x < 3, \\ x^2, & 3 \leqslant x < 5, \end{cases}$ 求 $f(x+1)$.

解　$f(x+1) = \begin{cases} (x+1)-2, & 1 \leqslant x+1 < 3, \\ (x+1)^2, & 3 \leqslant x+1 < 5 \end{cases} = \begin{cases} x-1, & 0 \leqslant x < 2, \\ (x+1)^2, & 2 \leqslant x < 4. \end{cases}$

3. 显函数和隐函数

若函数中的因变量 y 用自变量 x 的表达式直接表示出来，则这样的函数称为**显函数**.

函数的概念
（例题 2）

有些函数的表达方式却不是这样的. 例如方程 $x + y^3 - 1 = 0$ 表示一个函数，当 $x \in (-\infty, +\infty)$ 时，y 都有唯一确定的值与之对应.

一般地，若两个变量 x, y 的函数关系用方程 $F(x, y) = 0$ 的形式来表示，即 x, y 的函数关系隐藏在方程里，则这样的函数叫作**隐函数**.

有的隐函数可以从方程 $F(x, y) = 0$ 中解出 y 来化为显函数，但有的隐函数化为显函数比较困难，甚至是不可能的. 例如由方程 $xy - \mathrm{e}^{x+y} = 0$ 确定的隐函数就不能化为显函数.

4. 反函数

设函数 $y=f(x)$，$x\in D$，$y\in Z$，若对于任意一个 $y\in Z$，D 中都有唯一的一个 x，使得 $f(x)=y$ 成立，这时 x 是以 Z 为定义域的 y 的函数，称它为 $y=f(x)$ 的**反函数**，记作 $x=y^{-1}(y)$，$y\in Z$.

在函数 $x=f^{-1}(y)$ 中，y 是自变量，x 表示函数. 但按照习惯，我们需对调函数 $x=f^{-1}(y)$ 中的字母 x，y，把它改写成 $y=f^{-1}(x)$，$x\in Z$.

今后凡无特别说明，函数 $y=f(x)$ 的反函数都是这种改写过 $y=f^{-1}(x)$，$x\in Z$ 的形式.

函数 $y=f(x)$，$x\in D$ 与 $y=f^{-1}(x)$，$x\in Z$ 互为反函数，它们的定义域与值域互换.

在同一直角坐标系下，$y=f(x)$，$x\in D$ 与 $xy'=y(1+\ln y-\ln x)$ 互为反函数的图形关于直线 $y=x$ 对称.

例题 3　函数 $y=3x-2$ 与函数 $y=\dfrac{x+2}{3}$ 互为反函数，如图 1.1 所示；函数 $y=2^x$ 与函数 $y=\log_2 x$ 互为反函数，如图 1.2 所示. 它们的图形都关于直线 $y=x$ 对称.

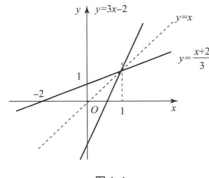

图 1.1

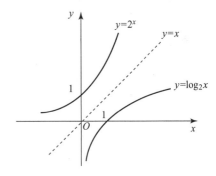

图 1.2

定理 1（反函数存在定理）　单调函数必有反函数，且单调增加（减少）的函数的反函数也是单调增加（减少）的. 求函数 $y=f(x)$ 的反函数可以按以下步骤进行：

（1）从方程 $y=f(x)$ 中解出唯一的 x，并写成 $x=f^{-1}(y)$；

（2）将 $x=f^{-1}(y)$ 中的字母 x，y 对调，得到函数 $y=f^{-1}(x)$，这就是所求的函数的反函数.

5. 复合函数

假设有两个函数 $y=f(u)$，$u=\varphi(x)$，与 x 对应的 u 值能使 $y=f(u)$ 有定义，将 $u=\varphi(x)$ 代入 $y=f(u)$，得到函数 $y=f(\varphi(x))$. 这个新函数 $y=f(\varphi(x))$ 就是由 $y=f(u)$ 和 $u=\varphi(x)$ 经过复合而成的**复合函数**，称 u 为中间变量.

复合函数

例如由 $y=f(u)=\mathrm{e}^u$，$u=\varphi(x)=\cos x$ 可以复合成复合函数 $y=\mathrm{e}^{\cos x}$.

复合函数不仅可用两个函数复合而成，也可以由多个函数相继进行复合而成. 如由 $y=\sqrt{u}$，$u=\ln v$，$v=\sin x$ 可以复合成复合函数 $y=\sqrt{\ln \sin x}$.

注意：不是任何两个函数都能复合成复合函数． 由定义易知，只有当 $u=\varphi(x)$ 的值域与 $y=f(u)$ 的定义域的交集非空时，这两个函数才能复合成复合函数．例如函数 $y=\ln u$ 和 $u=-x^2$ 就不能复合成一个复合函数．因为 $u=-x^2$ 的值域为 $(-\infty, 0]$，而 $y=\ln u$ 的定义域为 $(0, +\infty)$，显然 $(-\infty, 0]\bigcap(0, +\infty)=\varnothing$，$y=\ln(-x^2)$ 无意义．

例题 4　函数 $y=\mathrm{e}^{\sqrt{x^2+1}}$ 是由哪几个函数复合而成的？

解　函数 $y=\mathrm{e}^{\sqrt{x^2+1}}$ 是由 $y=\mathrm{e}^u$，$u=\sqrt{v}$，$v=x^2+1$ 复合而成的．

二、函数性质

1. 单调性

设有函数 $y=f(x)$，$x\in(a, b)$，若对任意两点 x_1，$x_2\in(a, b)$，当 $x_1<x_2$ 时，总有 $f(x_1)<f(x_2)$，则称函数 $f(x)$ 在 (a, b) 上是**单调增加**的，区间 (a, b) 称为**单调增加区间**；若 $f(x_1)>f(x_2)$，则称函数 $f(x)$ 在 (a, b) 上是**单调减少**的，区间 (a, b) 称为**单调减少区间**．

单调增加的函数和单调减少的函数统称为**单调函数**，单调增加区间和单调减少区间统称为**单调区间**．

2. 有界性

设函数 $y=f(x)$，$x\in D$，如果存在 $M>0$，使得对任意 $x\in D$，均有 $|f(x)|\leqslant M$ 成立，则称函数 $f(x)$ 在 D 内是有界的；如果这样的 M 不存在，则称函数 $f(x)$ 在 D 内是无界的．

例如 $y=\sin x$ 是有界函数，其中对任意的 $x\in(-\infty, +\infty)$，均有 $|\sin x|\leqslant 1$；而 $y=x^2$ 是无界函数，因为 $y=x^2$ 在 $(-\infty, +\infty)$ 上仅有下界．

3. 奇偶性

设函数 $y=f(x)$ 的定义域关于原点对称，如果对于定义域内的 x 都有：$f(-x)=-f(x)$，则称函数 $f(x)$ 为奇函数；$f(-x)=f(x)$，则称函数 $f(x)$ 为偶函数．奇函数的图像关于原点对称；偶函数的图像关于 y 轴对称．如果函数 $f(x)$ 既不是奇函数也不是偶函数，则称其为非奇非偶函数．

例如，$y=\sin x$，$y=x^3$，$x\in(-\infty, +\infty)$ 是奇函数；$y=\cos x$，$y=x^2$，$x\in(-\infty, +\infty)$ 是偶函数．

4. 周期性

设函数 $y=f(x)$，$x\in D$，如果存在常数 $T\neq 0$，对任意 $x\in D$，$f(x+T)=f(x)$ 恒成立，则称函数 $y=f(x)$ 为周期函数；使上式成立的最小正数 T，称为函数 $y=f(x)$ 的最小正周期，简称周期．例如，$y=\sin x$，$y=\cos x$ 的周期 $T=2\pi$；$y=\tan x$，$y=\cot x$ 的周期 $T=\pi$；正弦型曲线函数 $y=A\sin(\omega x+\varphi)$ 的周期为 $T=\dfrac{2\pi}{|\omega|}$．

三、基本初等函数

常函数、幂函数、指数函数、对数函数、三角函数、反三角函数统称为**基本初等函数**．为教学需要，现将幂函数、指数函数、对数函数、三角函数、反三角函数这五类基本初等函数的表达式、定义域、性质以及图像进行归纳，如表 1－1 所示.

表 1－1　基本初等函数及图像性质

序号	函　　　数	图　　　像	性　　　质
1	幂函数 $y=x^a$, $a\in R$		在第一象限，$a>0$ 时函数单增；$a<0$ 时函数单减. 共性：过点（1，1）
2	指数函数 $y=a^x$ （$a>0$ 且 $a\neq1$）		$a>1$ 时函数单增；$0<a<1$ 时函数单减. 共性：过（0，1）点，以 x 轴为渐近线
3	对数函数 $y=\log_a x$ （$a>0$ 且 $a\neq1$）		$a>1$ 时函数单增；$0<a<1$ 时函数单减. 共性：过（1，0）点，以 y 轴为渐近线
4	三角函数	正弦函数 $y=\sin x$	奇函数，周期 $T=2\pi$，有界 $|\sin x|\leqslant1$
		余弦函数 $y=\cos x$	偶函数，周期 $T=2\pi$，有界 $|\cos x|\leqslant1$
		正切函数 $y=\tan x$	奇函数，周期 $T=\pi$，无界

续表

序号	函　　数		图　　像	性　　质
4	三角函数	余切函数 $y=\cot x$		奇函数，周期 $T=\pi$，无界
5	反三角函数	反正弦函数 $y=\arcsin x$		$x\in[-1,1]$，$y\in\left[-\dfrac{\pi}{2},\dfrac{\pi}{2}\right]$，奇函数，单调增加，有界
		反余弦函数 $y=\arccos x$		$x\in[-1,1]$，$y\in[0,\pi]$，单调减少，有界
		反正切函数 $y=\arctan x$		$x\in(-\infty,+\infty)$，$y\in\left(-\dfrac{\pi}{2},\dfrac{\pi}{2}\right)$，奇函数，单调增加，有界，$y=\pm\dfrac{\pi}{2}$ 为两条水平渐近线
		反余切函数 $y=\text{arccot}\, x$		$x\in(-\infty,+\infty)$，$y\in(0,\pi)$，单调减少，有界，$y=0$，$y=\pi$ 为两条水平渐近线

四、初等函数

由基本初等函数经过有限次四则运算或有限次复合所构成的，并能用一个式子表示的函数，统称为初等函数.

初等函数的本质就是一个函数. 为了研究需要，今后经常要将一个给定的初等函数看成由若干个简单函数经过四则运算或复合而成的形式. 简单函数是指基本初等函数，或由基本初等函数经过有限次四则运算而成的函数.

本课程研究的函数，主要是初等函数. 凡不是初等函数的函数，皆称为非初等函数.

习题 1－1

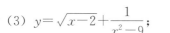

本节习题答案

1. 求下列函数的定义域：

(1) $y=\sqrt{2x+1}$；

(2) $y=\dfrac{1}{1-x^2}$；

(3) $y=\sqrt{x-2}+\dfrac{1}{x^2-9}$；

(4) $y=\ln(x^2-4)$.

2. 已知 $f(x)=e^x$，求 $f(0)$，$f(2)$，$f(x^2)$，$f(f(0))$，$f(f(x^2))$.

3. 求下列函数的反函数：

(1) $y=3x-2$；

(2) $y=\dfrac{1-x}{1+x}$；

(3) $y=\sqrt[3]{2x-1}$；

(4) $y=1-x^2(x<0)$.

4. 下列函数是由哪几个简单函数复合而成的？

(1) $y=\sin x^3$；

(2) $y=\ln\sin x$；

(3) $y=\cos\sqrt{x+1}$；

(4) $y=e^{\sin 2x}$；

(5) $y=(3+x+2x^2)^3$；

(6) $y=\sin^2(1+2x)$；

(7) $y=\ln\ln\sin x$；

(8) $y=\sqrt{\ln 2x}$.

5. 应用题：

A、B 两地间的汽车运输，旅客携带行李按下列标准支付运费：不超过 10 千克的不收行李费；超过 10 千克而不超过 25 千克的，每千克收运费 0.50 元；超过 25 千克而不超过 100 千克的，每千克收运费 0.80 元. 试列出运输行李的运费与行李的重量之间的函数关系式，写出定义域，并求出所带行李分别为 16 千克和 65 千克的甲、乙两旅客各应支付多少运费？

第二节 数列的极限

学习内容：数列的极限.

目的要求：掌握数列、数列极限、数列收敛发散的定义；熟练掌握数列极限的判断，数列极限的四则运算法则；了解收敛数列的性质.

重点难点：数列极限的判断，数列极限的四则运算法则.

微积分研究问题所采用的基本方法是极限法. 我们后面将会看到，微分学和积分学的一些基本概念都是通过极限概念来确定的，一些基本性质和法则也是通过极限法推导出来的.

极限思想方法是数学分析乃至全部高等数学必不可少的一种重要方法，也是数学分析与初等数学的本质区别之处．数学分析之所以能解决许多初等数学无法解决的问题（例如求瞬时速度、曲线弧长、曲边形面积、曲面体体积等问题），正是由于采用了极限的思想方法．有时我们要确定某一个量，首先确定的不是这个量的本身而是它的近似值，而且所确定的近似值也不仅仅是一个而是一连串越来越准确的近似值；然后通过考察这一连串近似值的趋向，把那个量的准确值确定下来．这就是运用了极限的思想方法．

案例 1　公元 263 年，我国古代数学家刘徽提出利用内接正多边形来推算圆的面积．

设有一圆，首先做内接正六边形，它的面积记为 A_1；再做内接正十二边形，它的面积记为 A_2；再做内接正二十四变边形，它的面积记为 A_3；如此下去，每次边数加倍，一般把内接正 $6 \times 2^{n-1}$ 边形的面积记为 A_n，这样得到一系列内接正多边形的面积，如图 1.3 所示．

$$A_1, A_2, A_3, \cdots, A_n.$$

内接正多边形的边数 n 越多，即正整数 n 无限增大（记为 $n \to \infty$，读作 n 趋向于无穷大）时，内接正多边形的面积也在不断增大，却无限接近于一个定值——圆的面积 A．

案例 2　春秋战国时期哲学家庄子在《庄子・天下篇》中对"截丈问题"有一段名言："一尺之锤，日取其半，万世不竭"，意思是说，一尺长的木棍，每天截取它的一半，这个过程将无穷无尽，其中也隐含了深刻的极限思想．

极限思想案例

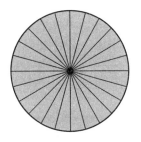

图 1.3

一、数列

定义 1　无穷多个数按照一定顺序排成一列 $y_1, y_2, \cdots, y_n$ 称为数列，记作 $\{y_n\}$，其中 y_n 称为数列的一般项或通项，n 为下标，为正整数．

显然，数列的项是其下标的函数，因此数列还可以表示为

$$y_n = f(n), \quad n \in N^+$$

例如　观察下列数列的变化趋势：

(1) $\{(-1)^n\}$：$-1, 1, -1, 1, \cdots, (-1)^n, \cdots$；

(2) $\left\{\dfrac{1}{n}\right\}$：$1, \dfrac{1}{2}, \dfrac{1}{3}, \cdots, \dfrac{1}{n}, \cdots$；

(3) $\left\{\dfrac{1}{2^n}\right\}$：$\dfrac{1}{2}, \dfrac{1}{4}, \cdots, \dfrac{1}{2^n}, \cdots$；

(4) $\left\{1+\left(\dfrac{-1}{2}\right)^n\right\}$：$\dfrac{1}{2}, \dfrac{5}{4}, \cdots, 1+\left(\dfrac{-1}{2}\right)^n, \cdots$；

(5) $\{n^2\}$：$1, 4, 9, 16, \cdots, n^2, \cdots$．

在初等数学中，我们关心数列的通项公式及其前 n 项和，现在我们要研究当 n 无限增大时，数列的整体变化趋势.

对于数列（2），当 n 无限增大时，其通项 $\dfrac{1}{n}$ 越来越小，且无限接近于 0.

对于数列（3），当 n 无限增大时，其通项 $\dfrac{1}{2^n}$ 越来越小，且无限接近于 0.

对于数列（4），当 n 无限增大时，其通项 $1+\left(\dfrac{-1}{2}\right)^n$ 虽然有时比 1 大有时比 1 小，但到 1 的距离 $\left|y_n-1\right|=\dfrac{1}{2^n}$ 越来越小，因此 y_n 无限接近于 1.

以上讨论的 3 个数列有共同的特性：当 n 无限增大时，其通项都无限接近于某个常数. 把这种性质抽象出来，就形成了极限的定义.

二、数列的极限

定义 2　设有数列 $\{y_n\}$，如果存在一个常数 A，当 n 无限增大时，y_n 无限地接近于 A，则称当 $n\to\infty$ 时数列 $\{y_n\}$ 以 A 为极限. 记作

$$\lim_{n\to\infty} y_n=A \quad \text{或} \quad y_n\to A \ (n\to\infty).$$

如果一个数列有极限，则称这个数列是收敛的；否则，称这个数列是发散的.

上述数列中，数列（2）、数列（3）、数列（4）是收敛的，且 $\lim\limits_{n\to\infty}\dfrac{1}{n}=0$，$\lim\limits_{n\to\infty}\dfrac{1}{2^n}=0$；$\lim\limits_{n\to\infty}\left[1+\left(\dfrac{-1}{2}\right)^n\right]=1$. 数列（1）、数列（5）是发散的，即极限 $\lim\limits_{n\to\infty}(-1)^n$，$\lim\limits_{n\to\infty}n^2$ 不存在. 极限 $\lim\limits_{n\to\infty}n^2$ 是趋于无穷大，不存在，也可记为 $\lim\limits_{n\to\infty}n^2=\infty$.

例题 1　讨论下列数列的极限情况.

（1）$y_n=(-1)^{n-1}\dfrac{1}{n}$；　　　　　　（2）$y_n=2-\dfrac{1}{n^2}$ $(n=1,\ 2,\ 3,\ \cdots)$.

解　（1）当 n 为奇数时，y_n 为一正数；当 n 为偶数时，y_n 为一负数. 当 n 越来越大时，$|y_n|$ 越来越小，当 $n\to\infty$ 时，y_n 与常数 0 无限接近，所以数列 $\{y_n\}$ 的极限是 0，即

$$\lim_{n\to\infty} y_n=\lim_{n\to\infty}(-1)^n\dfrac{1}{n}=0.$$

（2）当 $n\to\infty$ 时，y_n 与常数 2 无限接近，所以 $y_n=2-\dfrac{1}{n^2}$ $(n=1,\ 2,\ 3,\ \cdots)$ 的极限是 2，即

$$\lim_{n\to\infty} y_n=\lim_{n\to\infty}\left(2-\dfrac{1}{n^2}\right)=2.$$

三、收敛数列的性质

定理 1（极限的唯一性）　若数列 $\{y_n\}$ 收敛，则其极限值唯一.

对于数列 $\{y_n\}$，如果存在正数 M，使得对一切 y_n 都有 $|y_n|\leqslant M$，则称数列 $\{y_n\}$ 有

界；如果这样的 M 不存在，则称数列 $\{y_n\}$ 无界.

定理 2（收敛数列的有界性）　如果数列 $\{y_n\}$ 收敛，则数列 $\{y_n\}$ 必有界.

由定理 2 可知，有界是数列收敛的必要条件. 我们常用该定理判断数列发散. 例如，$\{(-1)^n n\}$ 的通项的绝对值 $|(-1)^n n| = n$，故 $\{(-1)^n n\}$ 无界，即 $\{(-1)^n n\}$ 必发散. 因此有下列结论：

推论　无界数列必发散.

注意，有界数列不一定收敛. 例如，数列 $\{(-1)^n\}$ 的通项 $|(-1)^n| \leqslant 1$，是有界数列，但该数列发散.

定理 3（保号性）　如果 $\lim\limits_{n \to \infty} y_n = a$，且 $a > 0$（或 $a < 0$），则存在正整数 N，当 $n > N$ 时，都有 $y_n > 0$（或 $y_n < 0$）.

推论　如果数列 $\{y_n\}$ 从某项起有 $y_n \geqslant 0$（或 $y_n \leqslant 0$），且 $\lim\limits_{n \to \infty} y_n = a$，则 $a \geqslant 0$（或 $a \leqslant 0$）.

定理 4　如果数列 $\{y_n\}$ 收敛于 a，则数列 $\{y_n\}$ 的任何子数列都收敛，且收敛于 a.

由定理 4 可知，若 $\{y_n\}$ 得两个子数列收敛于不同的数，则 $\{y_n\}$ 必发散. 例如，对于数列

$$y_n = \begin{cases} 1 - \dfrac{1}{n}, & n = 2k \\[2mm] \dfrac{1}{n^2}, & n = 2k - 1 \end{cases} \quad (k = 1,\ 2,\ 3,\ \cdots),$$

有 $\lim\limits_{k \to \infty} x_{2k} = 1 \neq \lim\limits_{k \to \infty} x_{2k-1} = 0$，故原数列发散.

四、数列极限的四则运算

根据极限的定义，可用观察的方法求出一些简单数列的极限，但对于比较复杂的数列，用观察法求极限很难，需要研究数列极限的运算. 下面我们给出数列极限的四则运算法则.

数列极限的
四则运算

设有数列 x_n，y_n 且 $\lim\limits_{n \to \infty} x_n = a$，$\lim\limits_{n \to \infty} y_n = b$，则

(1) $\lim\limits_{n \to \infty}(x_n \pm y_n) = \lim\limits_{n \to \infty} x_n \pm \lim\limits_{n \to \infty} y_n = a \pm b$；

(2) $\lim\limits_{n \to \infty} x_n \cdot y_n = \lim\limits_{n \to \infty} x_n \cdot \lim\limits_{n \to \infty} y_n = a \cdot b$；

(3) $\lim\limits_{n \to \infty} c \cdot x_n = c \cdot \lim\limits_{n \to \infty} x_n = c \cdot a$（$c$ 是常数）；

(4) $\lim\limits_{n \to \infty} \dfrac{x_n}{y_n} = \dfrac{\lim\limits_{n \to \infty} x_n}{\lim\limits_{n \to \infty} y_n} = \dfrac{a}{b}$（$b \neq 0$）.

注　法则（1）、法则（2）可以推广到三个及三个以上有限个数列极限的情形.

例题 2　已知 $\lim\limits_{n \to \infty} x_n = 5$，$\lim\limits_{n \to \infty} y_n = 6$，求

(1) $\lim\limits_{n \to \infty}(5x_n)$；(2) $\lim\limits_{n \to \infty} \dfrac{y_n}{3}$；(3) $\lim\limits_{n \to \infty}\left(5x_n - \dfrac{y_n}{3}\right)$.

解　(1) $\lim\limits_{n \to \infty}(5x_n) = 5 \lim\limits_{n \to \infty} x_n = 5 \times 5 = 25$.

(2) $\lim\limits_{n \to \infty} \dfrac{y_n}{3} = \dfrac{1}{3} \lim\limits_{n \to \infty} y_n = \dfrac{1}{3} \times 6 = 2$.

(3) $\lim_{n\to\infty}\left(5x_n-\dfrac{y_n}{3}\right)=\lim_{n\to\infty}5x_n-\lim_{n\to\infty}\dfrac{y_n}{3}=25-2=23.$

五、无穷递缩等比数列的求和公式

例题 3 求等比数列 $\dfrac{1}{2}$，$\dfrac{1}{4}$，$\dfrac{1}{8}$，…，$\dfrac{1}{2^n}$ 的前 n 项和，并求当 $n\to\infty$ 时数列的极限.

解 这个等比数列的公比是 $\dfrac{1}{2}$，根据等比数列的前 n 项和公式，得

$$S_n=\frac{\dfrac{1}{2}\left[1-\left(\dfrac{1}{2}\right)^n\right]}{1-\dfrac{1}{2}}=1-\frac{1}{2^n},$$

因此，$\lim_{n\to\infty}S_n=\lim_{n\to\infty}\left(1-\dfrac{1}{2^n}\right)=1.$

定义 3 一般地，等比数列 a_1，a_1q，a_1q^2，…，a_1q^{n-1}，…，当 $|q|<1$ 时，称为无穷递缩等比数列. 其前 n 项和 S_n，当 $n\to\infty$ 时的极限叫作这个无穷递缩等比数列的和，并用符号 S 表示.

因为 $$S_n=\frac{a_1(1-q^n)}{1-q},$$

所以

$$S=\lim_{n\to\infty}S_n=\lim_{n\to\infty}\frac{a_1(1-q^n)}{1-q}=\lim_{n\to\infty}\frac{a_1}{1-q}\cdot\lim_{n\to\infty}(1-q^n)=\frac{a_1}{1-q}.$$

称公式 $S_n=\dfrac{a_1}{1-q}$ 为无穷递缩等比数列的求和公式.

例题 4（弹球模型）

一只球从 100 米的高空掉下，每次弹回的高度为上次高度的 $\dfrac{2}{3}$，这样下去，用球第 1，2，3，…，n 的高度来表示球的运动规律，则得数列

$$100,\ 100\times\frac{2}{3},\ 100\times\left(\frac{2}{3}\right)^2,\ \cdots,\ 100\times\left(\frac{2}{3}\right)^{n-1},\ \cdots$$

从数列的变化趋势可以看出，$\left\{100\times\left(\dfrac{2}{3}\right)^{n-1}\right\}$ 随着次数 n 的无限增大，数列无限接近于 0，即

$$\lim_{n\to\infty}100\times\left(\frac{2}{3}\right)^{n-1}=0.$$

习题 1-2

1. 观察并写出下列数列的极限值：

（1）$y_n=\dfrac{n}{n+1}$；

（2）$y_n=n(-1)^n$；

本节习题答案

（3）$y_n = 1 - \dfrac{1}{10^n}$；

（4）$y_n = \sqrt{n+1} - \sqrt{n}$.

2. 求下列数列的极限：

（1）$\displaystyle\lim_{n\to\infty}\left(2 - \dfrac{1}{n}\right)$；

（2）$\displaystyle\lim_{n\to\infty}\left(3 - \dfrac{2}{n} + \dfrac{3}{n^3}\right)$；

（3）$\displaystyle\lim_{n\to\infty}\dfrac{3n^2 - 2n + 1}{8 - n^2}$；

（4）$\displaystyle\lim_{n\to\infty}\dfrac{2n^2 - n + 1}{3 + n^2}$；

（5）$\displaystyle\lim_{n\to\infty}\left[\dfrac{1}{1\times 3} + \dfrac{1}{2\times 4} + \dfrac{1}{3\times 5} + \cdots + \dfrac{1}{n\times(n+2)}\right]$.

3. 求下列无穷递缩等比数列的和：

（1）$3,\ 1,\ \dfrac{1}{3},\ \dfrac{1}{9},\ \cdots$；

（2）$1,\ -\dfrac{1}{2},\ \dfrac{1}{4},\ -\dfrac{1}{8},\ \cdots$；

（3）$1,\ -x,\ x^2,\ -x^3,\ \cdots\ (|x| < 1)$.

第三节　函数的极限

学习内容：函数的极限.

目的要求：掌握 $x\to\infty$、$x\to x_0$ 时函数极限的概念，左极限、右极限的概念；熟练掌握 $x\to\infty$、$x\to x_0$ 时函数极限的求解，以及左、右极限的求解，掌握极限的性质.

重点难点：$x\to\infty$、$x\to x_0$ 时函数极限的求解，以及左、右极限的求解.

【案例】（人影长度）　考虑一个人沿直线走向路灯的正下方时其影子的长度. 若目标总是灯的正下方那一点，则灯与地面的垂直高度为 H. 由日常生活知识知道，当人越来越接近目标（$x\to 0$）时，其影子的长度越来越短，逐渐趋于 $0(y\to 0)$，如图 1.4 所示.

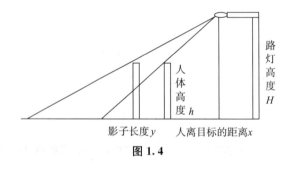

图 1.4

一、当 $x\to\infty$ 时，函数 $f(x)$ 的极限

定义 1　设函数 $y = f(x)$，如果存在一个常数 A，当 x 的绝对值无限增大时，函数 $f(x)$ 无限趋近于 A，则称当 $x\to\infty$ 时，**函数 $f(x)$ 以 A 为极限**. 记作：

$$\lim_{x\to\infty} f(x) = A \quad 或 \quad f(x)\to A(x\to\infty).$$

例题 1　讨论极限 $\displaystyle\lim_{x\to\infty}\dfrac{1}{x}$.

解　作出 $y=\dfrac{1}{x}$ 的图形，如图 1.5 所示．当 $|x|$ 无限增大时，函数 $y=\dfrac{1}{x}$ 的值与 $A=0$ 无限接近，所以 $\lim\limits_{x\to\infty}\dfrac{1}{x}=0.$

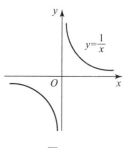

图 1.5

上述定义中的 $x\to\infty$，指的是 x 的变化是沿着 x 轴向正、负两个方向趋于无穷的．在一些实际问题中，有时需要区分 x 趋于无穷大的符号．如果 x 取正值且无限增大，则称 $x\to+\infty$；如果 x 取负值且绝对值无限增大，则称 $x\to-\infty$．因此，函数 $f(x)$ 当 $x\to+\infty$（或 $x\to-\infty$）时的极限可以这样定义：

定义 2　设函数 $y=f(x)$，如果存在一个常数 A，当 $x\to+\infty(x\to-\infty)$ 时，函数 $f(x)$ 无限趋近于 A，则称当 $x\to+\infty(x\to-\infty)$ 时，函数 $f(x)$ 以 A 为极限．记作：

$$\lim_{x\to+\infty}f(x)=A(\lim_{x\to-\infty}f(x)=A)\ \text{或}\ f(x)\to A(x\to+\infty)(f(x)\to A(x\to-\infty)).$$

例题 2　讨论 $\lim\limits_{x\to-\infty}3^x$ 的极限．

解　由指数函数的图像可知，当 $x\to-\infty$ 时，$3^x\to 0$，所以

$$\lim_{x\to-\infty}3^x=0.$$

定理 1　当 $x\to\infty$ 时，函数 $f(x)$ 以 A 为极限的充分必要条件是

$$\lim_{x\to\infty}f(x)=A\Leftrightarrow\lim_{x\to+\infty}f(x)=\lim_{x\to-\infty}f(x)=A.$$

注意：当 $\lim\limits_{x\to+\infty}f(x)=A$，$\lim\limits_{x\to-\infty}f(x)=B$，且 $A\neq B$ 或 A，B 中至少有一个不存在时，$\lim\limits_{x\to\infty}f(x)$ 不存在．

例题 3　讨论 $y=\arctan x$ 在 $x\to\infty$ 时的极限．

解　由反正切函数的图像知，$\lim\limits_{x\to+\infty}\arctan x=\dfrac{\pi}{2}$，$\lim\limits_{x\to-\infty}\arctan x=-\dfrac{\pi}{2}$，所以 $\lim\limits_{x\to\infty}\arctan x$ 不存在．

二、当 $x\to x_0$ 时，函数 $f(x)$ 的极限

1. 当 $x\to x_0$ 时，函数 $f(x)$ 的极限

例题 4　首先考察函数 $f(x)=\dfrac{x^2-1}{x-1}$，当 $x\to 1$ 时的变化情况．

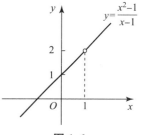

图 1.6

因为当 $x=1$ 时，函数没有意义，而当 $x\neq 1$ 时，$f(x)=\dfrac{x^2-1}{x-1}=x+1$，其图形如图 1.6 所示．不难看出，当 $x\to 1(x\neq 1)$ 时，函数 $f(x)$ 无限趋近于 2．我们称 $x\to 1$ 时 $f(x)=\dfrac{x^2-1}{x-1}$ 以 2 为极限．

定义 3　设函数 $y=f(x)$ 在点 x_0 的某邻域内有定义（但在 x_0 点可以没有定义），如果存在一个常数 A，当 x 无限趋近于 x_0（但 $x\neq x_0$）时，函数 $f(x)$ 无限趋近于 A，则称当 $x\to x_0$ 时，**函数 $f(x)$ 以 A 为极限**．记作：

函数的极限（定义）

$$\lim_{x \to x_0} f(x) = A \quad \text{或} \quad f(x) \to A(x \to x_0).$$

注意：在 x_0 点可以没有定义.

2. 当 $x \to x_0$ 时，函数 $f(x)$ 的左极限与右极限

在上述 $x \to x_0$ 时，函数 $f(x)$ 以 A 为极限的讨论中，x 是以任意方式趋近于 x_0 的. 但在许多问题中，我们只能或只需考虑当 x 从大于 x_0（或小于 x_0）的方向趋于 x_0 时，$f(x)$ 的变化趋势. 例如，对函数 $y = \sqrt{x}$，如果要考察 x 趋近于 0 时的变化趋势，只能考虑 x 从点 0 的右侧（$x > 0$）趋近于 0 时的情形. 于是，有必要引入左极限与右极限的概念.

定义 4　设函数 $y = f(x)$ 在点 x_0 的左邻域（或右邻域）有定义，如果存在一个常数 A，当 x 从 x_0 的左侧（$x < x_0$）（或右侧（$x > x_0$））趋近于 x_0 时，函数 $f(x)$ 无限趋近于 A，则称 A 为函数 $f(x)$ 当 $x \to x_0$ 时的左极限（或右极限）. 记作：

$$\lim_{x \to x_0^-} f(x) = A (\lim_{x \to x_0^+} f(x) = A) \quad \text{或} \quad f(x_0 - 0) = A(f(x_0 + 0) = A).$$

函数 $f(x)$ 当 $x \to x_0$ 时的极限与它在 x_0 处的左、右极限之间有如下关系.

定理 2　极限 $\lim_{x \to x_0} f(x)$ 存在且等于 A 的充分必要条件是极限 $\lim_{x \to x_0^-} f(x)$ 与 $\lim_{x \to x_0^+} f(x)$ 都存在且等于 A. 即

$$\lim_{x \to x_0} f(x) = A \Longleftrightarrow \lim_{x \to x_0^-} f(x) = \lim_{x \to x_0^+} f(x) = A.$$

例题 5　设函数 $f(x) = \begin{cases} x, & x \leqslant 1 \\ 2x + 1, & x > 1 \end{cases}$，试讨论极限 $\lim_{x \to 1} f(x)$.

解　因为 $\lim_{x \to 1^-} f(x) = \lim_{x \to 1^-} x = 1$，$\lim_{x \to 1^+} f(x) = \lim_{x \to 1^+} (2x + 1) = 3$，$\lim_{x \to 1^-} f(x) \neq \lim_{x \to 1^+} f(x)$，所以 $\lim_{x \to 1} f(x)$ 不存在.

函数的极限（例题 5）

三、函数极限的性质

类似于数列极限，可得到函数极限的如下性质.

性质 1（函数极限的唯一性）　若极限 $\lim_{x \to x_0} f(x)$ 存在，则其极限值唯一.

性质 2（函数极限的局部有界性）　若极限 $\lim_{x \to x_0} f(x)$ 存在，则函数 $f(x)$ 在 x_0 的某去心邻域内有界.

性质 3（函数极限的局部保号性）　若极限 $\lim_{x \to x_0} f(x) = A$，且 $A > 0$（或 $A < 0$），则在 x_0 的某去心邻域内恒有 $f(x) > 0$（或 $f(x) < 0$）.

推论　若极限 $\lim_{x \to x_0} f(x) = A$，且 $f(x) \geqslant 0$（或 $f(x) \leqslant 0$），则在 x_0 的某去心邻域内恒有 $A \geqslant 0$（或 $A \leqslant 0$）.

性质 4（夹逼定理）　若在 x_0 的某去心邻域内有 $f(x) \leqslant h(x) \leqslant g(x)$，且 $\lim_{x \to x_0} f(x) = \lim_{x \to x_0} g(x) = A$，则 $\lim_{x \to x_0} h(x) = A$.

说明　当 $x \to \infty$ 时上述性质也成立.

例题 6　讨论函数 $f(x)=\dfrac{x^3-1}{x-1}$，当 $x\to1$ 时的极限.

解　$\displaystyle\lim_{x\to1}f(x)=\lim_{x\to1}\frac{x^3-1}{x-1}=\lim_{x\to1}\frac{(x-1)(x^2+x+1)}{x-1}$
$\qquad\quad\ =\displaystyle\lim_{x\to1}(x^2+x+1)=3.$

函数的极限（例题 6）

习题 1 - 3

本节习题答案

1. 求下列函数的极限：

(1) $\displaystyle\lim_{x\to-\infty}\left(1+\frac{1}{x}\right)$；

(2) $\displaystyle\lim_{x\to+\infty}x^{\frac{1}{2}}$；

(3) $\displaystyle\lim_{x\to\infty}\left(3-\frac{5}{x^2}\right)$；

(4) $\displaystyle\lim_{x\to+\infty}\left[2+\left(\frac{1}{3}\right)^x\right]$；

(5) $\displaystyle\lim_{x\to3}(x^2-6x+8)$；

(6) $\displaystyle\lim_{x\to-1}(3x^2-x+1)$；

(7) $\displaystyle\lim_{x\to3}\frac{x^2-9}{x-3}$；

(8) $\displaystyle\lim_{x\to-4}\frac{x^2-16}{x+4}$.

2. 设函数 $f(x)=\begin{cases}x^2+1,&x\leqslant0,\\1-x,&x>0,\end{cases}$ 试讨论极限 $\displaystyle\lim_{x\to0}f(x)$.

3. 设函数 $f(x)=\begin{cases}x+2,&x\leqslant1,\\x-3,&x>1,\end{cases}$ 试讨论极限 $\displaystyle\lim_{x\to1}f(x)$.

4. 设 $f(x)=\begin{cases}x+a,&x>0,\\\mathrm{e}^{\frac{1}{x}}+3,&x<0,\end{cases}$ 若极限 $\displaystyle\lim_{x\to0}f(x)$ 存在，求常数 a 的值.

5. 设 $f(x)=\begin{cases}1+\sin x,&x<0,\\a+\mathrm{e}^x,&x>0,\end{cases}$ 若极限 $\displaystyle\lim_{x\to0}f(x)$ 存在，求常数 a 的值.

第四节　无穷小量与无穷大量

学习内容：无穷小量与无穷大量、无穷小的比较.

目的要求：熟练掌握无穷小与无穷大的定义，熟练掌握无穷小的运算法则与无穷小的比较，重点掌握运用无穷小的性质与比较来解决有关极限问题.

重点难点：无穷小的性质与比较.

案例 1（洗涤效果）　用洗衣机清洗衣物时，清洗次数越多，衣物上残留的污质就越少. 当洗涤次数无限增大时，衣物上的污质量趋于零.

案例 2（单摆运动）　单摆离开铅直位置的偏度可以用角 θ 来度量，这个角可规定当偏到一方（如右方）时为正，而偏到另一方（如左方）为负. 如果让单摆自己摆，则由于机械摩擦力和空气阻力，振幅会不断地减小，在这个过程中，角 θ 就是一个无穷小量.

案例 3（游戏销售）　当推出一款新的电子游戏程序时，在短期内销售量会迅速增加然后开始下降，其函数关系为：$s(t)=\dfrac{200t}{t^2+100}$，$t$ 为月份.

（1）请计算游戏推出后 6 个月、12 个月和 3 年的销售量；

（2）如果要对该产品的长期销售做出预测，请建立相应的表达式.

一、无穷小量

定义 1　在自变量的某一变化过程中，极限为零的变量称为**无穷小量**，简称**无穷小**.

例如，因为 $\lim\limits_{x\to 0}x^2=0$，所以当 $x\to 0$ 时，变量 $y=x^2$ 为无穷小；

因为 $\lim\limits_{x\to\infty}\dfrac{1}{x^2}=0$，所以当 $x\to\infty$ 时，变量 $y=\dfrac{1}{x^2}$ 为无穷小；

因为 $\lim\limits_{n\to\infty}\dfrac{1}{n}=0$，所以当 $n\to\infty$ 时，变量 $y=\dfrac{1}{n}$ 为无穷小；

因为 $\lim\limits_{x\to 2}(x^2-4)=0$，所以当 $x\to 2$ 时，变量 x^2-4 为无穷小；

因为 $\lim\limits_{x\to-\infty}\mathrm{e}^x=0$，所以当 $x\to-\infty$ 时，变量 e^x 为无穷小.

注意：（1）一个变量是否为无穷小，除了与变量本身有关外，还与**自变量的变化趋势有关**. 例如变量 $y=x-1$，当 $x\to 1$ 时为无穷小；而当 $x\to 2$ 时，$y\to 1$，极限是一个常数. 因而，不能笼统地称某一变量为无穷小，必须明确指出变量在何种变化过程中是无穷小.

（2）在实数中，因为 0 的极限是 0，所以数 0 是无穷小，除此之外，即使绝对值很小的常数也不能认为是无穷小.

无穷小量具有下面的性质：

性质 1　有限个无穷小的代数和仍是无穷小.

性质 2　有界变量与无穷小的乘积是无穷小.

性质 3　有限个无穷小的乘积是无穷小.

例题 1　求极限 $\lim\limits_{x\to 0}x^2\sin\dfrac{1}{x}$.

解　当 $x\to 0$ 时，x^2 为无穷小，而 $\sin\dfrac{1}{x}$ 为有界函数，$\left|\sin\dfrac{1}{x}\right|\leqslant 1$，所以 $x^2\sin\dfrac{1}{x}$ 也是无穷小，即 $\lim\limits_{x\to 0}x^2\sin\dfrac{1}{x}=0$.

二、无穷大量

定义 2　在自变量的某一变化过程中，若变量 y 的绝对值无限增大，则称变量 y 为在该变化过程中的**无穷大量**，简称**无穷大**. 记作：$\lim y=\infty$ 或 $y\to\infty$.

例如，当 $x\to 0$ 时，$\left|\dfrac{1}{x}\right|$ 无限增大，所以 $\dfrac{1}{x}$ 是 $x\to 0$ 时的无穷大，即 $\lim\limits_{x\to 0}\dfrac{1}{x}=\infty$.

注意：（1）无穷大是一个变量，不能把一个绝对值很大的常数说成无穷大. 因为再大的常数极限也是它本身；

（2）一个变量是否为无穷大，与自变量的变化过程有关. 与无穷小类似，不能笼统地说某一变量为无穷大，必须明确指出变量在何种变化过程中是无穷大.

从上面的例子中我们不难看出，在自变量的某种变化趋势下，无穷小与无穷大之间存在着非常密切的关系：

在同一变化过程中，无穷大的倒数是无穷小，非零的无穷小的倒数是无穷大.

三、无穷小的比较

由无穷小的性质我们知道，有限个无穷小量的和、差、积仍是无穷小量. 为了研究两个无穷小的商，我们先观察下例：

当 $x \to +\infty$ 时，$\dfrac{1}{x}$，$\dfrac{1}{2x}$，$\dfrac{1}{x^2}$ 都是无穷小，但

$$\lim_{x \to \infty} \frac{\frac{1}{x}}{\frac{1}{2x}} = \lim_{x \to \infty} 2 = 2, \quad \lim_{x \to +\infty} \frac{\frac{1}{x}}{\frac{1}{x^2}} = \lim_{x \to +\infty} x = +\infty, \quad \lim_{x \to +\infty} \frac{\frac{1}{x^2}}{\frac{1}{2x}} = \lim_{x \to +\infty} \frac{2}{x} = 0.$$

因此，两个无穷小商的极限具有不确定性，我们称此类分式为 $\dfrac{0}{0}$ 型未定式. 另外，同是趋于 0，但当 $x \to +\infty$ 时，$\dfrac{1}{x}$ 相对于 $\dfrac{1}{x^2}$ 来说是个无穷大的量. 因此无穷小之间也有大小关系，即趋于零的快慢问题.

在同一变化过程中，会有很多的无穷小，例如，当 $x \to 0$ 时，变量 x，x^2，$\sin x$ 都是无穷小. 但是它们趋近于零的速度是不同的. 不同的无穷小趋近于零的速度可以通过它们的比值表现出来（因快慢是相对的）. 为了刻画这种快慢程度，我们引入无穷小阶的概念.

定义 3 设 α 与 β 是同一变化过程中的两个无穷小.

(1) 如果 $\lim \dfrac{\beta}{\alpha} = 0$，则称 β 是比 α 较高阶的无穷小，记作 $\beta = o(\alpha)$；

(2) 如果 $\lim \dfrac{\beta}{\alpha} = c \neq 0$（$c$ 为常数），则称 β 与 α 是同阶无穷小；特

无穷小的比较（定义 3）

别地，若 $c = 1$，则称 β 与 α 是等价无穷小，记作 $\alpha \sim \beta$；

(3) 如果 $\lim \dfrac{\beta}{\alpha} = \infty$，则称 β 是比 α 较低阶的无穷小.

例如，因为 $\lim\limits_{x \to 0} \dfrac{x^2}{x} = 0$，所以当 $x \to 0$ 时，x^2 是比 x 较高阶的无穷小，即 $x^2 = o(x)(x \to 0)$.

因为 $\lim\limits_{x \to 0} \dfrac{2x}{x} = 2$，所以当 $x \to 0$ 时，$2x$ 与 x 是同阶无穷小.

因为 $\lim\limits_{x \to 0} \dfrac{\sin x}{x} = 1$，所以当 $x \to 0$ 时，$\sin x$ 与 x 是等价无穷小，即 $\sin x \sim x(x \to 0)$.

在求极限时，如果分子、分母均为无穷小，则可用下述等价无穷小的替换定理，使问题简单化.

定理 1   在自变量的同一变化过程中，若 α，α'，β，β' 均为无穷小，且 $\alpha \sim \alpha'$，$\beta \sim \beta'$，$\lim \dfrac{\alpha'}{\beta'}$ 存在，则 $\lim \dfrac{\alpha}{\beta}$ 也存在，且有 $\lim \dfrac{\alpha}{\beta} = \lim \dfrac{\alpha'}{\beta'}$.

当 $x \to 0$ 时，常见的一些**等价无穷小**有：

$$\sin x \sim x, \quad \tan x \sim x, \quad \arcsin x \sim x, \quad \arctan x \sim x, \quad 1 - \cos x \sim \frac{1}{2}x^2,$$

$$e^x - 1 \sim x, \quad \ln(1+x) \sim x, \quad (1+x)^\alpha - 1 \sim x, \quad \sqrt[n]{1+x} - 1 \sim \frac{1}{n}x, \quad \sqrt{1+x} - \sqrt{1-x} \sim x.$$

例题 2   求 $\lim\limits_{x \to 0} \dfrac{(e^x - 1)\sin x}{1 - \cos x}$.

解   当 $x \to 0$ 时，$\sin x \sim x$，$e^x - 1 \sim x$，$1 - \cos x \sim \dfrac{1}{2}x^2$，所以

$$\lim_{x \to 0} \frac{(e^x - 1)\sin x}{1 - \cos x} = \lim_{x \to 0} \frac{x \cdot x}{\frac{1}{2}x^2} = 2.$$

无穷小的比较
（例题 2）

注意：在计算极限时，对乘积或商中的无穷小（以因子形式出现的），可以用等价无穷小来替换；对于加、减运算一般情况下不使用，否则可能得出错误的结论.

例题 3   求 $\lim\limits_{x \to 0} \dfrac{\sin x - \tan x}{x \tan^2 x}$.

分析：当 $x \to 0$ 时，$\sin x \sim x$，$\tan x \sim x$，如果在分子的减法运算中使用无穷小的等价代换，则有 $\lim\limits_{x \to 0} \dfrac{\sin x - \tan x}{x \tan^2 x} = \lim\limits_{x \to 0} \dfrac{x - x}{x \tan^2 x} = 0$.

这是错误的答案. 正确的解法是：

无穷小的比较
（例题 3）

解 $\lim\limits_{x \to 0} \dfrac{\sin x - \tan x}{x \tan^2 x} = \lim\limits_{x \to 0} \dfrac{\sin x - \dfrac{\sin x}{\cos x}}{x \tan^2 x} = \lim\limits_{x \to 0} \dfrac{\sin x(\cos x - 1)}{x \tan^2 x \cos x}$

$$= \lim_{x \to 0} \frac{x\left(-\dfrac{1}{2}x^2\right)}{x \cdot x^2 \cos x} = -\frac{1}{2}.$$

习题 1-4

本节习题答案

1. 填空题：

(1) 当 $x \to$ ___ 或 ___ 时，$f(x) = \dfrac{x}{x^2 - 4}$ 是无穷小；

当 $x \to$ ___ 或 ___ 时，$f(x) = \dfrac{x}{x^2 - 4}$ 是无穷大.

(2) 当 $x \to 0$ 时，与下列无穷小等价的无穷小分别是：

$\sin kx \sim$ ___ $(k \neq 0)$; $\tan kx \sim$ ___ $(k \neq 0)$; $e^{2x} - 1 \sim$ ___;

$1 - \cos 3x^2 \sim$ ___; $\ln(1 + 10x) \sim$ ___; $\sqrt{1 + x^2} - 1 \sim$ ___.

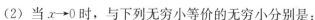

2. 选择题:

(1) 当 $x \to 0$ 时,下列变量是无穷大的是 (　　).

A. $\cos \dfrac{1}{x}$ 　　　　B. $\arctan \dfrac{1}{|x|}$ 　　　　C. e^{-x} 　　　　D. $\ln|x|$

(2) 当 $x \to 1$ 时,$1-x$ 是 $\dfrac{1}{2}(1-x^2)$ 的 (　　) 无穷小.

A. 较低阶 　　　　B. 同阶 　　　　C. 等价 　　　　D. 较高阶

(3) 当 $n \to \infty$ 时,$\sin^2 \dfrac{1}{n}$ 与 $\dfrac{1}{n^k}$ 是等价的无穷小,则 $k=$ (　　).

A. 1 　　　　B. 2 　　　　C. 3 　　　　D. 4

3. 利用无穷小的性质和等价无穷小求下列极限:

(1) $\lim\limits_{x \to \infty} \dfrac{1}{x^2} \sin x$;

(2) $\lim\limits_{x \to 0} x \sin \dfrac{1}{x}$;

(3) $\lim\limits_{x \to 0} \dfrac{\tan 5x}{3x}$;

(4) $\lim\limits_{x \to 0} \dfrac{\ln(1+x)}{e^x - 1}$;

(5) $\lim\limits_{x \to 0} \dfrac{1-\cos x}{3x^2}$;

(6) $\lim\limits_{x \to 0} \dfrac{\tan x - \sin x}{\sin^3 x}$.

4. 解答题:

(1) 当 $x \to 1$ 时,$1-x$ 与 $1-\sqrt[3]{x}$ 是同阶无穷小还是等价无穷小?

(2) 证明:当 $x \to -3$ 时,$x^2 + 6x + 9$ 是比 $x+3$ 较高阶的无穷小.

第五节　极限的四则运算

学习内容:极限的四则运算.

目的要求:熟练掌握极限的运算法则,并能运用四则运算法则求解数列及函数的极限;掌握用变量代换求解复合函数极限的方法.

重点难点:运用四则运算法则求解函数和数列的极限.

案例 用列表法或图形法讨论较复杂函数的极限,不仅工作量大,而且还不一定准确. 如求 $\lim\limits_{x \to 0} \left(x^2 - \dfrac{\cos x}{10\ 000} \right)$.

表 1-2 列出了 $x^2 - \dfrac{\cos x}{10\ 000}$ 在 $x=0$ 处附近取值时的函数值.

表 1-2

x	± 0.5	± 0.1	± 0.01	$\to$	0
$x^2 - \dfrac{\cos x}{10\ 000}$	0.249 91	0.009 90	0.000 000 005	$\to$	?

我们可能会估计 $\lim\limits_{x\to 0}\left(x^2-\dfrac{\cos x}{10\ 000}\right)=0$，但这个结果是错误的.

一、极限的四则运算

由无穷小与变量极限的关系以及无穷小的性质，可得到函数极限的四则运算法则.

极限的四则运算

定理 1 如果 $\lim f(x)=A$，$\lim g(x)=B$，则 $\lim [f(x)\pm g(x)]$ 存在，且有

$$\lim [f(x)\pm g(x)]=\lim f(x)\pm \lim g(x)=A\pm B.$$

推论 有限个有极限的变量的代数和的极限等于它们的极限的代数和.

定理 2 如果 $\lim f(x)=A$，$\lim g(x)=B$，则 $\lim [f(x)\cdot g(x)]$ 存在，且有

$$\lim [f(x)\cdot g(x)]=\lim f(x)\cdot \lim g(x)=A\cdot B.$$

推论 1 有限个有极限的变量的乘积的极限等于它们的极限的乘积.

推论 2 如果 $\lim f(x)$ 存在，C 是常数，则 $\lim Cf(x)=C\lim f(x)$.

推论 3 如果 $\lim f(x)$ 存在，n 是正整数，则 $\lim [f(x)]^n=[\lim f(x)]^n$.

定理 3 $\lim f(x)=A$，$\lim g(x)=B\neq 0$，且 $g(x)\neq 0$，则 $\lim \dfrac{f(x)}{g(x)}$ 存在，且

$$\lim \dfrac{f(x)}{g(x)}=\dfrac{\lim f(x)}{\lim g(x)}=\dfrac{A}{B}.$$

注意问题：

（1）求函数和、差、积、商的极限时，必须在各自极限都存在的前提下进行；

（2）在商的情形，要求分母的极限不等于零.

（3）极限的运算法则是对有限项而言的，对于无限项不能用.

例题 1 求 $\lim\limits_{x\to 1}(3x^2-2x-7)$.

解 $\lim\limits_{x\to 1}(3x^2-2x-7)=\lim\limits_{x\to 1}3x^2-\lim\limits_{x\to 1}2x-\lim\limits_{x\to 1}7=3\times 1^2-2\times 1-7=-6.$

由此例可知，当 $x\to x_0$ 时，多项式 $a_0x^n+a_1x^{n-1}+\cdots+a_{n-1}x+a_n$ 的极限值就是这个多项式在点 x_0 处的函数值. 即

$$\lim\limits_{x\to x_0}(a_0x^n+a_1x^{n-1}+\cdots+a_{n-1}x+a_n)=a_0x_0^n+a_1x_0^{n-1}+\cdots+a_{n-1}x_0+a_n.$$

例题 2 求 $\lim\limits_{x\to 2}\dfrac{2x^4+x-2}{x^2-x+1}$.

解 $\lim\limits_{x\to 2}\dfrac{2x^4+x-2}{x^2-x+1}=\dfrac{\lim\limits_{x\to 2}(2x^4+x-2)}{\lim\limits_{x\to 2}(x^2-x+1)}=\dfrac{2\times 2^4+2-2}{2^2-2+1}=\dfrac{32}{3}.$

由此例可见，对于有理分式函数 $F(x)=\dfrac{p(x)}{q(x)}$，其中 $p(x)$，$q(x)$ 均为 x 的多项式，并且 $\lim\limits_{x\to x_0}q(x)\neq 0$ 时，要求 $\lim\limits_{x\to x_0}F(x)=\lim\limits_{x\to x_0}\dfrac{p(x)}{q(x)}$，只需将 $x=x_0$ 代入即可.

例题 3　求 $\lim\limits_{x\to 1}\dfrac{x^2+2x-3}{x^2+x-2}$.

解　$\lim\limits_{x\to 1}\dfrac{x^2+2x-3}{x^2+x-2}=\lim\limits_{x\to 1}\dfrac{(x-1)(x+3)}{(x-1)(x+2)}=\lim\limits_{x\to 1}\dfrac{x+3}{x+2}=\dfrac{4}{3}$.

极限的四则运算
（例题 3）

在求极限时，经常会遇到分子分母的极限均为 0 的情形，我们把它记作 "$\dfrac{0}{0}$" 型. 对于这种类型的极限，通常采用提取公因式法、因式分解法、分式有理化法，找出并消去分子、分母公共的零因子.

例题 4　求 $\lim\limits_{x\to 0}\dfrac{\sqrt{x^2+4}-2}{x^2}$.

解　$\lim\limits_{x\to 0}\dfrac{\sqrt{x^2+4}-2}{x^2}=\lim\limits_{x\to 0}\dfrac{(x^2+4)-4}{x^2(\sqrt{x^2+4}+2)}=\lim\limits_{x\to 0}\dfrac{x^2}{x^2(\sqrt{x^2+4}+2)}=\lim\limits_{x\to 0}\dfrac{1}{\sqrt{x^2+4}+2}=\dfrac{1}{4}$.

例题 5　求 $\lim\limits_{x\to\infty}\dfrac{4x^3-3x+1}{x^3+4x^2-2}$.

解　$\lim\limits_{x\to\infty}\dfrac{4x^3-3x+1}{x^3+4x^2-2}=\lim\limits_{x\to\infty}\dfrac{4-\dfrac{3}{x^2}+\dfrac{1}{x^3}}{1+\dfrac{4}{x}-\dfrac{2}{x^3}}=4$.

求极限时，若分子、分母的极限均趋向于 ∞，则称它为 "$\dfrac{\infty}{\infty}$" 型. 这种类型的极限不能直接使用定理 3，通常用分子、分母中的最高次幂项分别去除分子和分母的每一项（**分母的极限存在且不为零**），然后再求极限.

由上述例子可得出下述一般**结论**：

$$\lim\limits_{x\to\infty}\dfrac{a_0x^m+a_1x^{m-1}+\cdots+a_m}{b_0x^n+b_1x^{n-1}+\cdots+b_n}=\begin{cases}\dfrac{a_0}{b_0}, & n=m\\ 0, & m<n\\ \infty, & m>n\end{cases}.$$

式中，$a_0\neq 0$，$b_0\neq 0$，m，n 均为非负整数.

例题 6　求 $\lim\limits_{x\to 1}\left(\dfrac{2}{1-x^2}-\dfrac{1}{1-x}\right)$.

分析　当 $x\to 1$ 时，两个分式的极限都不存在，属于 "$\infty-\infty$" 型，不能直接使用定理 1，要先通分，消去零因子，再求极限.

解　$\lim\limits_{x\to 1}\left(\dfrac{2}{1-x^2}-\dfrac{1}{1-x}\right)=\lim\limits_{x\to 1}\dfrac{2-(1+x)}{1-x^2}=\lim\limits_{x\to 1}\dfrac{1}{1+x}=\dfrac{1}{2}$.

极限的四则运算
（例题 6）

例题 7　求 $\lim\limits_{x\to\infty}\dfrac{\sin x}{x^2}$.

解　当 $x\to\infty$ 时，$|\sin x|\leqslant 1$，而 $\lim\limits_{x\to\infty}\dfrac{1}{x^2}=0$，所以

$$\lim_{x\to\infty}\frac{\sin x}{x^2}=\lim_{x\to\infty}\left(\frac{1}{x^2}\cdot\sin x\right)=0.$$

二、复合函数的极限

定理 4   设函数 $y=f[\varphi(x)]$ 是 $y=f(u)$ 与 $u=\varphi(x)$ 的复合函数. $\lim\limits_{u\to u_0}f(u)=f(u_0)$，$\lim\limits_{x\to x_0}\varphi(x)=u_0$，则 $\lim\limits_{x\to x_0}f[\varphi(x)]=\lim\limits_{u\to u_0}f(u)$. 上式又可写为 $\lim\limits_{x\to x_0}f[\varphi(x)]=f[\lim\limits_{x\to x_0}\varphi(x)]$.

这个定理的意义在于：在一定条件下可以交换函数取值与计算极限的次序.

例题 8   计算 $\lim\limits_{x\to\infty}e^{\frac{1}{x}}$.

解   令 $u=\dfrac{1}{x}$，则 $\lim\limits_{x\to\infty}\dfrac{1}{x}=0$，且 $\lim\limits_{u\to0}e^{u}=1$，故

$$\lim_{x\to\infty}e^{\frac{1}{x}}=\lim_{u\to0}e^{u}=1.$$

习题 1 - 5

1. 计算下列极限：

(1) $\lim\limits_{x\to2}(4x^2-3x+6)$；

(2) $\lim\limits_{x\to-1}(6x^2+2x-5)$；

(3) $\lim\limits_{x\to2}\dfrac{2x^2+x-5}{3x+1}$；

(4) $\lim\limits_{x\to1}\dfrac{x^2-1}{x-1}$；

(5) $\lim\limits_{x\to3}\dfrac{x^2-9}{x^2-5x+6}$；

(6) $\lim\limits_{x\to0}\dfrac{\sqrt{x^2+9}-3}{x^2}$；

(7) $\lim\limits_{x\to\infty}\dfrac{x^6-x^3+2}{5x^6+x^3-2}$；

(8) $\lim\limits_{x\to2}\left(\dfrac{1}{2-x}-\dfrac{4}{4-x^2}\right)$.

2. 计算下列极限：

(1) $\lim\limits_{x\to2}(5x^3+3x-5)$；

(2) $\lim\limits_{x\to5}(2x^2-5x+3)$；

(3) $\lim\limits_{x\to-1}\dfrac{x^3+2x+1}{2-3x^2}$；

(4) $\lim\limits_{x\to-3}\dfrac{x^2-9}{x+3}$；

(5) $\lim\limits_{x\to1}\dfrac{x^2-3x+2}{x^2+x-2}$；

(6) $\lim\limits_{x\to0}\dfrac{\sqrt{1+2x}-1}{x}$；

(7) $\lim\limits_{x\to\infty}\dfrac{x^3+4x-2}{3x+2}$；

(8) $\lim\limits_{x\to\infty}\dfrac{x+2}{x^2+x}(3+\cos x)$.

3. 已知 $\lim\limits_{x\to1}\dfrac{x^2+ax+b}{1-x}=5$，求 a 和 b.

第六节   两个重要极限

学习内容：两个重要极限.

目的要求：通过学习，同学们要熟练掌握两个重要极限的形式，并且会灵活运用这两个

重要极限计算各种类型的极限.

重点难点：两个重要极限.

案例（复利问题）

若投资 2 000 元，固定年利率 7%，按连续复利计息，那么 4 年后的本利和是多少？

本节我们在极限四则运算法则的基础上，继续介绍计算极限的方法：用两个重要极限公式求极限，主要解决 "$\frac{0}{0}$" 和 "1^{∞}" 型极限问题.

一、第一重要极限

下面从函数值表 1-3 中初步观察这个函数的变化趋势：

第一重要极限

表 1-3

x	± 1.0	± 0.5	± 0.1	± 0.01	⋯
$\dfrac{\sin x}{x}$	0.841 47	0.958 85	0.998 33	0.999 8	⋯

从表 1-3 中发现，$\frac{\sin x}{x}$ 在 $x \to 0$ 时趋向于 1.

第一重要极限　$\lim\limits_{x \to 0} \dfrac{\sin x}{x} = 1.$

推广　在极限 $\lim \dfrac{\sin \alpha(x)}{\alpha(x)}$ 中，只要 $\alpha(x)$ 是无穷小，就有 $\lim \dfrac{\sin \alpha(x)}{\alpha(x)} = 1.$

注意：这个重要极限有两个特征：

（1）自变量 x 在一定变化趋势下，函数 $\dfrac{\sin x}{x}$ 是 $\dfrac{0}{0}$ 型；

（2）分子记号 sin 后的变量表达式与分母的表达式在形式上必须是一致的，即

$$\lim_{x \to a} \frac{\sin \varphi(x)}{\varphi(x)} = 1, \quad (\lim_{x \to a} \varphi(x) = 0).$$

例题 1　求 $\lim\limits_{x \to 0} \dfrac{\sin 5x}{x}$.

解　令 $5x = u$，则当 $x \to 0$ 时，$u \to 0$，所以

$$\lim_{x \to 0} \frac{\sin 5x}{x} = 5 \lim_{x \to 0} \frac{\sin 5x}{5x} = 5 \lim_{u \to 0} \frac{\sin u}{u} = 5.$$

例题 2　求 $\lim\limits_{n \to \infty} n \sin \dfrac{2}{n}$.

解　令 $\dfrac{2}{n} = u$，则当 $n \to \infty$ 时，$u \to 0$，所以

$$\lim_{n\to\infty} n\sin\frac{2}{n} = 2\lim_{n\to\infty}\frac{\sin\frac{2}{n}}{\frac{2}{n}} = 2\lim_{u\to 0}\frac{\sin u}{u} = 2.$$

例题 3　求 $\lim\limits_{x\to 0}\dfrac{\tan x}{x}$.

解　$\lim\limits_{x\to 0}\dfrac{\tan x}{x} = \lim\limits_{x\to 0}\dfrac{\sin x}{x}\cdot\dfrac{1}{\cos x} = \lim\limits_{x\to 0}\dfrac{\sin x}{x}\cdot\lim\limits_{x\to 0}\dfrac{1}{\cos x} = 1.$

例题 4　求 $\lim\limits_{x\to 0}\dfrac{1-\cos x}{x^2}$.

解　$\lim\limits_{x\to 0}\dfrac{1-\cos x}{x^2} = \lim\limits_{x\to 0}\dfrac{(1-\cos x)(1+\cos x)}{x^2(1+\cos x)} = \lim\limits_{x\to 0}\left(\dfrac{\sin^2 x}{x^2}\cdot\dfrac{1}{1+\cos x}\right) = 1\cdot\dfrac{1}{2} = \dfrac{1}{2}.$

一般地，极限 $\lim\limits_{x\to 0}\dfrac{x}{\sin x} = 1$，$\lim\limits_{x\to 0}\dfrac{\tan x}{x} = 1$，$\lim\limits_{x\to 0}\dfrac{x}{\tan x} = 1$ 等可作为公式使用.

二、第二重要极限

【第二重要极限】　$\lim\limits_{n\to\infty}\left(1+\dfrac{1}{n}\right)^n = \mathrm{e}.$

第二重要极限

式中，e 是一个无理数，其近似值为 e≈2.718 281 828 459 045…

在现实生活中，因为物体冷却过程中的温度变化、镭的衰变、细胞的繁殖、树木的生长、本利和的计算等均属于这种类型，所以这个函数体现了现实世界中许多事物的生长或消失的数量规律.

现将数列 $\left(1+\dfrac{1}{n}\right)^n$ 的值列成表 1-4.

表 1-4

n	1	2	3	4	5	10	100	1 000	10 000	…
$\left(1+\dfrac{1}{n}\right)^n$	2	2.250	2.370	2.441	2.488	2.594	2.705	2.717	2.718	…

由表 1-4 可见，这个数列是单调递增的，其速度越来越慢，趋于稳定，即极限 $\lim\limits_{n\to\infty}\left(1+\dfrac{1}{n}\right)^n$ 是存在的（证明过程烦琐，这里不再证明），通常用字母 e 表示这个极限值，即

$$\lim_{n\to\infty}\left(1+\frac{1}{n}\right)^n = \mathrm{e}.$$

该公式称为第二个重要极限公式.

注意：这个重要极限有两个特征：

(1) 当 n 无限增大时，函数 $\left(1+\dfrac{1}{n}\right)^n$ 呈 "1^{∞}" 型；

(2) 括号内是两项之和，第一项是 1，第二项是括号外指数的倒数.

这个极限可以推广到连续自变量 x 的函数 $\left(1+\dfrac{1}{x}\right)^x$，即

$$\lim_{x\to\infty}\left(1+\frac{1}{x}\right)^x=\mathrm{e}.$$

如果令 $t=\dfrac{1}{x}$，则当 $x\to\infty$ 时，$t\to0$，因此有公式

$$\lim_{t\to0}(1+t)^{\frac{1}{t}}=\mathrm{e}.$$

综上讨论，符合上述两个特征的极限均为 e，即

$$\lim_{x\to a}(1+\varphi\ (x))^{\frac{1}{\varphi(x)}}=\mathrm{e},\ (\lim_{x\to a}\varphi(x)=0).$$

例题 5　求 $\lim\limits_{x\to\infty}\left(1+\dfrac{2}{x}\right)^x$.

解　$\lim\limits_{x\to\infty}\left(1+\dfrac{2}{x}\right)^x=\lim\limits_{x\to\infty}\left(1+\dfrac{2}{x}\right)^{\frac{x}{2}\times2}=\lim\limits_{x\to\infty}\left[\left(1+\dfrac{2}{x}\right)^{\frac{x}{2}}\right]^2=\mathrm{e}^2.$

例题 6　求 $\lim\limits_{x\to\infty}\left(1-\dfrac{5}{x}\right)^x$.

解　$\lim\limits_{x\to\infty}\left(1-\dfrac{5}{x}\right)^x=\lim\limits_{x\to\infty}\left(1+\dfrac{5}{-x}\right)^{\frac{-x}{5}\times(-5)}=\lim\limits_{x\to\infty}\left[\left(1+\dfrac{5}{-x}\right)^{\frac{-x}{5}}\right]^{-5}$

$\qquad=\mathrm{e}^{-5}.$

两个重要极限
（例题 6）

例题 7　求 $\lim\limits_{x\to0}(1+2x)^{\frac{1}{x}}$.

解　$\lim\limits_{x\to0}(1+2x)^{\frac{1}{x}}=\lim\limits_{x\to0}(1+2x)^{\frac{1}{2x}\times2}=\lim\limits_{x\to0}\left[(1+2x)^{\frac{1}{2x}}\right]^2=\mathrm{e}^2.$

例题 8　求 $\lim\limits_{x\to\infty}\left(1+\dfrac{1}{x}\right)^{x+6}$.

解　$\lim\limits_{x\to\infty}\left(1+\dfrac{1}{x}\right)^{x+6}=\lim\limits_{x\to\infty}\left[\left(1+\dfrac{1}{x}\right)^x\cdot\left(1+\dfrac{1}{x}\right)^6\right]=\lim\limits_{x\to\infty}\left(1+\dfrac{1}{x}\right)^x\cdot$

$\qquad\lim\limits_{x\to\infty}\left(1+\dfrac{1}{x}\right)^6=\mathrm{e}\cdot1^6=\mathrm{e}.$

两个重要极限
（例题 8）

例题 9　求 $\lim\limits_{x\to\infty}\left(\dfrac{x^2}{x^2-1}\right)^x$.

解法一：$\lim\limits_{x\to\infty}\left(\dfrac{x^2}{x^2-1}\right)^x=\lim\limits_{x\to\infty}\left(\dfrac{x}{x-1}\cdot\dfrac{x}{x+1}\right)^x=\lim\limits_{x\to\infty}\left(\dfrac{x}{x-1}\right)^x\cdot\lim\limits_{x\to\infty}\left(\dfrac{x}{x+1}\right)^x$

$\qquad=\lim\limits_{x\to\infty}\left(1+\dfrac{1}{x-1}\right)^{(x-1)+1}\cdot\lim\limits_{x\to\infty}\left(1-\dfrac{1}{x+1}\right)^{-(x+1)\cdot(-1)-1}$

$\qquad=\mathrm{e}\cdot1\cdot\mathrm{e}^{-1}\cdot1^{-1}=1.$

解法二：$\lim\limits_{x\to\infty}\left(\dfrac{x^2}{x^2-1}\right)^x=\lim\limits_{x\to\infty}\left(\dfrac{x^2-1}{x^2}\right)^{-x}=\lim\limits_{x\to\infty}\left(\dfrac{x+1}{x}\cdot\dfrac{x-1}{x}\right)^{-x}$

$\qquad=\lim\limits_{x\to\infty}\left(1+\dfrac{1}{x}\right)^{-x}\cdot\left(1-\dfrac{1}{x}\right)^{-x}=\mathrm{e}^{-1}\cdot\mathrm{e}=1.$

解法三：$\lim\limits_{x\to\infty}\left(\dfrac{x^2}{x^2-1}\right)^x=\lim\limits_{x\to\infty}\left(\dfrac{x^2-1}{x^2}\right)^{-x}=\lim\limits_{x\to\infty}\left(1-\dfrac{1}{x^2}\right)^{-x^2\cdot\frac{1}{x}}$

$$=\left[\lim\limits_{x\to\infty}\left(1-\dfrac{1}{x^2}\right)^{-x^2}\right]^{\lim\limits_{x\to\infty}\frac{1}{x}}=e^0=1.$$

习题 1 - 6

本节习题答案

1. 计算下列极限：

(1) $\lim\limits_{x\to0}\dfrac{\sin 2x}{x}$；

(2) $\lim\limits_{x\to0}\dfrac{\sin x}{3x}$；

(3) $\lim\limits_{x\to0}\dfrac{\sin 5x}{2x}$；

(4) $\lim\limits_{x\to\infty}x\sin\dfrac{3}{x}$；

(5) $\lim\limits_{n\to\infty}n\sin\dfrac{5}{n}$；

(6) $\lim\limits_{x\to1}\dfrac{\sin(1-x^2)}{1-x}$；

(7) $\lim\limits_{x\to3}\dfrac{\sin(3-x)}{x^2-9}$；

(8) $\lim\limits_{x\to0}\dfrac{\sin 2x}{\sin 3x}$；

(9) $\lim\limits_{x\to0}\dfrac{\tan x}{\sin 3x}$；

(10) $\lim\limits_{x\to0}\dfrac{x-\sin x}{x+\sin x}$.

2. 计算下列极限：

(1) $\lim\limits_{x\to\infty}\left(1+\dfrac{5}{x}\right)^x$；

(2) $\lim\limits_{x\to\infty}\left(1+\dfrac{1}{2x}\right)^x$；

(3) $\lim\limits_{x\to\infty}\left(1-\dfrac{3}{x}\right)^x$；

(4) $\lim\limits_{x\to\infty}\left(1-\dfrac{1}{4x}\right)^x$；

(5) $\lim\limits_{x\to0}(1+2x)^{\frac{1}{x}}$；

(6) $\lim\limits_{x\to0}(1-3x)^{\frac{5}{x}}$；

(7) $\lim\limits_{x\to\infty}\left(1+\dfrac{1}{2x}\right)^{x-1}$；

(8) $\lim\limits_{x\to\infty}\left(\dfrac{1+x}{x}\right)^{2x}$；

(9) $\lim\limits_{x\to\infty}\left(\dfrac{2x+1}{2x-1}\right)^x$；

(10) $\lim\limits_{n\to\infty}\left(1-\dfrac{1}{n+1}\right)^{2n}$.

第七节　函数的连续性

学习内容：函数的连续性.

目的要求：掌握函数连续性概念、间断点的概念及分类、区间上的连续函数的定义；了解连续函数的运算法则及闭区间上连续函数的性质.

重点难点：函数的连续性概念，间断点的判断，连续函数的运算法则，区间上连续函数的性质.

案例 1（人体高度的连续变化）　我们知道，人体的高度 h 是时间 t 的函数 $h(t)$，h 随着 t 的变化而连续变化. 事实上，当时间 t 的变化很微小时，人的高度 h 的变化也很微小，即当

$\Delta t \to 0$ 时，$\Delta h \to 0$.

案例 2 火箭发射过程中，随着火箭燃料的燃烧，火箭的质量连续减少，而当每一级火箭燃料烧尽时，该级火箭的外壳自行脱落，这时质量突然减少. 设火箭的质量函数 $m = f(t)$，从点火到 t_1 时刻前，质量是逐渐减少的，曲线是连续不断的. 在 t_1 时刻，质量突变，出现了一个间断. 连续与间断的物理意义和几何意义一目了然.

由此可见，我们可以用极限给出函数连续性的概念.

回顾 函数在 x_0 点的极限 $\lim\limits_{x \to x_0} f(x) = A$.

这里 $f(x_0)$ 可以有三种情况：

(1) $f(x_0)$ 无定义，比如特殊极限 $\lim\limits_{x \to x_0} \dfrac{\sin(x - x_0)}{x - x_0} = 1$，如图 1.7 所示.

(2) $f(x_0) \neq A$，比如 $f(x) = \begin{cases} x, & x \neq x_0, \\ x+1, & x = x_0, \end{cases} \lim\limits_{x \to x_0} f(x) = x_0 \neq f(x_0)$，如图 1.8 所示.

(3) $f(x_0) = A$，如图 1.9 所示.

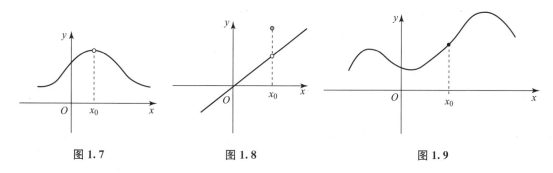

图 1.7　　　　　　　图 1.8　　　　　　　图 1.9

一、函数的连续性

1. 改变量（或称增量）

定义 1 设变量 u 从它的初值 u_0 改变到终值 u_1，终值与初值之差 $u_1 - u_0$ 称为变量 u 的改变量，记作

$$\Delta u = u_1 - u_0.$$

注意：改变量 Δu 可以是正的、负的，也可以为零.

对函数 $y = f(x)$，当自变量 x 从 x_0 改变到 $x_0 + \Delta x$ 时，函数 $f(x)$ 相应地从 $f(x_0)$ 变到 $f(x_0 + \Delta x)$，称 $f(x_0 + \Delta x) - f(x_0)$ 为函数 $f(x)$ 在 x_0 处的相应改变量，记作 Δy，即

$$\Delta y = f(x_0 + \Delta x) - f(x_0).$$

2. 函数连续的概念

从直观上来说，如果一个函数是连续变化的，那么它的图形应该是一条连续不断的曲线，亦即可以一笔画成. 我们先观察图 1.10 和图 1.11 两个函数的图像.

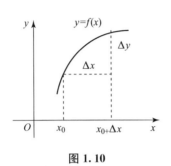

图 1.10

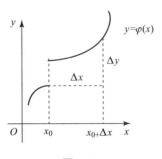

图 1.11

在直观上一看便知，函数 $y=f(x)$ 在 x_0 点是连续的，而 $y=\varphi(x)$ 在 x_0 是间断的. 再仔细分析一下，当自变量在 x_0 处的改变量 $\Delta x \to 0$ 时，函数 $y=f(x)$ 的改变量 $\Delta y=f(x_0+\Delta x)-f(x_0)$ 也趋于零，而函数 $y=\varphi(x)$ 的改变量 $\Delta y=\varphi(x_0+\Delta x)-\varphi(x_0)$ 不可能趋于零. 据此，给出函数在一点处连续的严格定义.

定义 2   设函数 $y=f(x)$ 在点 x_0 的某邻域内有定义，如果自变量 x 在 x_0 处取得的改变量 Δx 趋于零时，函数相应的改变量 Δy 也趋于零，即

$$\lim_{\Delta x \to 0} \Delta y = 0 \quad \text{或} \quad \lim_{\Delta x \to 0} [f(x_0+\Delta x)-f(x_0)]=0,$$

则称函数 $y=f(x)$ 在点 x_0 处连续.

若令 $x=x_0+\Delta x$，则 $\Delta x=x-x_0$. 易见，当 $\Delta x \to 0$ 时，$x \to x_0$. 所以

$$\lim_{\Delta x \to 0} \Delta y = \lim_{\Delta x \to 0} [f(x_0+\Delta x)-f(x_0)]=0,$$

可改写为

$$\lim_{x \to x_0} [f(x)-f(x_0)]=0,$$

即

$$\lim_{x \to x_0} f(x)=f(x_0).$$

因此我们可以得到与定义 2 等价的定义：

定义 3   设函数 $y=f(x)$ 在点 x_0 的某邻域内有定义，如果当 $x \to x_0$ 时函数 $f(x)$ 的极限存在，且

$$\lim_{x \to x_0} f(x)=f(x_0),$$

则称函数 $y=f(x)$ 在 x_0 处连续.

相应于左极限与右极限两个概念，我们有：

(1) 若 $\lim\limits_{x \to x_0^-} f(x)=f(x_0)$，则称函数 $y=f(x)$ 在 x_0 处**左连续**；

(2) 若 $\lim\limits_{x \to x_0^+} f(x)=f(x_0)$，则称函数 $y=f(x)$ 在 x_0 处**右连续**.

定理 1   函数 $y=f(x)$ 在点 x_0 处连续的充要条件是 $f(x)$ 在 x_0 点既左连续又右连续.

该定理常用来判定分段函数在分段点处的连续性.

例题 1 函数 $f(x)=\begin{cases}2-x, & x<1,\\ x^2, & x\geqslant 1\end{cases}$ 在 $x=1$ 处是否连续?

函数的连续性
（例题 1）

解 因为 $\lim\limits_{x\to 1^-}f(x)=\lim\limits_{x\to 1^-}(2-x)=1$，$\lim\limits_{x\to 1^+}f(x)=\lim\limits_{x\to 1^+}x^2=1$，而 $f(1)=1$，所以，$f(x)$ 在 $x=1$ 处连续.

定义 4 如果函数 $y=f(x)$ 在开区间 (a,b) 内每一点都连续，则称函数 $f(x)$ 在 (a,b) 内连续；如果函数 $y=f(x)$ 在开区间 (a,b) 内连续，且在左端点 a 处右连续、右端点 b 处左连续，则称函数 $f(x)$ 在闭区间 $[a,b]$ 上连续. 使函数 $f(x)$ 连续的区间叫作函数的**连续区间**.

二、初等函数的连续性

1. 连续函数的运算

定理 2（四则运算法则） 如果函数 $f(x)$，$g(x)$ 在 x_0 点连续，则 $f(x)\pm g(x)$，$f(x)\cdot g(x)$，$\dfrac{f(x)}{g(x)}(g(x_0)\neq 0)$ 在 x_0 处也连续.

该定理根据连续的概念和极限的运算法则很易证明，读者可自己证明.

由定理 2 容易得到：

（1）多项式函数 $y=a_0x^n+a_1x^{n-1}+\cdots+a_{n-1}x+a_n$ 在 $(-\infty,+\infty)$ 内连续.

（2）分式函数 $y=\dfrac{a_0x^n+a_1x^{n-1}+\cdots+a_{n-1}x+a_n}{b_0x^m+b_1x^{m-1}+\cdots+b_{m-1}x+b_m}$ 除分母为零的点外，在其他点都连续.

下面再给出连续函数的其他运算法则，这里均不证明.

定理 3（复合函数的连续性） 如果函数 $u=g(x)$ 在点 x_0 连续，$g(x_0)=u_0$，而且函数 $y=f(u)$ 在点 u_0 连续，则复合函数 $y=f[g(x)]$ 在 x_0 点连续，即

$$\lim\limits_{x\to x_0}f[g(x)]=f[g(x_0)].$$

定理 4（反函数的连续性） 设函数 $y=f(x)$ 在某区间上连续，且单调增加（减少），则它的反函数 $y=f^{-1}(x)$ 在对应的区间上连续且单调增加（减少）.

2. 初等函数的连续性

定理 5（初等函数的连续性） 初等函数在其定义区间上连续.

利用初等函数的连续性，可使极限运算简便化. 如果 x_0 是初等函数 $y=f(x)$ 定义域内的点，则 $\lim\limits_{x\to x_0}f(x)=f(x_0)$，即把极限运算转化为函数值的计算.

需要**注意**的是：分段函数在其定义区间上不一定连续，但可以证明**当且仅当分段函数在其分段点连续时**，函数是连续的.

例题 2 设函数 $f(x)=\begin{cases}\dfrac{\sin 2x}{x}, & x<0,\\ (x+k)^2, & x\geqslant 0\end{cases}$，问 k 为何值时，$f(x)$ 在其定义域内连续?

解 若 $f(x)$ 在定义域内连续，则 $f(x)$ 必在 $x=0$ 处连续，因此必有

$$\lim_{x \to 0^-} f(x) = f(0) = \lim_{x \to 0^+} f(x),$$

而 $\quad \lim\limits_{x \to 0^-} f(x) = \lim\limits_{x \to 0^-} \dfrac{\sin 2x}{x} = 2, \quad \lim\limits_{x \to 0^+} f(x) = \lim\limits_{x \to 0^+} (x+k)^2 = k^2 = f(0),$

所以 $\qquad\qquad\qquad k^2 = 2,$ 即 $k = \pm\sqrt{2}.$

三、间断点及其分类

定义 5　由定义 3 知，函数 $f(x)$ 在 x_0 点连续，必须同时满足下列三个条件：

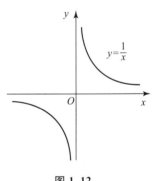

间断点及其分类

(1) $f(x)$ 在 x_0 点有定义；

(2) $\lim\limits_{x \to x_0} f(x)$ 存在；

(3) $\lim\limits_{x \to x_0} f(x) = f(x_0).$

如果上述三个条件中至少有一个不满足，则函数 $f(x)$ 在点 x_0 处不连续. 此时，称函数 $f(x)$ 在 x_0 点间断，x_0 点称为间断点.

下面举例说明函数间断点的几种常见类型.

例题 3　因为函数 $y = \dfrac{1}{x}$ 在 $x = 0$ 处没意义，所以 $x = 0$ 是函数 $y = \dfrac{1}{x}$ 的间断点. 又因为 $\lim\limits_{x \to 0} \dfrac{1}{x} = \infty$，所以我们称 $x = 0$ 为函数 $y = \dfrac{1}{x}$ 的**无穷间断点**. 如图 1.12 所示.

例题 4　函数 $f(x) = \begin{cases} x-1, & x<0, \\ 0, & x=0, \\ x+1, & x>0. \end{cases}$

图 1.12

因为 $\quad \lim\limits_{x \to 0^-} f(x) = \lim\limits_{x \to 0^-} (x-1) = -1, \lim\limits_{x \to 0^+} f(x) = \lim\limits_{x \to 0^+} (x+1) = 1,$

显然 $\lim\limits_{x \to 0^-} f(x) \neq \lim\limits_{x \to 0^+} f(x)$，故 $\lim\limits_{x \to 0} f(x)$ 不存在. 所以 $x = 0$ 为函数的间断点. 因函数的图像在 $x = 0$ 处产生了一个跳跃，所以我们称 $x = 0$ 为该函数的跳跃间断点. 如图 1.13 所示.

例题 5　函数 $f(x) = \dfrac{1-x^2}{1-x}$ 在 $x = 1$ 处没有定义，所以 $x = 1$ 是 $f(x)$ 的间断点. 但

$$\lim_{x \to 1} f(x) = \lim_{x \to 1} \frac{1-x^2}{1-x} = \lim_{x \to 1} (1+x) = 2.$$

如果补充 $f(1) = 2$，则所给函数在 $x = 1$ 处连续，所以称 $x = 1$ 为该函数的可去间断点.

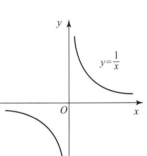

图 1.13

一般地，我们把间断点分为两类：

第一类间断点：设 x_0 为 $f(x)$ 的间断点，如果左极限 $\lim\limits_{x \to x_0^-} f(x)$ 与右极限 $\lim\limits_{x \to x_0^+} f(x)$ 均存在，则称 x_0 为函数 $f(x)$ 的第一类间断点.

若 $\lim\limits_{x\to x_0^-}f(x)=\lim\limits_{x\to x_0^+}f(x)$，即极限 $\lim\limits_{x\to x_0}f(x)$ 存在，则称间断点 x_0 为 $f(x)$ 的**可去间断点**；若 $\lim\limits_{x\to x_0^-}f(x)\neq\lim\limits_{x\to x_0^+}f(x)$，则称间断点 x_0 为 $f(x)$ 的**跳跃间断点**.

第二类间断点：左极限 $\lim\limits_{x\to x_0^-}f(x)$ 与右极限 $\lim\limits_{x\to x_0^+}f(x)$ 至少有一个不存在的间断点，称为第二类间断点.

若 $\lim\limits_{x\to x_0}f(x)=\infty$（或 $\lim\limits_{x\to x_+^0}f(x)=\infty$，$\lim\limits_{x\to x_-^0}f(x)=\infty$）（或 $+\infty$，$-\infty$），则称间断点 x_0 为 $f(x)$ 的**无穷间断点**.

四、闭区间上连续函数的性质

闭区间上的连续函数具有很多特殊性质，这些性质在理论和应用上都有重要意义. 但由于证明较难，所以这里仅给出结论，不予证明.

定理 6（有界性）　若函数 $f(x)$ 在闭区间 $[a,b]$ 上连续，则 $f(x)$ 在 $[a,b]$ 上有界. 如图 1.14 所示.

一般来讲，开区间上的连续函数不一定有界. 例如，$y=\dfrac{1}{x}$ 在（0，1）内无界.

定理 7（最值定理）　若函数 $f(x)$ 在闭区间 $[a,b]$ 上连续，则 $f(x)$ 在 $[a,b]$ 上必能取得最大值和最小值. 也就是说存在 x_1，$x_2\in[a,b]$ 使 $f(x_1)=m$，$f(x_2)=M$，且对任意的 $x\in[a,b]$，都有 $m\leqslant f(x)\leqslant M$. 如图 1.15 所示.

这个定理说明：

（1）在闭区间上的连续函数一定能够取得最大值和最小值；

（2）尽管有最大值和最小值存在，但在什么时候取得以及最大值和最小值各是多少，仍是未知的.

注意：开区间上的连续函数不一定具有此性质.

定理 8（介值定理）　若函数 $f(x)$ 在闭区间 $[a,b]$ 上连续，m 和 M 分别为 $f(x)$ 在闭区间 $[a,b]$ 上的最大值和最小值，则对于任何介于 m 与 M 之间的数 c（即 $m<c<M$），在 (a,b) 内至少存在一点 ξ，使得 $f(\xi)=c$. 如图 1.15 所示.

定理 9（零点存在定理）　若函数 $f(x)$ 在闭区间 $[a,b]$ 上连续，且 $f(a)\cdot f(b)<0$，则在 (a,b) 内至少存在一点 ξ，使得 $f(\xi)=0$. 如图 1.16 所示.

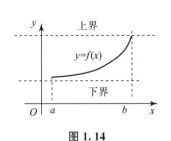

图 1.14

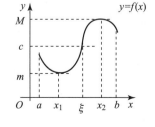

图 1.15

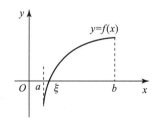

图 1.16

零点存在定理说明，如果 $f(x)$ 在闭区间 $[a, b]$ 上满足条件，则方程 $f(x)=0$ 在 (a, b) 内至少存在一个实根．因此，可以用零点定理证明一个方程的根的存在性及判断根的所在范围．

例题 6　证明方程 $e^{3x}-x=2$ 在 $(0, 1)$ 内至少有一个实根．

证　令 $f(x)=e^{3x}-x-2$，则 $f(x)$ 在 $[0, 1]$ 上连续．

又　　　$f(0)=-1<0$，$f(1)=e^3-3>0$．

由零点存在定理可知，在 $(0, 1)$ 内至少存在一点 ξ，使得

$$f(\xi)=e^{3\xi}-\xi-2=0,$$

即方程 $e^{3x}-x=2$ 在 $(0, 1)$ 内至少有一实根．

习题 1－7

本节习题答案

1. 讨论函数 $f(x)=\begin{cases} 3-2x, & x<1, \\ x^2, & x\geqslant1 \end{cases}$ 在 $x=1$ 处是否连续？

2. （1）设 $f(x)=\begin{cases} e^x, & x<0, \\ a+x, & x\geqslant0 \end{cases}$ 在 $x=0$ 处连续，则 $a=$（　　）．

A. 2　　　　　　　　B. 1　　　　　　　　C. -1　　　　　　　D. 0

（2）$x=1$ 是可去间断点的函数为（　　）．

A. $y=\dfrac{1}{x+1}$ 　　　　　　　　　　B. $y=\dfrac{1}{x-1}$

C. $y=\dfrac{x^2+x-2}{x-1}$ 　　　　　　　D. $y=\begin{cases} x-1, & x\leqslant1 \\ 3-x, & x>1 \end{cases}$

（3）已知函数 $f(x)$ 在 $x=x_0$ 处连续，且 $f(x_0)=\pi$，则 $\lim\limits_{x\to x_0}[3f(x)+5]=$（　　）

A. $3\pi+5$ 　　　　B. 3π 　　　　　　C. $3\pi-5$ 　　　　　D. 0

3. 求下列函数的间断点，并指明其类型：

（1）$y=\dfrac{\sin x}{x}$； 　　　　　　　　（2）$y=\dfrac{x^2+x-2}{x^2-1}$；

（3）$f(x)=\dfrac{x^2-1}{x^2+2x-3}$； 　　　　（4）$f(x)=\begin{cases} x-1, & x\leqslant0, \\ 2x, & x>0. \end{cases}$

4. 解答题：

（1）讨论函数 $f(x)=\begin{cases} x^2\sin\dfrac{1}{x}, & x>0, \\ 0, & x=0, \\ \tan 2x, & x<0, \end{cases}$ 在 $x=0$ 处是否连续？

（2）已知函数 $f(x)=\begin{cases} \dfrac{\sin 2x}{x}, & x<0, \\ 3x^2-2x+k, & x\geqslant0, \end{cases}$ 问 k 为何值时，$f(x)$ 在其定义域内连续？

(3) 设函数 $f(x)=\begin{cases} \dfrac{\sin 3x}{x}, & x>0, \\ a, & x=0, \\ 2(x+1)+b, & x<0, \end{cases}$ 在 $x=0$ 处连续，求 a，b.

5. 证明题：

证明方程 $x^5-3x-1=0$ 在区间（1，2）内至少有一个实根.

第八节　函数的极限及连续测试题

本节习题答案

1. 判断题：

(1) 单调增加数列一定没有极限. （　　）

(2) 若 $\lim\limits_{x \to x_0^+} f(x)=\lim\limits_{x \to x_0^-} f(x)=A$，则 $\lim\limits_{x \to x_0} f(x)=A$. （　　）

(3) 若 $\lim\limits_{x \to +\infty} f(x)$ 和 $\lim\limits_{x \to -\infty} f(x)$ 都存在，则 $\lim\limits_{x \to \infty} f(x)$ 存在. （　　）

(4) 若 $\lim\limits_{x \to x_0} f(x)$ 不存在，则 $y=f(x)$ 在 x_0 处无意义. （　　）

(5) 无穷小实际上就是绝对值非常小的常数. （　　）

(6) 若 $f(x)$ 为有界函数且 $\lim\limits_{x \to \infty} g(x)=0$，则 $\lim\limits_{x \to 0} f(x) \cdot g(x)=0$. （　　）

(7) 初等函数在其定义区间内都是连续的. （　　）

2. 填空题：

(1) 函数 $f(x)=\ln(2^x-4)+\dfrac{5}{\sqrt{3x-8}}$ 的定义域是_____.

(2) 若 $f(\mathrm{e}^x)=x^2-2x$，则 $f(x)=$_____.

(3) 函数 $y=\sin^2 \ln x$ 由_____复合而成.

(4) $\lim\limits_{n \to \infty} \dfrac{1+3+5+\cdots+(2n-1)}{(2n-1)(2n+1)}=$_____.

(5) 设 $\lim\limits_{x \to -3} \dfrac{x-a}{x^2-9}=b$，则 $a=$_____，$b=$_____.

(6) 设函数 $f(x)=\begin{cases} 2, & x \neq 2 \\ 0, & x=2, \end{cases}$ 则 $\lim\limits_{x \to 2} f(x)=$_____.

(7) 函数 $f(x)=\dfrac{x^2-1}{x^2-2x-3}$ 的间断点是_____，其中可去间断点是_____，无穷间断点是_____.

(8) $\lim\limits_{x \to 0}(1-2x)^{\frac{1}{x}}=$_____.

(9) 若 $x \to 0$，则无穷小（$\sqrt{1+x}-\sqrt{1-x}$）是无穷小 x 的_____无穷小.

(10) 设 $f(x)=\begin{cases} \dfrac{\sin ax}{x}, & x<0, \\ 1, & x=0, \\ \dfrac{2\ln(1+x)}{x}, & x>0 \end{cases}$ 在 $x=0$ 处极限存在，则 $a=$_____.

3. 单项选择题：

(1) 已知数列 $0,1,2,0,1,2,0,1,2,\cdots$，则该数列（　　）.

A. 收敛于 0　　　　　B. 收敛于 1　　　　　C. 收敛于 2　　　　　D. 发散

(2) 设 $f(x)$ 为奇函数，$g(x)$ 为偶函数，则以下函数是奇函数的是（　　）.

A. $f[f(x)]$　　　　B. $g[f(x)]$　　　　C. $f[g(x)]$　　　　D. $g[g(x)]$

(3) 下列式子正确的是（　　）.

A. $\lim\limits_{x\to 0} x\sin\dfrac{1}{x}=1$　　　　　　　　B. $\lim\limits_{x\to\infty} x\sin\dfrac{1}{x}=0$

C. $\lim\limits_{x\to 0}\dfrac{\sin x}{x}=1$　　　　　　　　D. $\lim\limits_{x\to\frac{\pi}{2}}\dfrac{\sin x}{x}=1$

(4) 设函数 $f(x)=\dfrac{|x+1|}{x+1}$，则 $\lim\limits_{x\to -1}f(x)=($　　）.

A. 0　　　　　　　B. -1　　　　　　　C. 1　　　　　　　D. 不存在

(5) 当 $x\to x_0$ 时，α 和 β（$\neq 0$）都是无穷小. 当 $x\to x_0$ 时，下列变量中可能不是无穷小的是（　　）.

A. $\alpha+\beta$　　　　B. $\alpha-\beta$　　　　C. $\alpha\cdot\beta$　　　　D. $\dfrac{\alpha}{\beta}$

(6) 若 $\lim\limits_{x\to x_0^-}f(x)=A$，$\lim\limits_{x\to x_0^+}f(x)=A$，则 $f(x)$ 在点 x_0 处（　　）.

A. 一定有定义　　　　　　　　　B. 一定有 $f(x_0)=A$

C. 一定有极限　　　　　　　　　D. 一定连续.

(7) 若 $f\left(x+\dfrac{1}{x}\right)=x^2+\dfrac{1}{x^2}$，则 $f(x)=($　　）.

A. x^2-2　　　　B. $2-x^2$　　　　C. $x+\dfrac{1}{x}$　　　　D. $2x^2+\dfrac{1}{x^2}$

(8) 若 $\lim\limits_{x\to\infty}\left(1+\dfrac{k}{x}\right)^x=\sqrt{e}$，则 $k=($　　）

A. 2　　　　　　　B. -2　　　　　　　C. $\dfrac{1}{2}$　　　　　　　D. $-\dfrac{1}{2}$

4. 求下列极限：

(1) $\lim\limits_{x\to 2}(x^2+5x+3)$；

(2) $\lim\limits_{x\to -1}\dfrac{x^2-2x+5}{2x+1}$；

(3) $\lim\limits_{x\to 2}\dfrac{x^2-4}{x^2-5x+6}$；

(4) $\lim\limits_{x\to 1}\dfrac{\sqrt{x^2+3}-2}{x-1}$；

(5) $\lim\limits_{x\to\infty}\dfrac{2x^2-4}{3x^2-x-5}$；

(6) $\lim\limits_{x\to 0}\dfrac{\sin 2x}{\sin 5x}$；

(7) $\lim\limits_{x\to 0}\dfrac{x+\sin x}{x-2\sin x}$；

(8) $\lim\limits_{x\to\infty}\left(1-\dfrac{1}{x}\right)^{2x}$；

(9) $\lim\limits_{x \to \infty}\left(1+\dfrac{1}{x}\right)^{x+1}$；

(10) $\lim\limits_{x \to 0}\dfrac{(e^{2x}-1)\tan x}{x \ln(1+3x)}$．

5. 解答题：

(1) 求函数 $f(x)=\dfrac{x^2+2x-3}{x^2-3x+2}$ 的间断点，并求 $\lim\limits_{x \to 1} f(x)$．

(2) 设函数 $f(x)=\begin{cases} \dfrac{\sin 2x}{x}, & x<0 \\ (x+k)^2, & x \geqslant 0 \end{cases}$，问 k 为何值时，$\lim\limits_{x \to 0} f(x)$ 存在？

(3) 设函数 $f(x)=\begin{cases} \dfrac{\sin kx}{x}, & x<0 \\ k, & x=0 \\ (1+2x)^{\frac{3}{x}}, & x>0 \end{cases}$，问 k 取何值时，$f(x)$ 在其定义域内连续？

6. 证明题：

证明方程 $x^3-2x^2+x+1=0$ 在区间 $[-1，0]$ 上至少有一个实根．

【数学文化之奥运会成绩的极限】

本着"更快、更高、更强"的奥运精神，运动员在历届奥运会上不断地挑战极限．运动员成绩随比赛时间的变化构成了一串数列．表 1-5、表 1-6 所示分别为男子 100 米历年奥运纪录和世界纪录．虽然它们无法用数学公式来表示，更无法根据数学理论严格预测，但其体现出了体育运动的魅力所在．

表 1-5　1896—2008 年男子 100 米的奥运纪录

时间/年	成绩	冠军运动员
1896	12 秒 0	第一届雅典奥运会，美国人托马斯·伯克
1912	10 秒 8	第五届斯德哥尔摩奥运会，美国运动员弗朗西斯·贾维斯
1932	10 秒 3	第十届洛杉矶奥运会，美国运动员埃托兰
1952	10 秒 4	第十五届赫尔辛基奥运会，美国运动员雷米基诺
1972	10 秒 14	第二十届慕尼黑奥运会，苏联运动员鲍尔佐夫
1992	9 秒 96	第二十五届巴塞罗那奥运会，英国运动员克里斯蒂
2000	9 秒 87	第二十七届悉尼奥运会，美国运动员莫里斯·格林
2004	9 秒 85	第二十八届雅典奥运会，美国运动员贾斯丁·加特林
2008	9 秒 69	第二十九届北京奥运会，牙买加运动员博尔特

表 1-6　1968—2008 年男子百米世界纪录

成绩	运动员	时间	地点
9 秒 95	吉姆海恩斯	1968 年 10 月 14 日	墨西哥
9 秒 93	史密斯	1983 年 7 月 3 日	美国科罗拉多
9 秒 92	刘易斯	1988 年 9 月 24 日	韩国汉城①
9 秒 90	布勒尔	1991 年 6 月 14 日	美国纽约
9 秒 86	刘易斯	1991 年 8 月 25 日	日本东京
9 秒 85	伯勒尔	1994 年 7 月 6 日	瑞士洛桑
9 秒 84	贝利	1996 年 7 月 27 日	美国亚特兰大
9 秒 79	格林	1999 年 6 月 16 日	希腊雅典
9 秒 78	蒙哥马利	2002 年 9 月 14 日	法国巴黎
9 秒 77	鲍威尔	2005 年 6 月 14 日	希腊雅典
9 秒 72	博尔特	2008 年 6 月 1 日	美国纽约
9 秒 69	博尔特	2008 年 8 月 16 日	中国北京

① 汉城：今为首尔.

第二模块　一元函数微分学

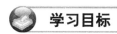 **学习目标**

理解导数、微分的概念，掌握导数的求法；了解三个中值定理，掌握洛必达法则的应用；会判断函数的单调性、凹凸区间及拐点；会求函数的极值，并进一步掌握求函数最大值和最小值的方法.

微分是一个伟大的概念，它不但是分析学而且也是人类认识活动中最具创意的概念，没有它，就没有速度或加速度或动量，也没有密度或电荷或任何其他密度，没有位势函数的梯度，从而也就没有物理学中的位势概念、波动方程、力学、物理和科技等.

案例1　图 2.1 所示的椭圆规机构中，已知连杆 AB 长为 l，连杆两端分别与滑块铰接，滑块可在两互相垂直的导轨内滑动，$\alpha=\omega t$，$AM=\dfrac{2}{3}l$，求连杆上点 M 的运动方程和轨迹方程.

解　以垂直导轨的交点为原点，作直角坐标系 xOy，如图 2.1 所示，得

$$x=\frac{2}{3}l\cos\alpha;$$

$$y=\frac{1}{3}l\sin\alpha.$$

将 $\alpha=\omega t$ 代入上式，得点 M 的运动方程

$$x=\frac{2}{3}l\cos\omega t;$$

$$y=\frac{1}{3}l\sin\omega t.$$

从运动方程中消去时间 t，得点 M 的轨迹方程

$$\frac{x^2}{4}+y^2=\frac{l^2}{9}.$$

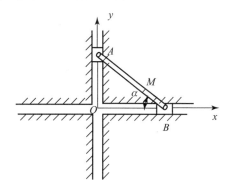

图 2.1　椭圆轨机构

上式表明，点 M 的运动轨迹为一椭圆.

1. 点的速度

设点的速度 v 在三个坐标轴上的投影分别为 v_x、v_y、v_z，经推导有

$$v_x=\frac{\mathrm{d}x}{\mathrm{d}t};$$

$$v_y=\frac{\mathrm{d}y}{\mathrm{d}t};$$

$$(2.1.1)$$

$$v_z = \frac{\mathrm{d}z}{\mathrm{d}t}.$$

式（2.1.1）表明，点的速度在各坐标轴上的投影分别等于对应位置坐标对时间的一阶导数. 由此，速度 v 的大小为

$$v = \sqrt{v_x^2 + v_y^2 + v_z^2}$$

速度 v 的方向由方向余弦确定，即

$$\cos(v,i) = \frac{v_x}{v};$$

$$\cos(v,j) = \frac{v_y}{v};$$

$$\cos(v,k) = \frac{v_z}{v}.$$

2. 点的加速度

设点的加速度 a 在三个坐标轴上的投影分别为 a_x、a_y、a_z，则

$$a_x = \frac{\mathrm{d}v_x}{\mathrm{d}t} = \frac{\mathrm{d}^2 x}{\mathrm{d}t^2};$$

$$a_y = \frac{\mathrm{d}v_y}{\mathrm{d}t} = \frac{\mathrm{d}^2 y}{\mathrm{d}t^2};$$

$$a_z = \frac{\mathrm{d}v_z}{\mathrm{d}t} = \frac{\mathrm{d}^2 z}{\mathrm{d}t^2}.$$

加速度 a 的大小为

$$a = \sqrt{a_x^2 + a_y^2 + a_z^2}.$$

加速度的方向也由方向余弦确定，即

$$\cos(a,i) = \frac{a_x}{a};$$

$$\cos(a,j) = \frac{a_y}{a};$$

$$\cos(a,k) = \frac{a_z}{a}.$$

在这个案例中设点的速度 v 在三个坐标轴上的投影分别为

$$v_x = \frac{\mathrm{d}x}{\mathrm{d}t}; \qquad v_y = \frac{\mathrm{d}y}{\mathrm{d}t}; \qquad v_z = \frac{\mathrm{d}z}{\mathrm{d}t}.$$

这三个式子分别表示 x 对 t 的一阶导数、y 对 t 的一阶导数和 z 对 t 的一阶导数.

点的加速度 a 在三个坐标轴上的投影分别为

$$a_x = \frac{\mathrm{d}v_x}{\mathrm{d}t} = \frac{\mathrm{d}^2 x}{\mathrm{d}t^2}; \qquad a_y = \frac{\mathrm{d}v_y}{\mathrm{d}t} = \frac{\mathrm{d}^2 y}{\mathrm{d}t^2}; \qquad a_z = \frac{\mathrm{d}v_z}{\mathrm{d}t} = \frac{\mathrm{d}^2 z}{\mathrm{d}t^2}.$$

这三个式子分别表示 x 对 t 的二阶导数、y 对 t 的二阶导数和 z 对 t 的二阶导数.

同学们必须很好地掌握导数的概念及其求法.

下面介绍一个工程力学中平面弯曲部分内容的案例.

案例 2　图 2.2 所示为一 T 形截面铸铁梁，铸铁的许用拉应力 $[\sigma_l]=30$ MPa，许用压应力 $[\sigma_y]=60$ MPa，T 形截面尺寸如图 2.2（b）所示. 已知截面对中性轴 z 的惯性矩 $I_z=763$ cm^4，且 $y_1=52$ mm，试校核梁的强度.

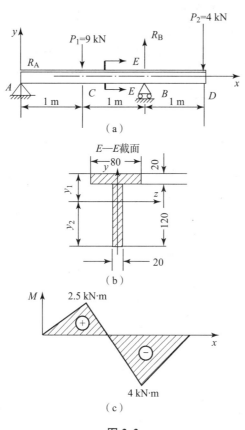

图 2.2

解　由平衡条件可以求出支座反力为
$$R_A=2.5 \text{ kN}; \qquad R_B=10.5 \text{ kN}.$$

作出弯矩图，如图 2.2（c）所示. 最大正弯矩在截面 C 上，$M_C=2.5$ kN·m；最大负弯矩在截面 B 上，$M_B=-4$ kN·m.

在截面 B 上，最大拉应力在截面的上边缘各点处，其值为
$$\sigma_{l\,\max}=\frac{M_B y_1}{I_z}=4\times10^3\times52\times10^{-3}/(763\times10^{-8})=27.3\times10^6(\text{Pa})=27.3 \text{ MPa}.$$

最大压应力在下边缘各点处，其值为
$$\sigma_{y\,\max}=\frac{M_B y_2}{I_z}=4\times10^3\times(120+20-52)\times10^{-3}/(763\times10^{-8})$$
$$=46.2\times10^6(\text{Pa})=46.2 \text{ MPa}.$$

弯矩 M_C 虽然小于 M_B 的绝对值，但最大拉应力发生在 C 截面的下边缘，而下边缘到中性轴的距离较大，因而有可能发生比 B 截面上还要大的拉应力. 在截面 C 上

$$\sigma_{l\,\max} = \frac{M_C y_2}{I_z} = 2.5 \times 10^3 \times (120 + 20 - 52) \times 10^{-3} / (763 \times 10^{-8})$$

$$= 28.8 \times 10^6 (\text{Pa}) = 28.8 \text{ MPa}.$$

这个案例涉及了求函数最大值和最小值的问题，而求函数的最值是导数的一个具体的应用. 我们将在本模块学习导数与微分及其应用.

导数与微分统称为微分学. 导数的概念产生于以下两个实际问题的研究. 第一：求曲线的切线问题；第二：求非均速运动的速度. 作曲线的切线问题——微分学的基本问题. 这一概念打开了通向数学知识与真理的巨大宝库之门.

本模块将从实际问题出发，引入导数与微分的概念，讨论其计算方法，并利用导数研究函数的单调性、极值、最值和曲线的一些性质及微分的应用.

第一节　导数的概念及四则运算

学习内容：导数的概念，导数的四则运算.

目的要求：理解导数的定义，会求函数在某点的导数，掌握基本求导公式，会求函数的导函数，理解导数的几何意义，了解可导与连续的关系；熟练掌握基本初等函数的导数公式，重点掌握导数的四则运算法则，能够熟练运用导数的四则运算法则计算部分初等函数的导数.

重点难点：导数的概念，导数的四则运算.

案例 3（制冷效果）　某电器厂在冰箱制冷后断电测试其制冷效果，t 小时后冰箱的温度为 $T = \dfrac{2t}{0.05t+1} - 20$，问冰箱温度 T 关于 t 的变化率.

案例 4（汽车行驶瞬时速度）　若物体做匀速直线运动，则其速度为常量 $v = \dfrac{\Delta s}{\Delta t}$. 例如：小张驱车到 100 km 外的一个小镇，共用了 2 个小时，$\bar{v} = \dfrac{\Delta s}{\Delta t} = \dfrac{100}{2} = 50(\text{km/h})$ 为汽车行驶的平均速度，然而车速器显示的速度（瞬时速度）却在不停地变化，因为汽车做的是变速运动，那么如何计算汽车行驶的瞬时速度呢？

一、导数的定义

定义 1　设函数 $y = f(x)$ 在点 x_0 的某邻域内有定义，当自变量 x 在 x_0 处取得增量 Δx 时，相应的函数取得增量 $\Delta y = f(x_0 + \Delta x) - f(x_0)$，如果当 $\Delta x \to 0$ 时，比值 $\dfrac{\Delta y}{\Delta x}$ 极限存在，则称函数 $y = f(x)$ 在点 x_0 处可导，并称此极限值为函数 $f(x)$ 在 x_0 处的导数，记为 $f'(x_0)$ 或 $y'\big|_{x=x_0}$ 或 $\dfrac{\mathrm{d}y}{\mathrm{d}x}\Big|_{x=x_0}$ 或 $\dfrac{\mathrm{d}f}{\mathrm{d}x}\Big|_{x=x_0}$，即

导数的定义

$$f'(x_0) = \lim_{\Delta x \to 0} \frac{\Delta y}{\Delta x} = \lim_{\Delta x \to 0} \frac{f(x_0 + \Delta x) - f(x_0)}{\Delta x}.$$

如果 $\lim\limits_{\Delta x \to 0} \dfrac{\Delta y}{\Delta x}$ 不存在，则称 $f(x)$ 在 x_0 处**不可导**.

在上面定义中，若记 $x = x_0 + \Delta x$，则 $f'(x_0) = \lim\limits_{x \to x_0} \dfrac{f(x) - f(x_0)}{x - x_0}$.

定义 2 若函数 $y = f(x)$ 在开区间 I 内的每点都可导，则称函数 $f(x)$ **在开区间 I 内可导**. 这时，对于任一 $x \in I$，都对应着 $f(x)$ 的一个确定的导数值. 这样就构成了一个新的函数，这个函数叫函数 $f(x)$ 的**导函数**，简称**导数**，记作 $f'(x)$ 或 y' 或 $\dfrac{\mathrm{d}y}{\mathrm{d}x}$ 或 $\dfrac{\mathrm{d}f}{\mathrm{d}x}$.

由于导数本身是极限，而极限存在的充分必要条件是左、右极限存在且相等，因此 $f'(x_0)$ 存在的充分必要条件是左、右极限

$$f'_-(x_0) = \lim_{\Delta x \to 0^-} \frac{f(x_0) - f(x_0 - \Delta x)}{\Delta x}, \ f'_+(x_0) = \lim_{\Delta x \to 0^+} \frac{f(x_0 + \Delta x) - f(x_0)}{\Delta x}$$

都存在且相等. 这两个极限分别称为函数 $f(x)$ 在点 x_0 的**左导数**和**右导数**，记作 $f'_-(x_0)$ 和 $f'_+(x_0)$，即 $f'(x_0)$ 存在 $\Leftrightarrow f'_-(x_0) = f'_+(x_0)$.

例题 1 求 $y = 3x^2$ 的导数 y'，并求 $y' \big|_{x=1}$.

解 先求函数的导数.

对任意点 x，若自变量的改变量为 Δx，则相应的 y 的改变量为

$$\Delta y = 3(x + \Delta x)^2 - 3x^2 = 6x\Delta x + 3(\Delta x)^2.$$

由导数的定义知：

$$y' = \lim_{\Delta x \to 0} \frac{\Delta y}{\Delta x} = \lim_{x \to 0} \frac{6x\Delta x + 3(\Delta x)^2}{\Delta x} = \lim_{\Delta x \to 0}(6x + 3\Delta x) = 6x.$$

用导数定义求导数
（例题 1）

由导函数再求指定点的导数值：

$$y' \big|_{x=1} = 6x \big|_{x=1} = 6.$$

二、基本初等函数的导数公式（公式中要求 $a > 0$，$a \neq 1$）

(1) $C' = 0$；

(2) $(x^a)' = a x^{a-1}$；

(3) $(a^x)' = a^x \ln a$；

(4) $(\mathrm{e}^x)' = \mathrm{e}^x$；

(5) $(\log_a x)' = \dfrac{1}{x \ln a}$；

(6) $(\ln x)' = \dfrac{1}{x}$；

(7) $(\sin x)' = \cos x$；

(8) $(\cos x)' = -\sin x$；

(9) $(\tan x)' = \sec^2 x$；

(10) $(\cot x)' = -\csc^2 x$；

(11) $(\sec x)' = \sec x \cdot \tan x$；

(12) $(\csc x)' = -\csc x \cdot \cot x$；

(13) $(\arcsin x)' = \dfrac{1}{\sqrt{1 - x^2}}$；

(14) $(\arccos x)' = -\dfrac{1}{\sqrt{1 - x^2}}$；

(15) $(\arctan x)' = \dfrac{1}{1 + x^2}$；

(16) $(\operatorname{arccot} x)' = -\dfrac{1}{1 + x^2}$.

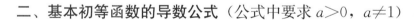

三、导数的几何意义

函数 $y = f(x)$ 在点 x_0 的导数 $f'(x_0)$ 在几何上表示为曲线 $y = f(x)$ 在点 $(x_0, f(x_0))$ 处的切线斜率，由此可分别得到曲线在该点的切线方程和法线方程，如图 2.3 所示.

切线方程：

$$y - f(x_0) = f'(x_0)(x - x_0);$$

法线方程：

$$y - f(x_0) = -\frac{1}{f'(x_0)}(x - x_0), \quad f'(x_0) \neq 0.$$

若 $f'(x_0) = 0$，则切线平行 x 轴、法线平行 y 轴.

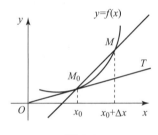

图 2.3

例题 2　求曲线 $y = \cos x$ 在点 $\left(\dfrac{\pi}{6}, \dfrac{\sqrt{3}}{2}\right)$ 处的切线方程和法线方程.

解　由 $(\cos x)' = -\sin x$ 知 $y'\big|_{x=\frac{\pi}{6}} = -\sin x\big|_{x=\frac{\pi}{6}} = -\dfrac{1}{2}$，

得所求切线方程为

$$y - \frac{\sqrt{3}}{2} = -\frac{1}{2}\left(x - \frac{\pi}{6}\right), \quad 即 \ x + 2y - \sqrt{3} - \frac{\pi}{6} = 0;$$

法线方程为

$$y - \frac{\sqrt{3}}{2} = 2\left(x - \frac{\pi}{6}\right), \quad 即 \ 4x - 2y + \sqrt{3} - \frac{2}{3}\pi = 0.$$

某点处的切线方程和
法线方程求法

四、可导与连续的关系

若函数 $y = f(x)$ 在点 x_0 可导，由导数定义 $\lim\limits_{\Delta x \to 0} \dfrac{\Delta y}{\Delta x}$ 存在，则

$$\lim_{\Delta x \to 0} \Delta y = \lim_{\Delta x \to 0}\left(\frac{\Delta y}{\Delta x} \cdot \Delta x\right) = 0.$$

由连续的定义可知：若函数 $f(x)$ 在点 x_0 可导，则它在点 x_0 必连续；反之，不成立. 即函数 $f(x)$ 在点 x_0 连续，只是它在点 x_0 可导的必要条件而不是充分条件.

例如　函数 $y = |x|$ 在 $x = 0$ 处连续，但是不可导.

可导与连续的关系

事实上，

$$\lim_{\Delta x \to 0} \frac{|0+\Delta x|-0}{\Delta x}=\lim_{\Delta x \to 0}\frac{|\Delta x|}{\Delta x},$$

当 $\Delta x < 0$ 时，

$$\lim_{\Delta x \to 0^-}\frac{|\Delta x|}{\Delta x}=\lim_{\Delta x \to 0^-}\frac{-\Delta x}{\Delta x}=-1;$$

当 $\Delta x > 0$ 时，

$$\lim_{\Delta x \to 0^+}\frac{|\Delta x|}{\Delta x}=\lim_{\Delta x \to 0^+}\frac{\Delta x}{\Delta x}=1.$$

由于左右导数不相等，所以 $y=|x|$ 在 $x=0$ 处不可导.

五、导数的四则运算法则

定理1　设函数 $\mu=\mu(x)$，$\nu=\nu(x)$ 都是可导函数，则

(1) $\mu(x)\pm\nu(x)$ 可导，且 $[\mu(x)\pm\nu(x)]'=\mu'(x)\pm\nu'(x)$.

(2) $\mu(x)\cdot\nu(x)$ 可导，且 $[\mu(x)\cdot\nu(x)]'=\mu'(x)\nu(x)+\mu(x)\nu'(x)$.

(3) 若 $\nu(x)\neq0$，则 $\dfrac{\mu(x)}{\nu(x)}$ 可导，且 $\left[\dfrac{\mu(x)}{\nu(x)}\right]'=\dfrac{\mu'(x)\nu(x)-\mu(x)\nu'(x)}{\nu^2(x)}$.

我们只证明乘积的导数运算法则，其他法则可类似证明.

证　设函数 $y=\mu(x)\cdot v(x)$ 在点 x 取得改变量 Δx，相应的 y 的改变量

$$\begin{aligned}\Delta y &=\mu(x+\Delta x)\nu(x+\Delta x)-\mu(x)\nu(x)\\&=\mu(x+\Delta x)\nu(x+\Delta x)-\mu(x)\nu(x+\Delta x)+\mu(x)\nu(x+\Delta x)-\mu(x)\nu(x)\\&=[\mu(x+\Delta x)-\mu(x)]\nu(x+\Delta x)+\mu(x)[\nu(x+\Delta x)-\nu(x)].\end{aligned}$$

因为 $\mu=\mu(x)$，$\nu=\nu(x)$ 都可导，且可导必连续，于是

$$y'=\lim_{\Delta x \to 0}\frac{\Delta y}{\Delta x}=\lim_{\Delta x \to 0}\frac{\mu(x+\Delta x)-\mu(x)}{\Delta x}\lim_{\Delta x \to 0}\nu(x+\Delta x)+\mu(x)\lim_{\Delta x \to 0}\frac{\nu(x+\Delta x)-\nu(x)}{\Delta x}$$

$$=\mu'(x)\nu(x)+\mu(x)\nu'(x).$$

加法、乘积法则可推广到有限个函数的情形.

例题 3　已知 $y=x^2-4x-1$，求 y'.

解　$y'=(x^2)'-(4x)'-(1)'=2x-4$.

例题 4　求函数 $y=x\sin x$ 的导数.

解　$\dfrac{dy}{dx}=(x)'\sin x+x(\sin x)'=\sin x+x\cos x$.

例题 5　求函数 $f(x)=x(\sin x+\cos x)$ 的导数.

解　$\dfrac{dy}{dx}=(x)'(\sin x+\cos x)+x(\sin x+\cos x)'=\sin x+\cos x+x(\cos x-\sin x)$

$\qquad=(1-x)\sin x+(1+x)\cos x$.

例题 6　求函数 $y=\dfrac{\sin x}{x}$ 的导数.

解 $\dfrac{\mathrm{d}y}{\mathrm{d}x}=\dfrac{(\sin x)' \cdot x-(\sin x) \cdot x'}{x^2}=\dfrac{x\cos x-\sin x}{x^2}.$

例题 7 现将一气体注入某一球状气球，假定气体的压力不变．问：当半径为 2 cm 时，气球的体积关于半径的增加率是多少？

解 气球的体积 V 与半径 r 之间的函数关系为 $V=\dfrac{4}{3}\pi r^3$，气球的体积关于半径的变化率为

$$\frac{\mathrm{d}V}{\mathrm{d}r}=\lim_{\Delta r \to 0}\frac{\Delta V}{\Delta r},$$

其中
$$\Delta V=\frac{4}{3}\pi\ (r+\Delta r)^3-\frac{4}{3}\pi r^3=\frac{4}{3}\pi\ (3r^2\Delta r+3r\Delta r^2+\Delta r^3),$$

所以

$$\frac{\mathrm{d}V}{\mathrm{d}r}=\lim_{\Delta r \to 0}\frac{\Delta V}{\Delta r}=\lim_{\Delta r \to 0}\frac{\frac{4}{3}\pi\ (3r^2\Delta r+3r\Delta r^2+\Delta r^3)}{\Delta r}=4\pi r^2,$$

即半径为 2 cm 时气球的体积关于半径的变化率为

$$\frac{\mathrm{d}V}{\mathrm{d}r}\bigg|_{r=2}=\ 4\pi\times 2^2=\ 16\pi\approx 50.3.$$

习题 2 - 1

1. 设 $f'(x_0)=A$，用导数定义求下列极限：

(1) $\lim\limits_{\Delta x \to 0}\dfrac{f(x_0+2\Delta x)-f(x_0)}{\Delta x}$；

(2) $\lim\limits_{\Delta x \to 0}\dfrac{f(x_0)-f(x_0+\Delta x)}{\Delta x}$.

本节习题答案

2. 求 $y=\sin x$ 在点 $\left(\dfrac{\pi}{2},\ 1\right)$ 处切线方程和法线方程.

3. 求下列函数的导数：

(1) $y=x^3-x^2+2x-7$；

(2) $y=\sin x+2^x+\tan\dfrac{\pi}{3}$；

(3) $y=x^3-3\cos x+\mathrm{e}^x$；

(4) $y=(\sin x+\cos x)\ln x$；

(5) $y=\dfrac{\ln x+2x}{x^2}$；

(6) $y=\dfrac{x-2}{x^2+1}$.

第二节 求导法则

求导数

学习内容：各类求导法则.

目的要求：掌握复合函数、隐函数、参数方程的求导法则；理解并掌握高阶导数的概念及求法.

重点难点：复合函数的求导法则，高阶导数.

案例［电阻中电流与电压的关系］　在电容器两端加正弦电流电压 $u_c = U_m \sin(\omega t + \varphi)$，求电流 i.

一、复合函数求导法则

定理1　设函数 $u = \varphi(x)$，$y = f(u)$ 都可导，则复合函数 $y = f(\varphi(x))$ 可导，且
$$\frac{\mathrm{d}y}{\mathrm{d}x} = \frac{\mathrm{d}y}{\mathrm{d}u} \cdot \frac{\mathrm{d}u}{\mathrm{d}x},$$
或记作
$$[f(\varphi(x))]' = f'(u)\varphi'(x) = f'(\varphi(x))\varphi'(x).$$

证　设变量 x 有改变量 Δx，相应地变量 u 有改变量 Δu，从而变量 y 有改变量 Δy. 由于函数 $u = \varphi(x)$ 可导，故必连续，即有 $\lim\limits_{\Delta x \to 0} \Delta u = 0$. 因为
$$\frac{\Delta y}{\Delta x} = \frac{\Delta y}{\Delta u} \cdot \frac{\Delta u}{\Delta x} \quad (\Delta u \neq 0),$$
所以
$$\lim_{\Delta x \to 0} \frac{\Delta y}{\Delta x} = \lim_{\Delta x \to 0} \frac{\Delta y}{\Delta u} \cdot \frac{\Delta u}{\Delta x} = \lim_{\Delta x \to 0} \frac{\Delta y}{\Delta u} \cdot \lim_{\Delta x \to 0} \frac{\Delta u}{\Delta x} = \lim_{\Delta u \to 0} \frac{\Delta y}{\Delta u} \cdot \lim_{\Delta x \to 0} \frac{\Delta u}{\Delta x},$$
即
$$\frac{\mathrm{d}y}{\mathrm{d}x} = \frac{\mathrm{d}y}{\mathrm{d}u} \cdot \frac{\mathrm{d}u}{\mathrm{d}x}.$$

以上是在 $\Delta u \neq 0$ 时证明的. 当 $\Delta u = 0$ 时，可以证明上式仍然成立.

例题1　设 $y = \mathrm{e}^{\cos x}$，求 y'.

解　设 $y = f(u) = \mathrm{e}^u$，$u = \varphi(x) = \cos x$，于是
$$y' = f'(u)\varphi'(x) = (\mathrm{e}^u)'(\cos x)' = -\mathrm{e}^{\cos x} \cdot \sin x.$$

例题2　设 $y = (x^2 - 3x)^3$，求 y'.

解　设 $y = f(u) = u^3$，$u = \varphi(x) = x^2 - 3x$，于是
$$y' = f'(u)\varphi'(x) = 3u^2(x^2 - 3x)' = 3(x^2 - 3x)^2(2x - 3).$$

复合函数求导数
（例题1）

例题3　设 $y = \sin(3x - 2)$，求 y'.

解　设 $y = f(u) = \sin u$，$u = \varphi(x) = 3x - 2$，于是
$$y' = f'(u)\varphi'(x) = \cos u \cdot (3x - 2)' = 3\cos(3x - 2).$$

二、隐函数的导数

显函数：形如 $y = f(x)$ 的函数称为显函数. 例如 $y = \sin x$，$y = \ln x + \mathrm{e}^x$.

隐函数：由方程 $F(x, y) = 0$ 所确定的函数称为隐函数.

例如，方程 $x + y^3 - 1 = 0$ 确定的隐函数为 $y = \sqrt[3]{1 - x}$.

如果在方程 $F(x, y) = 0$ 中，当 x 取某区间内的任一值时，相应地总有满足此方程的唯一的 y 值存在，则方程 $F(x, y) = 0$ 在该区间内确定了一个隐函数.

把一个隐函数化成显函数，叫作隐函数的显化. 隐函数的显化有时是有困难的，甚至是不可能的. 但在实际问题中，有时需要计算隐函数的导数，因此，我们希望有一种方法，不管隐函数能否显化，都能直接由方程算出它所确定的隐函数的导数.

注意：隐函数的求导过程如下：

（1）方程 $F(x,y)=0$ 两边同时对 x 求导，把 $F(x,y)$ 中的 y 看成 x 的函数，利用复合函数的求导法则计算；

（2）解出 y'.

例题 4　求由方程 $e^y+xy-1=0$ 确定的隐函数 y 的导数.

解　把方程两边的每一项对 x 求导数得
$$(e^y)'+(xy)'-(1)'=(0)',$$

即 $e^y y'+y+xy'=0$，从而 $y'=-\dfrac{y}{x+e^y}(x+e^y\neq0)$.

例题 5　求由方程 $y^5+2y-x-3x^6=0$ 所确定的隐函数 $y=f(x)$ 在 $x=0$ 处的导数 $y'\big|_{x=0}$.

解　把方程两边分别对 x 求导数得
$$5y^4 y'+2y'-1-18x^5=0,$$

由此得
$$y'=\frac{1+18x^5}{5y^4+2}.$$

隐函数求导数
（例题 5）

因为当 $x=0$ 时，由原方程得 $y=0$，所以 $y'\big|_{x=0}=\dfrac{1+18x^5}{5y^4+2}\bigg|_{x=0}=\dfrac{1}{2}$.

三、参数方程的求导法则

定理 2　若函数 $y=f(x)$ 由参数方程 $\begin{cases}x=\varphi(t),\\ y=\phi(t)\end{cases}$ 确定，其中 $\varphi(t)$ 与

参数方程的求导法则

$\phi(t)$ 可导且 $\varphi'(t)\neq0$，则函数 $y=f(x)$ 可导且 $\dfrac{\mathrm{d}y}{\mathrm{d}x}=\dfrac{\dfrac{\mathrm{d}y}{\mathrm{d}t}}{\dfrac{\mathrm{d}x}{\mathrm{d}t}}=\dfrac{\phi'(t)}{\varphi'(t)}$.

例题 6　求摆线 $\begin{cases}x=t-\sin t,\\ y=1-\cos t\end{cases}$ 在 $t=\dfrac{\pi}{2}$ 处的切线方程.

解　摆线上 $t=\dfrac{\pi}{2}$ 的对应点是 $\left(\dfrac{\pi}{2}-1,\ 1\right)$，又因为
$$\frac{\mathrm{d}y}{\mathrm{d}x}=\frac{\sin t}{1-\cos t},$$

所以
$$\frac{\mathrm{d}y}{\mathrm{d}x}\bigg|_{t=\frac{\pi}{2}}=1,$$

从而所求切线方程为
$$y-1=x-\left(\frac{\pi}{2}-1\right),$$

即
$$x-y-\frac{\pi}{2}+2=0.$$

四、高阶导数

一般来说，函数 $y=f(x)$ 的导数 $y'=f'(x)$ 仍是 x 的函数，若导函数 $f'(x)$ 还可以对 x 求导数，则称 $f'(x)$ 的导数为函数 $y=f(x)$ 的**二阶导数**，记作

$$y'' \text{ 或 } f''(x) \text{ 或 } \frac{\mathrm{d}^2 y}{\mathrm{d}x^2} \text{ 或 } \frac{\mathrm{d}^2 f}{\mathrm{d}x^2}.$$

这时，也称函数 $y=f(x)$ 二阶可导. 按照导数的定义，函数 $f(x)$ 的二阶导数应表示为

$$f''(x)=\lim_{\Delta x \to 0} \frac{f'(x+\Delta x)-f'(x)}{\Delta x}.$$

函数 $y=f(x)$ 在某点 x_0 的二阶导数，记作

$$y''\big|_{x=x_0} \text{ 或 } f''(x_0) \text{ 或 } \frac{\mathrm{d}^2 y}{\mathrm{d}x^2}\bigg|_{x=x_0} \text{ 或 } \frac{\mathrm{d}^2 f}{\mathrm{d}x^2}\bigg|_{x=x_0}.$$

同样，函数 $y=f(x)$ 的二阶导数 $f''(x)$ 的导数称为函数 $f(x)$ 的**三阶导数**，记作

$$y''' \text{ 或 } f'''(x) \text{ 或 } \frac{\mathrm{d}^3 y}{\mathrm{d}x^3} \text{ 或 } \frac{\mathrm{d}^3 f}{\mathrm{d}x^3}.$$

一般地，导数 $f^{(n-1)}(x)$ 的导数称为函数 $y=f(x)$ 的 **n 阶导数**，记作

$$y^{(n)} \text{ 或 } f^{(n)}(x) \text{ 或 } \frac{\mathrm{d}^n y}{\mathrm{d}x^n} \text{ 或 } \frac{\mathrm{d}^n f}{\mathrm{d}x^n}.$$

二阶及二阶以上的导数统称为高阶导数. 函数 $f(x)$ 的导数 $f'(x)$ 称为一阶导数. 根据高阶导数的定义可知，求函数的高阶导数只需对函数一次一次地求导就行了.

例题 7 设 $y=\mathrm{e}^{x^2}$，求 y''，$y''\big|_{x=0}$.

解 先求一阶导数 $\qquad y'=\mathrm{e}^{x^2} \cdot 2x=2x\mathrm{e}^{x^2}$，

再求二阶导数 $\qquad y''=2\mathrm{e}^{x^2}+2x\mathrm{e}^{x^2} \cdot (2x)=2\mathrm{e}^{x^2}(2x^2+1)$，

从而 $\qquad\qquad y''\big|_{x=0}=2\mathrm{e}^{x^2}(2x^2+1)\big|_{x=0}=2.$

习题 2-2

1. 求下列复合函数的导数：

(1) $y=\mathrm{e}^{x+\sin x}$；

(2) $y=(x^4-x)^3$；

(3) $y=\sin(3x^2)$；

(4) $y=\ln(2x^2-3)$.

2. 求下列方程确定的隐函数的导数 $\dfrac{\mathrm{d}y}{\mathrm{d}x}$：

(1) $x^2+y^2=1$；

(2) $\mathrm{e}^{x+y}-xy=1$.

本节习题答案

3. 求由参数方程 $\begin{cases} x=\dfrac{1}{t+2}, \\ y=\dfrac{t}{(t+2)^2} \end{cases}$ 所确定的函数 $y=f(x)$ 的导数 $\dfrac{\mathrm{d}y}{\mathrm{d}x}$.

4. 求下列函数的三阶导数：

(1) $y=\mathrm{e}^{ax}$（a 为常数）；

(2) $y=\ln(x+2)$.

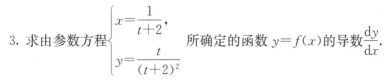

高阶导数（习题）

第三节　函数的微分及应用

学习内容：函数的微分及应用.

目的要求：理解微分的概念，掌握微分的基本公式，能熟练求各类函数的微分；理解微分形式的不变性及微分在近似计算中的应用.

重点难点：微分的概念，微分的运算.

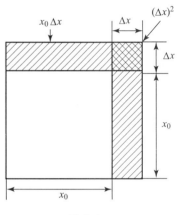

案例　一块正方形金属薄片受温度变化影响时，其边长由 x_0 变到 $x_0+\Delta x$，此薄片的面积改变了多少？

解　设边长为 x，面积为 A，则 A 是 x 的函数：$A=x^2$，薄片受温度变化影响时，面积改变量可以看成当自变量 x 自 x_0 取得增量 Δx 时，函数 A 相应的增量 ΔA，如图 2.4 所示，即

$$\Delta A=(x_0+\Delta x)^2-x_0^2=2x_0\Delta x+(\Delta x)^2.$$

一般来说，计算函数 $y=f(x)$ 的改变量 Δy 的精确值是较烦琐的. 所以，往往需要计算它的近似值，找出简便的计算方法.

图 2.4

一、微分的概念

定义 1　设函数 $y=f(x)$ 在 x 处可导，称 $f'(x)\Delta x$ 为函数 $y=f(x)$ 在 x 处的微分，记作 dy 或 $df(x)$，即 $dy=f'(x)\Delta x$ 或 $df(x)=f'(x)\Delta x$.

例题 1　求 $y=x$ 的微分.

解　$dy=dx=x'\cdot\Delta x=\Delta x$.

注：自变量 x 的微分 dx 就是自变量 x 的改变量 Δx，因此，函数的微

微分的概念

分记作 $dy=f'(x)dx$，则有 $\dfrac{dy}{dx}=f'(x)$.

例题 2　求 $y=x^3$ 的微分.

解　$dy=y'dx=(x^3)'dx=3x^2dx$.

二、微分基本公式与运算法则

微分基本公式（公式中要求 $a>0$，$a\neq1$）：

(1) $dC=0(C$ 为常数$)$；

(2) $dx^a=\alpha x^{a-1}dx$；

(3) $da^x=a^x\ln adx$；

(4) $de^x=e^xdx$；

(5) $d(\log_a x)=\dfrac{1}{x\ln a}dx$；

(6) $d(\ln x)=\dfrac{1}{x}dx$；

(7) $d(\sin x)=\cos xdx$；

(8) $d(\cos x)=-\sin xdx$；

(9) $d(\tan x)=\sec^2 xdx$；

(10) $d(\cot x)=-\csc^2 xdx$；

(11) $\mathrm{d}(\sec x) = \sec x \cdot \tan x \mathrm{d}x$;　　　　(12) $\mathrm{d}(\csc x) = -\csc x \cdot \cot x \mathrm{d}x$;

(13) $\mathrm{d}(\arcsin x) = \dfrac{1}{\sqrt{1-x^2}} \mathrm{d}x$;　　　　(14) $\mathrm{d}(\arccos x) = -\dfrac{1}{\sqrt{1-x^2}} \mathrm{d}x$;

(15) $\mathrm{d}(\arctan x) = \dfrac{1}{1+x^2} \mathrm{d}x$;　　　　(16) $\mathrm{d}(\mathrm{arccot}\, x) = -\dfrac{1}{1+x^2} \mathrm{d}x$.

运算法则:

(1) $\mathrm{d}[f(x) \pm g(x)] = \mathrm{d}f(x) \pm \mathrm{d}g(x)$;

(2) $\mathrm{d}[f(x)g(x)] = g(x)\mathrm{d}f(x) + f(x)\mathrm{d}g(x)$;

(3) $\mathrm{d}\left[\dfrac{f(x)}{g(x)}\right] = \dfrac{g(x)\mathrm{d}f(x) - f(x)\mathrm{d}g(x)}{[g(x)]^2}$.

例题 3　求下列函数的微分:

(1) $y = x^2 \sin x$;　　　　　　　　(2) $y = \cos(x^2 + 1)$.

解　(1) $\mathrm{d}y = (x^2 \sin x)' \mathrm{d}x = (2x\sin x + x^2\cos x)\mathrm{d}x$

(2) $\mathrm{d}y = -\sin(x^2+1)\mathrm{d}(x^2+1) = -2x\sin(x^2+1)\mathrm{d}x$.

三、微分用于近似计算

由微分的定义可知,当函数 $y = f(x)$ 在 x_0 点处可导,且 $|\Delta x|$ 很小时,有

微分的近似计算

$$\Delta y = f(x_0 + \Delta x) - f(x_0) \approx \mathrm{d}y = f'(x_0)\Delta x, \quad (2.5.1)$$

进而得

$$f(x_0 + \Delta x) \approx f(x_0) + f'(x_0)\Delta x, \quad (2.5.2)$$

记 $x = x_0 + \Delta x$,则

$$f(x) \approx f(x_0) + f'(x_0)(x - x_0) \quad (2.5.3)$$

在上述近似公式中,式 (2.5.1) 可以近似计算函数改变量,用在点 x_0 的微分 $f'(x_0)\Delta x$ 近似计算函数在点 x_0 的改变量 Δy;式 (2.5.2) 可以近似计算函数值,用在点 x_0 的函数值 $f(x_0)$ 与其微分之和来近似计算函数在点 $x_0 + \Delta x$ 的函数值 $f(x_0 + \Delta x)$;式 (2.5.3) 可以近似计算在点 x 的函数值 $f(x)$,这正是用 x 的线性函数 $f(x_0) + f'(x_0)(x - x_0)$ 近似表示函数 $f(x)$.

例题 4　半径为 20 cm 的钢球加热后,半径增加了 0.05 cm,问此时体积大约增加了多少?

微分的近似计算
(例题 4)

解　用 V,r 分别表示钢球的体积和半径,则 $V = \dfrac{4}{3}\pi r^3$,因为增大的体积等于两个体积之差,所以问题就是求函数 $V = \dfrac{4}{3}\pi r^3$,当 r 自 $r_0 = 20$ 取得 $\Delta r = 0.05$ cm 时的近似值,因此,

$$\Delta V = \mathrm{d}V = 4\pi r_0^2 \Delta r,$$

代入数值计算得

$$\Delta V = 4\pi \times 20^2 \times 0.05 = 80\pi (\mathrm{cm}^3),$$

即该钢球体积大约增加了 80π cm³.

例题 5　计算 $\sqrt[3]{1.01}$ 的近似值.

解　$\sqrt[3]{1}=1$，令 $f(x)=\sqrt[3]{x}$，$f'(x)=\dfrac{1}{3\sqrt[3]{x^2}}$，取 $x_0=1$，则

$$\sqrt[3]{1.01}=f(1.01)\approx f(1)+f'(1)(1.01-1)=1+\frac{1}{3}\times 0.01\approx 1.033.$$

习题 2 - 3

1. 选取适当函数填入括号内，使下列等式成立：

(1)　$2\mathrm{d}x=\mathrm{d}$（　　　　　　）；　　　(2)　$3x^2\mathrm{d}x=\mathrm{d}$（　　　　　　）；

(3)　$\dfrac{1}{2\sqrt{x}}\mathrm{d}x=\mathrm{d}$（　　　　　　）；　　　(4)　$\dfrac{3}{x}\mathrm{d}x=\mathrm{d}$（　　　　　　）；

(5)　$\dfrac{1}{1+x^2}\mathrm{d}x=\mathrm{d}$（　　　　　　）；　　　(6)　$\dfrac{1}{\sqrt{1-x^2}}\mathrm{d}x=\mathrm{d}$（　　　　　　）；

(7)　$\sin x\mathrm{d}x=\mathrm{d}$（　　　　　　）；　　　(8)　$\cos 2x\mathrm{d}x=\mathrm{d}$（　　　　　　）；

(9)　$\mathrm{e}^{-x}\mathrm{d}x=\mathrm{d}$（　　　　　　）；　　　(10)　$\sec x\cdot\tan x\mathrm{d}x=\mathrm{d}$（　　　　　　）.

2. 求下列函数的微分 $\mathrm{d}y$：

(1)　$y=\mathrm{e}^x+x^3$；　　　(2)　$y=2\sin x+x^3$；

(3)　$y=x(\sin x+\cos x)$.

3. 近似计算 $\mathrm{e}^{1.002}$ 的值.

4. 近似计算 $\ln 0.97$ 的值.

第四节　微分中值定理

学习内容：微分中值定理.

目的要求：通过学习，同学们能熟练掌握罗尔定理和拉格朗日定理的内容，并且会灵活运用罗尔定理判断方程的根的存在问题，运用拉格朗日定理证明不等式.

重点难点：拉格朗日定理的应用，灵活运用罗尔定理和拉格朗日定理.

　　导数是刻画函数在某一点处变化率的数学模型，反映函数在这一点处的局部变化性态. 而函数的变化趋势以及图像特征是函数在某区间上的整体变化性态. 微分中值定理是在理论上给出函数在某区间的整体性质与该区间内部一点的导数之间的关系. 由于这些性质都与区间内部的某个中间值有关，因此被统称为中值定理.

1. 罗尔（Rolle）中值定理

定理 1　若函数 $f(x)$ 满足条件：

(1) 在闭区间 $[a,b]$ 上连续；

(2) 在开区间 (a,b) 内可导；

罗尔中值定理

(3) $f(a) = f(b)$.

则在 (a, b) 内至少存在一点 ξ，使得 $f'(\xi) = 0$.

罗尔定理的几何意义：如果连续曲线除端点外处处都有不垂直于 x 轴的切线，且两端点处的纵坐标相等，那么其上至少有一条平行于 x 轴的水平切线（见图 2.5）.

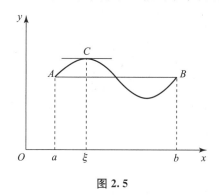

图 2.5

例题 1 验证函数 $f(x) = x^2 - 3x - 4$ 在区间 $[-1, 4]$ 上是否满足罗尔定理的条件，若满足，试求罗尔定理中 ξ 的值.

解 $f(x) = x^2 - 3x - 4$ 在 $[-1, 4]$ 上连续，且在 $(-1, 4)$ 内可导，又 $f(-1) = f(4) = 0$. 所以 $f(x)$ 在 $[-1, 4]$ 上满足罗尔定理条件.

$f'(x) = 2x - 3$，令 $f'(x) = 2x - 3 = 0$，解得 $x = \dfrac{3}{2} \in (-1, 4)$，即 $\xi = \dfrac{3}{2}$.

例题 2 设 $f(x) = (x-1)(x-2)(x-3)(x-4)$，说明方程 $f'(x) = 0$ 有几个根，并说出根所在的范围.

解 函数 $f(x) = (x-1)(x-2)(x-3)(x-4)$ 在闭区间 $[1, 2]$，$[2, 3]$，$[3, 4]$ 上连续，在开区间 $(1, 2)$，$(2, 3)$，$(3, 4)$ 内可导，且 $f(1) = f(2) = f(3) = f(4) = 0$. 由罗尔定理知，方程 $f'(x) = 0$ 在 $(1, 2)$，$(2, 3)$，$(3, 4)$ 每一区间内至少存在一个根，而方程 $f'(x) = 0$ 的根小于等于三个.

罗尔中值定理
（例题 2）

所以方程 $f'(x) = 0$ 有三个根，根所在的范围分别为 $(1, 2)$，$(2, 3)$，$(3, 4)$.

注意：罗尔定理的三个条件只是充分条件，不是必要条件. 即若满足定理中的三个条件，结论一定是成立的；反之，若不满足定理的条件，则结论仍然有可能成立.

例如 $y = f(x) = x^2 - 2x + 2 = (x-1)^2 + 1$ 在 $[0, 3]$ 上连续，在 $(0, 3)$ 内可导，$f(0) = 2 \neq f(3) = 5$，而 $f'(1) = 0$.

在罗尔定理中，条件 $f(a) = f(b)$ 比较特殊，若把这个条件去掉并相应地改变结论，就得到了微分学中十分重要的拉格朗日中值定理.

2. 拉格朗日（Lagrange）中值定理

定理 2 若函数 $f(x)$ 满足条件：

(1) 在闭区间 $[a, b]$ 上连续；

(2) 在开区间 (a, b) 内可导.

拉格朗日中值定理

则在 $(a，b)$ 内至少存在一点 ξ，使得 $f'(\xi)=\dfrac{f(b)-f(a)}{b-a}$.

拉格朗日中值定理的几何意义：如果连续曲线除端点外处处都有不垂直于 x 轴的切线，那么其上至少有一条平行于连接两端点的直线的切线（见图 2.6）.

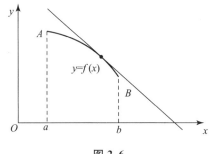

图 2.6

推论 1　若函数 $f(x)$ 在区间 $(a，b)$ 内可导，且 $f'(x)\equiv0$，则在 $(a，b)$ 内，$f(x)$ 是一个常数.

证　在区间 $(a，b)$ 内任取两点 x_1，$x_2(x_1<x_2)$，则 $f(x)$ 在 $[x_1，x_2]$ 上满足拉格朗日中值定理条件，所以有

$$f(x_2)-f(x_1)=f'(\xi)(x_2-x_1)(x_1<\xi<x_2).$$

又因为 $f'(\xi)=0$，所以 $f(x_2)-f(x_1)=0$，即 $f(x_2)=f(x_1)$.

由 x_1，x_2 的任意性可知，函数 $f(x)$ 在区间 $(a，b)$ 内是一个常数.

推论 2　若函数 $f(x)$，$g(x)$ 在区间 $(a，b)$ 内可导，且对任意的 $x\in(a，b)$，有 $f'(x)\equiv g'(x)$，则在 $(a，b)$ 内，$f(x)=g(x)+C$，其中 C 为常数.

证　由假设条件知，对任意的 $x\in(a，b)$，有 $[f(x)-g(x)]'=0$，由推论 1，有 $f(x)-g(x)=C$（常数），即 $f(x)=g(x)+C$.

例题 3　证明 $\arcsin x+\arccos，x=\dfrac{\pi}{2}$，$x\in(-1，1)$.

证　设函数 $f(x)=\arcsin x+\arccos x$. 则 $f(x)$ 在 $(-1，1)$ 内可导，且 $f'(x)=0$，由推论 1，$f(x)$ 在 $(-1，1)$ 内恒等于一个常数 C，即 $x=0$ 时，$f(0)=\dfrac{\pi}{2}=C$，所以 $\arcsin x+\arccos x=\dfrac{\pi}{2}$.

拉格朗日中值定理（例题 3）

习题 2–4

1. 验证下列函数满足罗尔定理的条件，并求出定理中的 ξ：

(1) $f(x)=x^2-x-2$，$x\in[-1,2]$；　　(2) $f(x)=x\sqrt{2-x}$，$x\in[0，2]$.

2. 验证下列函数满足拉格朗日中值定理的条件，并求出定理中的 ξ：

(1) $f(x)=2\ln x$，$x\in[1，\mathrm{e}]$；　　(2) $f(x)=2-x^2$，$x\in[0，3]$.

本节习题答案

3. 证明恒等式 $\arctan x=\arcsin\dfrac{x}{\sqrt{1+x^2}}$.

4. 设 $f(x)=(x+1)(x-2)(x-3)(x-4)$，用罗尔定理说明方程 $f'(x)=0$ 有几个根，并说出根所在的范围.

第五节　洛必达法则

学习内容：洛必达法则.

目的要求：理解洛必达法则的含义，能熟练应用洛必达法则求各种类型的未定式的极限.

重点难点：利用洛必达法则求未定式的极限.

案例　求 $\lim\limits_{x\to 0}\dfrac{1-\cos x}{x^2}$.

在某一变化过程中，两个无穷小之比或两个无穷大之比的极限可能存在，也可能不存在，我们称这类极限为未定式，记为 $\dfrac{0}{0}$ 或 $\dfrac{\infty}{\infty}$. 应用初等方法求这类极限有的时候会比较困难，本节利用中值定理推出一种有效的求未定式极限的方法，即洛必达法则.

一、"$\dfrac{0}{0}$" 型未定式的洛必达法则

零比零型未定式
洛必达法则

定理 1　如果函数 $f(x)$ 及 $g(x)$ 满足：

(1) $\lim\limits_{x\to a}f(x)=\lim\limits_{x\to a}g(x)=0$；

(2) 在点 a 的某去心邻域内可导，且 $g'(x)\neq 0$；

(3) $\lim\limits_{x\to a}\dfrac{f'(x)}{g'(x)}=A$（或 ∞）.

则必有 $\lim\limits_{x\to a}\dfrac{f(x)}{g(x)}=\lim\limits_{x\to a}\dfrac{f'(x)}{g'(x)}=A$（或 ∞）.

洛必达法则：这种在一定条件下通过分子分母分别求导数再求极限来确定未定式极限值的方法称为洛必达法则.

例题 1　求 $\lim\limits_{x\to 2}\dfrac{x^2-4}{x-2}$.

解法一（因式分解）：原式 $=\lim\limits_{x\to 2}\dfrac{x^2-4}{x-2}=\lim\limits_{x\to 2}\dfrac{(x+2)(x-2)}{x-2}=\lim\limits_{x\to 2}(x+2)=4$.

解法二（洛必达法则）：原式 $=\lim\limits_{x\to 2}\dfrac{x^2-4}{x-2}=\lim\limits_{x\to 2}\dfrac{(x^2-4)'}{(x-2)'}=\lim\limits_{x\to 2}\dfrac{2x}{1}=4$.

例题 2　求 $\lim\limits_{x\to 0}\dfrac{1-\cos x}{x^2}$.

解　原式 $=\lim\limits_{x\to 0}\dfrac{1-\cos x}{x^2}=\lim\limits_{x\to 0}\dfrac{(1-\cos x)'}{(x^2)'}=\lim\limits_{x\to 0}\dfrac{\sin x}{2x}=\dfrac{1}{2}\lim\limits_{x\to 0}\dfrac{\sin x}{x}=\dfrac{1}{2}$.

说明　使用一次洛必达法则后，如果 $\dfrac{f'(x)}{g'(x)}$ 仍是满足定理条件的未定式，则可继续使用

洛必达法则.

二、"$\dfrac{\infty}{\infty}$"型未定式的洛必达法则

定理2   如果函数 $f(x)$ 及 $g(x)$ 满足：

(1) $\lim\limits_{x\to a}f(x)=\lim\limits_{x\to a}g(x)=\infty$；

(2) 在点 a 的某去心邻域内可导，且 $g'(x)\neq0$；

(3) $\lim\limits_{x\to a}\dfrac{f'(x)}{g'(x)}=A$（或 ∞）.

则必有 $\lim\limits_{x\to a}\dfrac{f(x)}{g(x)}=\lim\limits_{x\to a}\dfrac{f'(x)}{g'(x)}=A$（或 ∞）.

例题3   求 $\lim\limits_{x\to+\infty}\dfrac{\ln(x+2)}{x^2}$.

解 $\lim\limits_{x\to+\infty}\dfrac{\ln(x+2)}{x^2}\overset{\left(\frac{\infty}{\infty}\right)}{=\!=\!=}\lim\limits_{x\to+\infty}\dfrac{\dfrac{1}{x+2}}{2x}=\lim\limits_{x\to+\infty}\dfrac{1}{2x(x+2)}=0.$

例题4   求 $\lim\limits_{x\to+\infty}\dfrac{x^2+1}{e^x}$.

解 $\lim\limits_{x\to+\infty}\dfrac{x^2+1}{e^x}\overset{\left(\frac{\infty}{\infty}\right)}{=\!=\!=}\lim\limits_{x\to+\infty}\dfrac{2x}{e^x}\overset{\left(\frac{\infty}{\infty}\right)}{=\!=\!=}\lim\limits_{x\to+\infty}\dfrac{2}{e^x}=0.$

无穷比无穷型未定式
洛必达法则（例题4）

综上所述，利用洛必达法则求极限时应注意以下几点：

(1) 洛必达法则只适用于 $\dfrac{0}{0}$ 或 $\dfrac{\infty}{\infty}$ 型；

(2) 如果 $\dfrac{f'(x)}{g'(x)}$ 仍是满足定理条件的未定式，则可继续使用洛必达法则.

三、其他类型未定式（$0\cdot\infty$，$\infty-\infty$，0^0，1^∞，∞^0）

例如，$\lim\limits_{x\to0}\dfrac{\sin x}{x}\left(\dfrac{0}{0}\text{型}\right)$，$\lim\limits_{x\to+\infty}\dfrac{\ln x}{x^n}\ (n>0)\ \left(\dfrac{\infty}{\infty}\text{型}\right)$，$\lim\limits_{x\to+0}x^n\ln x\ (n>0)\ (0\cdot\infty\text{型})$，

$\lim\limits_{x\to\frac{\pi}{2}}(\sec x-\tan x)\ (\infty-\infty\text{型})$，$\lim\limits_{x\to+0}x^x\ (0^0\text{型})$，$\lim\limits_{x\to\infty}\left(1+\dfrac{1}{x}\right)^x\ (1^\infty\text{型})$，$\lim\limits_{x\to\infty}(x^2+a^2)^{\frac{1}{x^2}}$

$(\infty^0\text{型})$.

对于 $0\cdot\infty$，$\infty-\infty$ 型未定式的求极限问题，可以经过适当的初等变换将它们转化为 $\dfrac{0}{0}$

或 $\dfrac{\infty}{\infty}$ 型未定式来计算. 一般方法是：

(1) $0\cdot\infty$ 转化为 $\dfrac{0}{0}$ 或 $\dfrac{\infty}{\infty}$ 型；

(2) $\infty-\infty$ 型用通分法.

例题 5 求 $\lim\limits_{x\to\infty} x(\mathrm{e}^{\frac{2}{x}}-1)(n>0)$.

解 $\lim\limits_{x\to\infty} x(\mathrm{e}^{\frac{2}{x}}-1) \overset{(0\cdot\infty)}{=\!=\!=} 2\lim\limits_{x\to\infty}\dfrac{(\mathrm{e}^{\frac{2}{x}}-1)}{\dfrac{2}{x}}=2\lim\limits_{x\to\infty}\dfrac{\mathrm{e}^{\frac{2}{x}}\left(\dfrac{2}{x}\right)'}{\left(\dfrac{2}{x}\right)'}=2\mathrm{e}^0=2$.

其他类型未定式
洛必达法则（例题 5）

例题 6 求 $\lim\limits_{x\to\frac{\pi}{2}}(\sec x-\tan x)$.

解 $\lim\limits_{x\to\frac{\pi}{2}}(\sec x-\tan x) \overset{(\infty-\infty)}{=\!=\!=} \lim\limits_{x\to\frac{\pi}{2}}\dfrac{1-\sin x}{\cos x} \overset{\left(\frac{0}{0}\right)}{=\!=\!=} \lim\limits_{x\to\frac{\pi}{2}}\dfrac{-\cos x}{-\sin x}=0$.

习题 2−5

用洛必达法则求下列极限：

(1) $\lim\limits_{x\to 2}\dfrac{x^3-8}{x-2}$;

(2) $\lim\limits_{x\to 0}\dfrac{x-\sin x}{x}$;

(3) $\lim\limits_{x\to 0}\dfrac{\sin 2x}{\tan 3x}$;

(4) $\lim\limits_{x\to 0}\dfrac{\ln(x+1)}{x}$;

(5) $\lim\limits_{x\to 1}\dfrac{x^2-1}{x^2+2x-3}$;

(6) $\lim\limits_{x\to 1}\dfrac{\sin x-\sin 1}{x-1}$;

(7) $\lim\limits_{x\to 0}\dfrac{\mathrm{e}^x-\mathrm{e}^{-x}}{\sin x}$;

(8) $\lim\limits_{x\to+\infty}\dfrac{3x^2-1}{\mathrm{e}^x}$;

(9) $\lim\limits_{x\to+\infty}\dfrac{4x^3+x}{2\mathrm{e}^x}$;

(10) $\lim\limits_{x\to+\infty}\dfrac{x^2+\ln x}{x^3}$;

(11) $\lim\limits_{x\to+\infty}\dfrac{2x^2+3x-1}{x^2-2x+5}$;

(12) $\lim\limits_{x\to+\infty}\dfrac{x^3+2x-3}{3x^3-4x+1}$.

本节习题答案

第六节　函数的单调性与极值

学习内容：函数的单调性与极值.

目的要求：熟练掌握函数的单调性的判定定理，能够熟练应用函数单调性的判定定理判断各种函数的单调性；熟练掌握函数的极值概念，会利用极值的两个判定定理来求各种函数的极值.

重点难点：函数单调性的判断和极值的求法.

案例〔路程与速度的关系〕

若做直线运动的物体的速度 $v(t)=\dfrac{\mathrm{d}s}{\mathrm{d}t}>0$，则物体的运动时间越长，路程 $s(t)$ 越大，即 $s(t)$ 是单调增加的. 由此可见，函数 $f(x)$ 单调性与其导数 $f'(x)$ 的正负符号之间存在着必然的联系.

在第一模块定义了函数的单调性，这里将介绍利用函数的一阶导数判定函数的单调性的方法.

一、函数的单调性判断

从几何上可以看出，曲线的单调性与其上各点的切线的斜率密切相关，如果 $y=f(x)$ 在 $[a,b]$ 上单调增加（单调减少），那么它的图形是一条沿 x 轴正向上升（下降）的曲线，如图 2.7 和图 2.8 所示，曲线上各点处的切线斜率是非负的（非正的），即 $y'=f'(x)\geqslant 0$（$y'=f'(x)\leqslant 0$）.

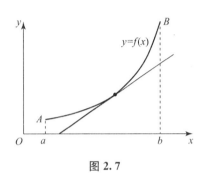

图 2.7

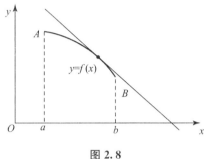

图 2.8

那么，能否用导数的符号来判定函数的单调性呢？

定理 1（函数单调性的判定） 设函数 $y=f(x)$ 在 $[a,b]$ 上连续，在 (a,b) 内可导：

（1）如果在 (a,b) 内 $f'(x)>0$，那么函数 $y=f(x)$ 在 $[a,b]$ 上单调增加；

（2）如果在 (a,b) 内 $f'(x)<0$，那么函数 $y=f(x)$ 在 $[a,b]$ 上单调减少.

函数单调性的判定

如果函数在定义区间上连续，除去有限个导数不存在的点外导数存在且连续，那么只要用方程 $f'(x)=0$ 的根及导数不存在的点来划分函数 $f(x)$ 的定义区间，就能保证 $f'(x)$ 在各个部分区间内保持固定的符号，因而函数 $f(x)$ 在每个部分区间上单调增加或减少.

由此我们可以总结出如下判别函数增减性的步骤：

（1）确定函数的定义域；

（2）求出使 $f'(x)=0$ 和 $f'(x)$ 不存在的点，并以这些点为分界点，将定义域分割成几个子区间.

（3）确定 $f'(x)$ 在各个子区间内的符号，从而判定函数 $y=f(x)$ 的单调性.

一般地，如果 $f'(x)$ 在某区间内的有限个点处为零，在其余各点处均为正（或负），那么 $f(x)$ 在该区间上仍旧是单调增加（或单调减少）的.

例题 1 讨论函数 $f(x)=x^3-9x^2-18$ 的单调性.

解 函数的定义域为 $(-\infty,+\infty)$. $f'(x)=3x^2-18x=3x(x-6)$.

令 $f'(x)=0$，得 $x_1=0$，$x_2=6$.

以 $x_1=0$，$x_2=6$ 为分点，将定义域 $(-\infty,+\infty)$ 分成三部分 $(-\infty,0)$，$[0,6]$，$(6,+\infty)$.

因为 $x<0$ 时，$f'(x)>0$，所以函数在 $(-\infty, 0)$ 上单调增加；

因为 $0<x<6$ 时，$f'(x)<0$，所以函数在 $[0, 6]$ 上单调减少；

因为 $x>6$ 时，$f'(x)>0$，所以函数在 $(6, +\infty)$ 上单调增加.

例题 2　证明：当 $x>1$ 时，$2\sqrt{x}>3-\dfrac{1}{x}$.

证　令 $f(x)=2\sqrt{x}-\left(3-\dfrac{1}{x}\right)$，则

$$f'(x)=\frac{1}{\sqrt{x}}-\frac{1}{x^2}=\frac{1}{x^2}(x\sqrt{x}-1).$$

函数单调性的
判定（例题 2）

因为当 $x>1$ 时，$f'(x)>0$，因此 $f(x)$ 在 $[1, +\infty)$ 上 $f(x)$ 单调增加，从而当 $x>1$ 时，$f(x)>f(1)$.

由于 $f(1)=0$，故 $f(x)>f(1)=0$，即

$$2\sqrt{x}-\left(3-\frac{1}{x}\right)>0,$$

也就是

$$2\sqrt{x}>3-\frac{1}{x}(x>1).$$

上例说明，运用函数的单调性证明代数不等式的关键，在于合理地构造相应的辅助函数，并研究其在相应区间的单调性及在相应的区间端点处的值.

二、函数极值的概念及求法

定义 1　设函数 $f(x)$ 在区间 (a, b) 内有定义，$x_0\in(a, b)$. 如果在 x_0 的某一去心邻域内恒有：

（1）$f(x)<f(x_0)$，则称 $f(x_0)$ 是函数 $f(x)$ 的一个**极大值**，x_0 称为 $f(x)$ 的**极大值点**；

（2）$f(x)>f(x_0)$，则称 $f(x_0)$ 是函数 $f(x)$ 的一个**极小值**，x_0 称为 $f(x)$ 的**极小值点**.

函数的极大值与极小值统称为函数的极值，极大值点、极小值点统称为函数的极值点.

说明　函数的极值仅仅是在某一点的近旁而言的，是局部性概念. 在一个区间上，函数可能有几个极大值与几个极小值，甚至有的极小值可能大于某个极大值. 如图 2.8 所示，极小值 $f(x_6)$ 就大于极大值 $f(x_2)$.

极值与水平切线的关系：在函数取得极值处（该点可导），曲线上的切线是水平的. 但在曲线上有水平切线的地方，函数不一定取得极值（见图 2.9）.

定理 1（必要条件）　设函数 $f(x)$ 在点 x_0 处可导，且在 x_0 处取得极值，那么函数在点 x_0 处的导数为零，即 $f'(x_0)=0$.

说明　（1）定理 1 的几何解释：可微函数的图形在极值点处有水平切线.

（2）定理 1 的条件仅仅是取得极值的必要条件，但不是充分条件.

例如，$f(x)=x^3$，在点 $x=0$ 处有 $f'(0)=0$，但 $x=0$ 并不是函数 $f(x)=x^3$ 的极值点.

使 $f'(x)$ 为零的点（即方程 $f'(x)=0$ 的实根）称为函数 $f(x)$ 的**驻点**.

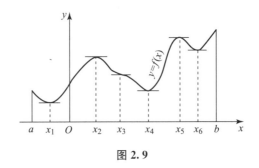

图 2.9

定理 1 说明：可导函数 $f(x)$ 的极值点必定是函数的驻点．但反过来，函数 $f(x)$ 的驻点却不一定是极值点．

定理 1 是对函数在点 x_0 处可导而言的，在导数不存在的点，函数可能取得极值，也可能没有极值．例如，$y = x^{\frac{2}{3}}$ 有 $y' = \frac{2}{3}x^{-\frac{1}{3}}$，$y'|_{x=0}$ 不存在，但是在 $x = 0$ 处函数却有极小值 $f(0) = 0$，如图 2.10 所示．

又如 $y = x^{\frac{1}{3}}$ 有 $y' = \frac{1}{3}x^{-\frac{2}{3}}$，$y'|_{x=0}$ 不存在，但在 $x = 0$ 处函数没有极值．

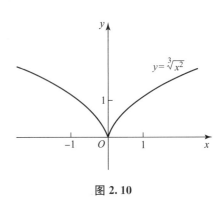

图 2.10

由此可知，函数的极值点必在函数的驻点或连续不可导的点中取得．但是，驻点或导数不存在的点不一定是函数的极值点．

下面介绍函数取得极值的充分条件，给出函数求极值的具体方法．

定理 2（极值的第一充分条件） 设函数 $f(x)$ 在点 x_0 的某一邻域内可导．

(1) 当 $x < x_0$ 时，$f'(x) > 0$，而当 $x > x_0$ 时，$f'(x) < 0$，那么函数 $f(x)$ 在 x_0 处取得极大值；

(2) 当 $x < x_0$ 时，$f'(x) < 0$，而当 $x > x_0$ 时，$f'(x) > 0$，那么函数 $f(x)$ 在 x_0 处取得极小值；

(3) 当 $x < x_0$ 与 $x > x_0$ 时，$f'(x)$ 不变号，那么函数 $f(x)$ 在 x_0 处没有极值．

极值的第一
充分条件

综上所述，应用定理 2 求函数 $f(x)$ 极值点和极值的步骤如下：

(1) 求出函数的定义域及导数 $f'(x)$；

(2) 令 $f'(x) = 0$，求出 $f(x)$ 的全部驻点和导数不存在的点；

(3) 列表判断（用上述各点将定义域分成若干个子区间，判定各子区间内 $f'(x)$ 的正负，以便确定该点是否是极值点）；

(4) 求出各极值点处的函数值，确定出函数的所有极值点和极值．

例题 3 求函数 $f(x)=x^3-9x^2-27$ 的极值.

解 (1) 函数 $f(x)$ 的定义域为 $(-\infty,+\infty)$，$f'(x)=3x^2-18x=3x(x-6)$.

(2) 令 $f'(x)=0$，得驻点 $x=0$，$x=6$，这两个点将函数 $f(x)$ 的定义域分成三部分.

(3) 列表 2-1 进行判断：

求函数的极值（例题3）

表 2-1

x	$(-\infty,0)$	0	$(0,6)$	6	$(6,+\infty)$
$f'(x)$	+	0	−	0	+
$f(x)$	↗	−27	↘	−135	↗

(4) 所以 $f(x)$ 在 $x=0$ 处取得极大值 -27；$f(x)$ 在 $x=6$ 处取得极小值 -135.

定理 3（极值的第二充分条件） 设函数 $f(x)$ 在点 x_0 处具有二阶导数，且 $f'(x_0)=0$，$f''(x_0)\neq0$，那么

(1) 当 $f''(x_0)<0$ 时，函数 $f(x)$ 在 x_0 处取得极大值；

(2) 当 $f''(x_0)>0$ 时，函数 $f(x)$ 在 x_0 处取得极小值.

极值的第二充分条件适用范围较小. 它表明，如果函数 $f(x)$ 在驻点 x_0 处的二阶导数 $f''(x_0)\neq0$，那么该点 x_0 一定是极值点，并且可以按二阶导数 $f''(x_0)$ 的符号来判定 $f(x_0)$ 是极大值还是极小值. 但如果 $f''(x_0)=0$，定理 3 就不能使用了.

例题 4 求函数 $f(x)=(x^2-1)^3+1$ 的极值.

解 (1) $f'(x)=6x(x^2-1)^2$.

(2) 令 $f'(x)=0$，求得驻点 $x_1=-1$，$x_2=0$，$x_3=1$.

(3) $f''(x)=6(x^2-1)(5x^2-1)$.

(4) 因 $f''(0)=6>0$，所以 $f(x)$ 在 $x=0$ 处取得极小值，极小值为 $f(0)=0$.

(5) 因 $f''(-1)=f''(1)=0$，用定理 3 无法判别. 但由定理 2 知，在 $x=-1$ 的左、右邻域内 $f'(x)<0$，所以 $f(x)$ 在 $x=-1$ 处没有极值；同理，$f(x)$ 在 $x=1$ 处也没有极值.

习题 2-6

1. 求下列函数的单调增减区间：

(1) $f(x)=x^2+2x-2$；

(2) $f(x)=x^3-3x^2+5$；

(3) $f(x)=x-\ln(1+x)$.

2. 证明：当 $x>0$ 时，$1+\dfrac{1}{2}x>\sqrt{1+x}$.

本节习题答案

3. 求下列函数的极值：

(1) $f(x)=x^3-9x^2-27$；

(2) $f(x)=x-e^x$；

(3) $f(x)=(x^2-3)(x^2-4x+1)$.

第七节　函数的最值、凹凸性与拐点

学习内容： 函数的最值，曲线的凹凸性与拐点.

目的要求： 理解函数的最值的定义，掌握函数的最值与极值的关系，熟练掌握函数最值的求法；理解函数曲线的凹凸性与拐点的定义，熟练掌握函数曲线的凹凸性与拐点的求法.

重点难点： 函数的最值的求法，曲线凹凸性的判定.

案例 1（淋雨量）　人在雨中行走，速度不同可能导致淋雨量有很大不同，即淋雨量是人行走速度的函数，记淋雨量为 y、行走速度为 x，并设它们之间有以下函数关系：$f(x)=x^3+2x^2+x+1$，求其淋雨量最小时的行走速度.

案例 2（发动机效率）　一汽车厂家正在测试新开发的汽车发动机的效率，发动机的效率 p 与汽车的速度 v 之间的关系为 $p=0.768v-0.000\,04v^3$，问：发动机的最大效率是多少？

一、函数的最值及求法

设函数 $f(x)$ 在闭区间 $[a,b]$ 上连续，则函数的最大值和最小值一定存在. 函数的最大值和最小值有可能在区间的端点取得，如果最大值不在区间的端点取得，则必在开区间 (a,b) 内取得，在这种情况下，最大值一定是函数的极大值. 因此，函数在闭区间 $[a,b]$ 上的最大值一定是函数的所有极大值和函数在区间端点的函数值中的最大者. 同理，函数在闭区间 $[a,b]$ 上的最小值一定是函数的所有极小值和函数在区间端点的函数值中的最小者. 由此可得函数 $f(x)$ 在 $[a,b]$ 上最值的求法和步骤：

（1）求出函数 $f(x)$ 在 (a,b) 内的驻点和不可导点（它们可能是极值点）以及端点处的函数值；

（2）比较这些函数值的大小，其中最大和最小的函数值就是函数 $f(x)$ 的最大和最小值.

例题 1　求函数 $f(x)=x^3+2x^2+x+1$ 在 $[-1,1]$ 上的最大值与最小值.

解　因为 $f'(x)=3x^2+4x+1=(3x+1)(x+1)$，令 $f'(x)=0$，解得 $x_1=-1$，$x_2=-\dfrac{1}{3}$.

又因为 $$f(-1)=1,\ f(1)=5,\ f\left(-\frac{1}{3}\right)=\frac{23}{27},$$

故函数的最大值和最小值分别为 5 和 $\dfrac{23}{27}$.

注意　在解决实际问题时，注意以下结论，会使我们讨论问题显得方便有效.

（1）$f(x)$ 在 $[a,b]$ 上单调增加（或减少），则 $f(a)$（或 $f(b)$）为最小值、$f(b)$（或 $f(a)$）为最大值.

（2）若函数在讨论的区间（有限或无限，开或闭）内仅有一个极值点，则当它是函数的极大值或极小值时，它就是该函数的最大值或最小值.

（3）在实际问题中，由实际意义分析确实存在最大值或最小值，又因为所讨论的问题在它所对应的区间内只有一个驻点 x_0，所以不必讨论 $f(x_0)$ 是否是极值，一般就可以断定 $f(x_0)$ 是问题所需的最大值或最小值.

例题 2（油管铺设）　要铺设一石油管道，将石油从炼油厂输送到石油罐装点，炼油厂附近有条宽 2.5 km 的河，罐装点在炼油厂的对岸沿河下游 10 km 处. 如果在水中铺设管道的费用为 6 万元/km，在河边铺设管道的费用为 4 万元/km. 试在河边找一点 P，使管道铺设费用最低.

解　如图 2.11 所示，设 $AP=x$(km)，则

$$PB=\sqrt{2.5^2+(10-x)^2}.$$

函数的最值（例题 2）

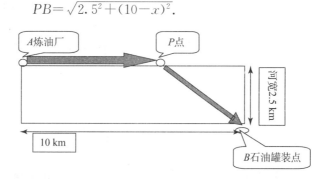

图 2.11

设从 A 点到 B 点需要的总费用为 y，那么

$$y=4\cdot AP+6\cdot PB,$$

即 $y=4\cdot x+6\cdot\sqrt{2.5^2+(10-x)^2}$ $(0\leqslant x\leqslant 10)$.

现在，问题就归结为：x 在 $[0,10]$ 上取何值时目标函数 y 的值最小.

先求 y 对 x 的导数：

$$y'=4+\frac{-6(10-x)}{\sqrt{2.5^2+(10-x)^2}},$$

解方程 $y'=0$，得 $x_1=(10-\sqrt{5})$ km，$x_2=(10+\sqrt{5})$ km（舍去）.

经过比较 $y|_{x=0}$，$y|_{x=10}$，$y|_{x=10-\sqrt{5}}$ 知，当 $AP=(10-\sqrt{5})$ km 时，费用最省.

二、曲线的凹凸性与拐点

在研究函数图形特性时，只知道它的上升和下降性质是不够的，还要研究曲线的弯曲方向问题. 讨论曲线的凹凸性就是讨论曲线的弯曲方向问题. 例如，函数 $y=x^2$ 与 $y=\sqrt{x}$ 虽然在 $(0,+\infty)$ 内都是增加的，但图形却有显著的不同，$y=\sqrt{x}$ 是向下弯曲的（或凸的）曲线，而 $y=x^2$ 是向上弯曲的（或凹的）曲线.

定义 1　若曲线弧位于其每一点的切线的上方，则称此曲线弧是凹的；若曲线弧位于其每一点的切线的下方，则称此曲线弧是凸的.

另外常见的定义还有：

设 $f(x)$ 在区间 I 上连续，如果对 I 上任意两点 x_1，x_2，恒有

曲线的凹凸性与拐点

$$f\left(\frac{x_1+x_2}{2}\right)<\frac{f(x_1)+f(x_2)}{2},$$

则称 $f(x)$ 在 I 上的图形是凹的（或凹弧），如图 2.12 所示；如果恒有

$$f\left(\frac{x_1+x_2}{2}\right)>\frac{f(x_1)+f(x_2)}{2},$$

则称 $f(x)$ 在 I 上的图形是凸的（或凸弧），如图 2.13 所示.

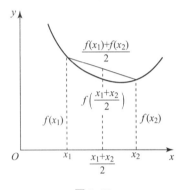
图 2.12

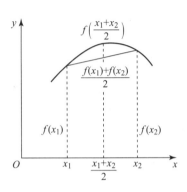
图 2.13

在连续曲线 $y=f(x)$ 上，凹弧与凸弧的分界点称为该曲线的拐点.

如何判别曲线在某一区间上的凹凸性呢？若曲线是凸弧，则当 x 由小变大时，x 轴与曲线的切线的夹角是减小的，即切线的斜率是递减的；若曲线是凹弧，则当 x 由小变大时，x 轴与曲线的切线的夹角是增大的，即切线的斜率是递增的. 从而我们可以根据函数的一阶导数是递增的还是递减的，或根据原来函数的二阶导数是正的还是负的来判别曲线弧的凹凸性.

如果函数 $f(x)$ 在 I 内具有二阶导数，那么可以利用二阶导数的符号来判定曲线的凹凸性，这就是下面要讲的曲线凹凸性的判定定理.

定理 1（曲线凹凸性的判别法） 设 $f(x)$ 在区间 (a, b) 内具有二阶导数 $f''(x)$，那么若在 (a, b) 内 $f''(x)>0$，则 $f(x)$ 在 (a, b) 内的图形是凹的；若在 (a, b) 内 $f''(x)<0$，则 $f(x)$ 在 (a, b) 上的图形是凸的.

确定曲线 $y=f(x)$ 的凹凸区间和拐点的**步骤**：

（1）求出函数 $y=f(x)$ 的定义域；

（2）求出 $f''(x)=0$ 的点和 $f''(x)$ 不存在的点；

（3）由以上各点把 $f(x)$、$f'(x)$ 的定义域划分成若干子区间，观察各子区间上 $f''(x)$ 的符号，确定凹凸区间和拐点.

例题 3 求曲线 $f(x)=x^4-4x^3+2$ 的凹凸区间及拐点.

解 函数 $f(x)$ 的定义域为 $(-\infty, +\infty)$，

$$f'(x)=4x^3-12x^2, \quad f''(x)=12x^2-24x=12x(x-2).$$

令 $f''(x)=0$，解得 $x=0$，$x=2$，用它把定义域分成三个子区间 $(-\infty, 0)$，$(0, 2)$，$(2, +\infty)$，列表 2-2 讨论如下：

曲线的凹凸性与
拐点（例题 3）

表 2-2

x	$(-\infty, 0)$	0	$(0, 2)$	2	$(2, +\infty)$
$f''(x)$	+	0	−	0	+
$f(x)$	∪	拐点 $(0, 2)$	∩	拐点 $(2, -14)$	∪

由上面的讨论可知曲线 $f(x)$ 在区间 $(-\infty, 0)$ 及 $(2, +\infty)$ 内是凹的,在区间 $(0, 2)$ 内是凸的,曲线上有两个拐点 $(0, 2)$ 和 $(2, -14)$.

三、函数图像的描绘

定义 2　如果曲线上的一点沿着曲线远离原点时,该点与某一定直线的距离趋于 0,则称此定直线为曲线的一条渐近线.

1）水平渐近线

设曲线 $y=f(x)$ 的定义域为无穷区间,如果 $\lim\limits_{x \to \infty} f(x) = b$（$\lim\limits_{x \to +\infty} f(x) = b$ 或 $\lim\limits_{x \to -\infty} f(x) = b$）,则直线 $y=b$ 是曲线 $y=f(x)$ 的一条水平渐近线.

例如,直线 $y=\dfrac{\pi}{2}$ 和 $y=-\dfrac{\pi}{2}$ 是曲线 $y=\arctan x$ 的水平渐近线.

2）铅垂渐近线

若 $\lim\limits_{x \to x_0} f(x) = \infty$（$\lim\limits_{x \to x_0^+} f(x) = \infty$ 或 $\lim\limits_{x \to x_0^-} f(x) = \infty$）,则称直线 $x=x_0$ 为曲线 $y=f(x)$ 的铅垂渐近线.

例如,$x=2$ 是曲线 $y=\dfrac{1}{x-2}$ 的铅垂渐近线.

我们可以全面地研究函数的形态并画出其图形,具体步骤如下:

（1）确定函数的定义域,讨论函数的奇偶性、周期性;

（2）求出函数的一阶导数 $f'(x)$ 和二阶导数 $f''(x)$;

（3）求出方程 $f'(x)=0$ 和 $f''(x)=0$ 在定义域内的全部实根,并求使 $f'(x)$ 和 $f''(x)$ 不存在的点,然后用这些点将函数定义域划分成几个子区间;

（4）列表讨论函数的单调性、极值、凹凸性与拐点;

（5）讨论曲线有无渐近线;

（6）求出曲线与坐标轴的交点及其他辅助点,并描点作图.

例题 4　画出函数 $f(x)=x^3-x^2-x+1$ 的图形.

解　（1）函数的定义域为 $(-\infty, +\infty)$.

（2）$f'(x)=3x^2-2x-1=(3x+1)(x-1)$,$f''(x)=6x-2=2(3x-1)$.

$f'(x)=0$ 的根为 $x=-\dfrac{1}{3}$,$x=1$;$f''(x)=0$ 的根为 $x=\dfrac{1}{3}$.

（3）列表 2-3 分析:

表 2 - 3

x	$(-\infty, 1/3)$	$-1/3$	$(-1/3, 1/3)$	$1/3$	$(1/3, 1)$	1	$(1, +\infty)$
$f'(x)$	$+$	0	$-$	$-$	$-$	0	$+$
$f''(x)$	$-$	$-$	$-$	0	$+$	$+$	$+$
$f(x)$	$\cap\nearrow$	极大	$\cap\searrow$	拐点	$\cup\searrow$	极小	$\cup\nearrow$

(4) 当 $x \to +\infty$ 时，$y \to +\infty$；当 $x \to -\infty$ 时，$y \to -\infty$.

(5) 计算特殊点：$f(-1/3) = 32/27$，$f(1/3) = 16/27$，$f(1) = 0$，$f(0) = 1$，$f(-1) = 0$，$f(3/2) = 5/8$.

(6) 描点连线画出图形，如图 2.14 所示.

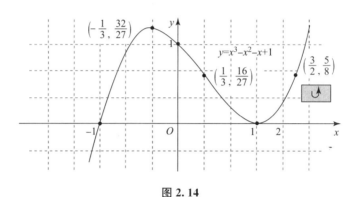

图 2.14

习题 2 - 7

本节习题答案

1. 求下列函数的最大值与最小值：

(1) $f(x) = 3x^4 - 4x^3 - 12x^2 + 1$，$x \in [-3, 1]$；

(2) $f(x) = 1 - \dfrac{2}{3}(x-2)^{\frac{2}{3}}$，$x \in [-1, 2]$.

2. 一汽车厂家正在测试新开发的汽车发动机的效率，发动机的效率 $p(\%)$ 与汽车的速度 $v(\text{km/h})$ 之间的关系为 $p = 0.768v - 0.000\,04v^3$. 问：发动机的最大效率是多少？

3. 讨论下列曲线的凹凸性与拐点：

(1) $y = 3x^2 - x^3$；

(2) $y = \ln(2 + x^2)$；

(3) $y = (x-4)^3$.

第八节　一元函数微分学测试题

学习内容：第二模块习题课.

目的要求：理解导数、微分的概念，掌握导数的求法；理解三个中值定理，掌握洛必达法则的应用；会判断函数的单调性、曲线的凹凸区间及拐点；会求函数的极值，进一步掌握求函数最大值和最小值的方法.

重点难点：导数的运算，洛必达法则，导数在实际问题中的应用.

1. 判断题：

(1) 驻点一定是极值点. （ ）

(2) 函数的最大值一定是函数的极大值. （ ）

(3) 若函数 $f(x)$ 在 $[a, b]$ 上连续、在 (a, b) 内可导，且 $f'(x)>0$，则 $f(x)$ 在 $[a, b]$ 上单调增加. （ ）

(4) 二阶导数为零的点一定是拐点. （ ）

(5) 极大值一定比极小值大. （ ）

(6) $f(x)=x^2-\dfrac{1}{x}$ 的单调区间为 $(-\infty, +\infty)$. （ ）

(7) 若函数 $y=f(x)$ 在点 x_0 不连续，则在点 x_0 一定不可导. （ ）

(8) 若函数 $y=f(x)$ 在点 x_0 处不可导，则在点 x_0 一定不连续. （ ）

(9) $f'(x_0)=[f(x_0)]'$. （ ）

(10) $\mathrm{d}(\arcsin x)=-\mathrm{d}(\arccos x)$. （ ）

(11) 若函数 $y=f(x)$ 在点 x_0 处可导，则当 $|\Delta x|$ 很小时，有 $\Delta y\approx\mathrm{d}y$. （ ）

(12) $\mathrm{d}\left(\dfrac{1}{x}\right)=\ln x\mathrm{d}x$. （ ）

2. 单项选择题：

(1) 下列函数中，其导数为 $\sin 2x$ 的是 （ ）.

A. $\cos 2x$ B. $\cos^2 x$ C. $-\cos 2x$ D. $\sin^2 x$

(2) 设 $f(x)$ 在 (a, b) 内可导，$a<x_1<x_2<b$，则至少有一点 $\xi\in(a,b)$，使 （ ）.

A. $f(b)-f(a)=f'(\xi)(b-a)$ B. $f(b)-f(a)=f'(\xi)(x_2-x_1)$

C. $f(x_2)-f(x_1)=f'(\xi)(b-a)$ D. $f(x_2)-f(x_1)=f'(\xi)(x_2-x_1)$

(3) 设函数 $f(x)$ 在 x_0 点可导，则 $f'(x_0)=0$ 是 $f(x)$ 在 $x=x_0$ 处取得极值的 （ ）.

A. 必要但非充分条件   B. 充分但非必要条件

C. 充分必要条件   D. 无关条件

(4) 设 $y=f(\sin x)$ 且函数 $f(x)$ 可导，则 $\mathrm{d}y=$（ ）.

A. $f'(\sin x)\mathrm{d}x$ B. $f'(\cos x)\mathrm{d}x$ C. $f'(\sin x)\cos x\mathrm{d}x$ D. $f'(\cos x)\cos \mathrm{d}x$

(5) 设函数 $f(x)$ 在 x_0 点二阶可导，且 $f'(x_0)=0$，$f''(x_0)=0$，则 $f(x)$ 在 $x=x_0$ 处 （ ）.

A. 一定有极大值   B. 一定有极小值

C. 不一定有极值   D. 一定没有极值

(6) $f(x)=x^2+x-\ln 2$，则 $f'(x)=$（ ）.

A. $2x+1$ B. $2x+1+\dfrac{1}{2}$ C. $2x+1-\dfrac{1}{2}$ D. $x+1+\dfrac{1}{2}$

(7) $f(x)=\sin x^3$，则 $f'(x)=($　　$)$.

A. $\cos x^3$　　　　　　B. $3x^2\sin x^3$　　　　　C. $3x^2\cos x^3$　　　　　D. $x^3\cos x^3$

3. 填空题：

(1) 设 $f'(x_0)=A$，则极限 $\lim\limits_{\Delta x\to 0}\dfrac{f(x_0+\Delta x)-f(x_0-\Delta x)}{\Delta x}=$　　　　．

(2) 已知函数 $f(x)=\begin{cases}e^x, & x\leqslant 0,\\ ax+b, & x>0\end{cases}$ 在 $x=0$ 处可导，则 $a=$　　　　；$b=$　　　　．

(3) $\lim\limits_{x\to+\infty}\dfrac{x^2-2x+1}{x^2-1}=$　　　　．

(4) $\lim\limits_{x\to 2}\dfrac{x^2-5x+6}{x-2}=$　　　　．

(5) 求 $f(x)=x^3$ 的单调区间　　　　．

(6) 求 $f(x)=\arctan x$ 的两条渐近线　　　　；　　　　．

(7) 设 $f(x)=(x-1)(x-2)(x-3)(x-4)$，则 $f'(x)=0$ 有　　　　个实根．

(8) 曲线 $y=(1+x)\ln x$ 在点（1，0）处的切线方程为　　　　　　　　　　．

4. 求下列导数 $f'(x)$：

(1) $f(x)=\dfrac{x-\tan x}{x^3}$；

(2) $f(x)=x^2(e^x+2)$；

(3) $f(x)=\cos(x^3-2x+1)$；

(4) $f(x)=\ln e^{\sin x+2}$．

5. 求 $y=2x^3-6x^2-18x+7$ 的极值．

6. 求函数 $f(x)=3x^4-4x^3-12x^2+1$ 在区间 $[-3,1]$ 上的最大值和最小值．

7. 试确定 a，b，c 的值，使 $y=x^3+ax^2+bx+c$ 在点（1，-1）处有拐点，且在 $x=0$ 处有极大值为 1，并求此函数的极小值．

8. 已知函数 $y=\dfrac{(x-1)^3}{2(x+1)^2}$，求函数的增减区间及极值以及函数图形的凹凸区间及拐点．

【数学家华罗庚奋发有为，不为个人而为人民服务】

　　华罗庚为中国数学发展作出的贡献，被誉为"中国现代数学之父"，"中国数学之神""人民数学家"．在国际上享有盛誉的数学大师，他的名字在美国施密斯松尼博物馆与芝加哥科技博物馆等著名博物馆中，与少数经典数学家列在一起，被列为"芝加哥科学技术博物馆中当今世界 88 位数学伟人之一"．1948 年当选为中央研究院院士．1955 年被选聘为中国科学院学部委员（院士）．1982 年当选为美国科学院外籍院士．1983 年被选聘为第三世界科学院院士．1985 年当选为德国巴伐利亚科学院院士．被授予法国南锡大学、香港中文大学与美国伊利诺伊大学荣誉博士．建国六十年来，"感动中国一百人物之一"．

妙联趣事

一九五三年，科学院组织出国考察团，由著名科学家钱三强任团长. 团员有华罗庚、张钰哲、朱冼等许多人. 途中闲暇无事，华罗庚题出上联一则："三强韩、赵、魏，"求对下联. 这里的"三强"说明是战国时期韩、赵、魏三个战国，却又隐语着代表团团长钱三强同志的名字，这就不仅要解决数字联的传统困难，而且要求在下联中嵌入另一位科学家的名字. 隔了一会儿，华罗庚见大家还无下联，便将自己的下联揭出："九章勾、股、弦."《九章》是我国古代著名的数学著作. 可是，这里的"九章"又恰好是代表团另一位成员、大气物理学家赵九章的名字. 华罗庚的妙对使满座为之倾倒.

华罗庚

1980 年华罗庚教授在苏州指导统筹法和优选法时写过以下对联：观棋不语非君子，互相帮助；落子有悔大丈夫，纠正错误.

推广"双法"

在继续从事数学理论研究的同时，他努力尝试寻找一条数学和工农业实践相结合的道路. 经过一段实践，他发现数学中的统筹法和优选法是

在工农业生产中能够比较普遍应用的方法，可以提高工作效率，改变工作管理面貌. 于是，他一面在科技大学讲课，一面带领学生到工农业实践中去推广优选法、统筹法.

1964 年年初，他给毛泽东写信，表达要走与工农相结合道路的决心. 同年 3 月 18 日，毛泽东亲笔回函："诗和信已经收读. 壮志凌云，可喜可贺."他写成了《统筹方法平话及补充》《优选法平话及其补充》，亲自带领中国科技大学师生到一些企业工厂推广和应用"双法"，为工农业生产服务."夏去江汉斗酷暑，冬往松辽傲冰霜". 这就是他当时的生活写照. 1965 年毛泽东再次写信给他，祝贺和勉励他"奋发有为，不为个人而为人民服务".

社会评价

华罗庚先生作为当代自学成长的科学巨匠和誉满中外的著名数学家，一生致力于数学研究和发展，并以科学家的博大胸怀提携后进和培养人才，以高度的历史责任感投身科普和应用数学推广，为数学科学事业的发展作出了卓越贡献，为祖国现代化建设付出了毕生精力.

美国著名数学史家贝特曼称："华罗庚是中国的爱因斯坦，足够成为全世界所有著名科学院的院士".

劳埃尔·熊飞儿德说："他的研究范围之广，堪称世界上名列前茅的数学家之一. 受到他直接影响的人也许比受历史上任何数学家直接影响的人都多"，"华罗庚的存在堪比任何一位大数学家卓越的价值."

哈贝斯坦："华罗庚是他这个时代的国际领袖数学家之一."

克拉达："华罗庚形成中国数学."

莱麦尔说："华罗庚有抓住别人最好的工作的不可思议的能力，并能准确地指出这些结果需要并可以改进的方法. 他有自己的技巧，他广泛阅读并掌握了 20 世纪数论的所有制高点，他的主要兴趣是改进整个领域，他试图推广他所遇到的每一个结果."

丘成桐："先生起江南，读书清华. 浮四海，从哈代，访俄师，游美国. 创新求变，会意相得. 堆垒素数，复变多元. 雅篇艳什，迭互秀出. 匹夫挽狂澜于既倒，成一家之言，卓尔出群，斯何人也，其先生乎"

吴耀祖："华先生天赋丰厚，多才好学，学通中外，史汇古今，见识渊博，论著充栋. 他的生平工作和贡献，比比显示于他经历步过的广泛数学领域中，皆于可深入处即深入探隽，可浅出的即浅明清澈，能推广的即面面推广，能抽象的即悠然抽象."

第三模块 不定积分

 学习目标

理解不定积分的概念、性质，能熟练地应用积分的基本公式和性质解题，掌握积分的直接积分法、换元积分法和分部积分法，了解积分表的使用.

案例 工程力学中有一部分内容——圆轴扭转时的应力及强度条件，在研究圆轴扭转的应力时，应先观察实验现象，提出假设，并从变形、物理和静力学三个方面的关系分析，从而导出应力计算公式. 方法如下：

取一等直圆轴，实验前在其表面画上一些圆周线以及与轴线平行的纵向线（见图 3.1）；两端施加外力偶矩为 M 的力偶作用后，圆轴即发生扭转变形（见图 3.2）. 在变形微小的情况下，可以观察到如下现象：

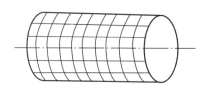

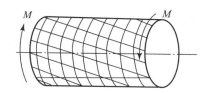

图 3.1   图 3.2

（1）所有纵向线都倾斜了一个相同的角度 γ，轴表面原来的小方格扭成了平行四边形；

（2）由于圆周线的形状、大小不变，且它们之间的距离也不变，仅绕轴线旋转了不同的角度，因而圆轴在扭转变形时长度和直径都不变.

根据这些现象可以提出圆轴扭转的平面变形假设：圆轴的横截面变形以后仍为平面，其形状和大小不变，且半径线仍为直线. 按照这一假设，扭转变形中，横截面就像刚性平面一样，绕轴线旋转了一个角度. 可见圆轴扭转时横截面上没有正应力，而只有剪应力，横截面上的剪应力合成为内力偶矩，即扭矩. 下面从三个方面讨论，建立横截面上的剪应力计算公式.

1. 变形几何关系

沿 $m-m$ 和 $n-n$ 两个横截面，从轴上取出长为 dx 的一个微段来研究（见图 3.3）. 设两截面相对转动了一个角度 $d\varphi$. 根据平面变形假设，在 $n-n$ 截面上的 O_2C 和 O_2D 均旋转了一个角度 $d\varphi$ 而移动到 O_2C' 和 O_2D' 的位置. C 点和 D 点移动的距离为

$$\overline{CC'}=\overline{DD'}=Rd\varphi.$$

圆轴表面纵向线倾斜的角度为

$$\gamma=\tan\gamma=DD'/AD=Rd\varphi/dx,$$

即
$$\gamma = R\,\mathrm{d}\varphi/\mathrm{d}x. \qquad (3.1.1)$$

显然，γ 即为圆轴表层的剪应变. 同理可求出杆内距圆心为 ρ 处的剪应变

$$\gamma_\rho = \rho\,\mathrm{d}\varphi/\mathrm{d}x. \qquad (3.1.2)$$

在同一截面，$\mathrm{d}\varphi/\mathrm{d}x$ 为一常数，故上式表明：横截面上任一点的剪应变 γ_ρ 与该点到圆心的距离 ρ 成正比.

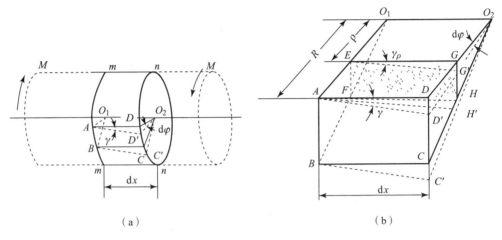

（a）　　　　　　　　　　（b）

图 3.3

2. 物理关系

根据剪切虎克定律
$$\tau = G\gamma,$$
有
$$\tau_\rho = G\gamma_\rho,$$
于是
$$\tau_\rho = G\rho(\mathrm{d}\varphi/\mathrm{d}x). \qquad (3.1.3)$$

式（3.1.3）表明：横截面上任意点处的剪应力 τ_ρ 与该点到圆心的距离 ρ 成正比. 因而，同一圆周上各点的剪应力相等. 又因为 γ_ρ 发生在垂直于半径的平面内，所以 τ_ρ 也垂直于半径，如图 3.4 所示.

3. 静力学关系

在横截面上离圆心为 ρ 处，取一微面积 $\mathrm{d}A$，如图 3.4 所示. 由于在横截面上剪应力垂直于半径，因此微面积 $\mathrm{d}A$ 上剪应力的微小合力对圆心的力矩等于 $\rho\tau_\rho\mathrm{d}A$，截面上所有微小力矩的和等于该截面上的扭矩 M_n，即

$$M_n = \int_A \rho\tau_\rho\,\mathrm{d}A. \qquad (3.1.4)$$

其中，积分限 A 为横截面面积. 将式（3.1.3）代入得

$$M_n = \int_A G\rho^2(\mathrm{d}\varphi/\mathrm{d}x)\,\mathrm{d}A,$$

提出常量，即

$$M_n = G(\mathrm{d}\varphi/\mathrm{d}x)\int_A \rho^2\,\mathrm{d}A. \qquad (3.1.5)$$

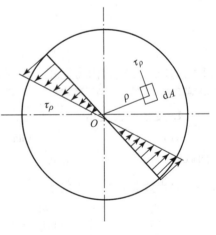

图 3.4

式中，$\int_A \rho^2 \mathrm{d}A$ 与横截面的形状、大小有关，表示横截面的一种几何性质，称为横截面的极惯性矩，用 I_ρ 表示，即

$$I_\rho = \int_A \rho^2 \mathrm{d}A.$$

其单位为 m^4 或 mm^4，且恒为正值. 于是式（3.1.5）可写为

$$M_n = GI_\rho(\mathrm{d}\varphi/\mathrm{d}x),$$

或
$$\mathrm{d}\varphi/\mathrm{d}x = M_n/GI_\rho. \tag{3.1.6}$$

由式（3.1.6）和式（3.1.3）可得横截面上距圆心为 ρ 的任意一点处的剪应力

$$\tau_\rho = M_n\rho/I_\rho.$$

当 ρ 达到最大值 $D/2$ 时，剪应力为最大值

$$\tau_{\max} = M_n D/(2I_\rho).$$

因为 $D/2$ 和 I_ρ 都是与截面几何性质有关的量，故令

$$W_\rho = 2I_\rho/D,$$

则
$$\tau_{\max} = M_n/W_\rho.$$

式中，W_ρ 称为圆轴的抗扭截面模量，也表示截面的一种几何性质，其单位为 m^3 或 mm^3，恒为正值.

实验证明，扭转时的平面变形假设只适用于等直圆杆. 此外，在导出公式时，应用了剪切虎克定律，所以该式只适用于 $\tau_{\max}$ 不超过材料的剪切比例极限 τ_ρ 的情况.

前面引出了截面极惯性矩 I_ρ 和抗扭截面模量 W_ρ，下面推导工程中常用的空心圆轴和实心圆轴的 I_ρ 和 W_ρ 计算公式.

计算空心圆轴横截面（见图 3.5）的极惯性矩时，可在截面距圆心为 ρ 处取宽为 $\mathrm{d}\rho$ 的微小环形面积 $\mathrm{d}A$，于是

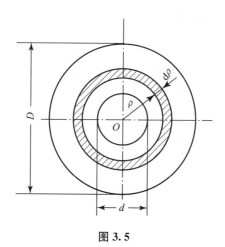

图 3.5

$$dA = 2\pi\rho d\rho,$$

从而得圆环形截面的极惯性矩为

$$I_\rho = \int_A \rho^2 dA = 2\pi \int_{d/2}^{D/2} \rho^3 d\rho = \frac{\pi}{32}(D^4 - d^4) = \frac{\pi D^4}{32}(1 - \alpha^4).$$

抗扭截面模量为

$$W_\rho = \pi D^3(1 - \alpha^4)/16,$$

式中，$\alpha = d/D$.

当内径 $d = 0$ 时即为实心圆截面，此时 $\alpha = 0$，于是

$$I_\rho = \pi D^4/32, \quad W_\rho = \pi D^3/16.$$

在整个推导过程中多处用到定积分. 积分是微积分学的重要组成部分. 一元函数的积分学包括不定积分和定积分两部分，其中不定积分是作为微分的逆运算引入的，而定积分是作为某种和式的极限引入的，二者概念虽然不同，但 17 世纪由牛顿（Newton，1642—1727年，英国）和莱布尼茨（Leibniz，1646—1716年，德国）两位数学家建立起来的微积分基本公式把不定积分和定积分这两个基本问题联系了起来，从而将微分学和积分学构成了一个统一的整体. 由于时间所限，本学期只介绍不定积分的内容，下学期接着介绍定积分的知识.

第一节   不定积分的概念与性质

学习内容：不定积分的概念与性质.

目的要求：掌握原函数的概念、原函数族定理以及原函数存在定理，熟练掌握不定积分的概念和性质，重点掌握不定积分的基本公式和运算法则.

重点难点：不定积分的概念、性质、基本公式与运算法则.

案例[太阳能能量]   某一太阳能的能量 f 相对于太阳能接触的表面面积 x 的变化率为 $\dfrac{df}{dx} = \dfrac{0.005}{\sqrt{0.01x + 1}}$，当 $x = 0$ 时，$f = 0$. 求出 f 的函数表达式.

[路程函数] 已知物体的运动方程为 $s(t) = t^2$，则其速度函数为 $v(t) = s'(t) = 2t$. 这里 $2t$ 是 t^2 的导数，反过来，路程 t^2 又是速度 $2t$ 的什么函数呢？若已知物体运动的速度 $v(t)$，又如何求物体的运动方程 $s(t)$ 呢？

实际上此题是：已知 $s'(t) = 2t$，求 $s(t)$，显然是微分的逆问题.

在微分学中，我们已经学过怎样求已知函数的导数或微分，但在许多实际问题中，常常需要解决与此相反的问题：已知一个函数的导数或微分，求原来的函数. 本节将从原函数入手引进不定积分的定义、性质及基本积分公式.

一、原函数的概念

定义 1   设 $f(x)$ 是定义在某区间 I 上的已知函数，若在该区间上每一点都有 $F'(x) = f(x)$，或 $dF(x) = f(x)dx$ 成立，则称函数 $F(x)$ 为

原函数的概念

$f(x)$在该区间上的一个**原函数**.

在引例中，由于 $(\sin x)'=\cos x$，所以 $f(x)=\sin x$ 是 $\cos x$ 的一个原函数. 显然对任意常数 C，都有 $(\sin x+C)'=\cos x$，因此 $\sin x+C$ 也是 $\cos x$ 的原函数.

定理 1（原函数族定理）　若函数 $f(x)$ 存在一个原函数 $F(x)$，则它必有无穷多个原函数，而且任意两个原函数之间只相差一个常数.

所以，函数 $f(x)$ 的一切原函数可表示为 $F(x)+C$，C 是任意常数.

那么一个函数满足什么条件，它的原函数一定存在呢？这里只给出结论.

定理 2（原函数存在定理）　**如果函数 $f(x)$ 在区间 $[a,b]$ 上连续，则在该区间上 $f(x)$ 的原函数一定存在.**

二、不定积分的概念

定义 2　函数 $f(x)$ 在某区间上的所有原函数，称为 $f(x)$ 在该区间上的**不定积分**，记作：

$$\int f(x)\mathrm{d}x.$$

不定积分的概念

其中，符号"$\int$"称为**积分号**，$f(x)$ 称为**被积函数**，$f(x)\mathrm{d}x$ 称为**被积表达式**，x 称为**积分变量**.

由上述两个定义可知，**若在某区间上 $F'(x)=f(x)$，则 $\int f(x)\mathrm{d}x=F(x)+C$，$C$ 是任意常数，称为积分常数.**

例题 1　求 $\displaystyle\int \cos x\,\mathrm{d}x$.

解　因为 $(\sin x)'=\cos x$，所以 $\displaystyle\int \cos x\,\mathrm{d}x=\sin x+C$.

例题 2　求 $\displaystyle\int x^2\,\mathrm{d}x$.

解　因为 $(x^3)'=3x^2$，即 $\left(\dfrac{x^3}{3}\right)'=x^2$，所以 $\displaystyle\int x^2\,\mathrm{d}x=\dfrac{x^3}{3}+C$.

三、不定积分的性质

性质 1　$\left[\displaystyle\int f(x)\mathrm{d}x\right]'=f(x)$ 或 $\mathrm{d}\left[\displaystyle\int f(x)\mathrm{d}x\right]=f(x)\mathrm{d}x$.

不定积分的性质

例如，$\left(\displaystyle\int \cos x\,\mathrm{d}x\right)'=(\sin x+C)'=\cos x$，$\mathrm{d}\left(\displaystyle\int \cos x\,\mathrm{d}x\right)=\mathrm{d}(\sin x+C)=\cos x\,\mathrm{d}x$.

性质 2　$\displaystyle\int F'(x)\mathrm{d}x=F(x)+C$ 或 $\displaystyle\int \mathrm{d}F(x)=F(x)+C$.

例如，$\displaystyle\int (\sin x)'\mathrm{d}x=\int \cos x\,\mathrm{d}x=\sin x+C$，$\displaystyle\int \mathrm{d}\sin x=\int \cos x\,\mathrm{d}x=\sin x+C$.

这两个性质可由定积分的定义直接得到，同时表明，如果不考虑积分常数，微分号 "d" 与积分号 "$\int$" 不论先后只要连在一起写就可以相互抵消，即：求不定积分与求导或求微分是互逆运算. 但要注意：先微分或求导，再积分得到的不是一个函数而是一族函数，要加积分常数.

性质 3 函数的代数和的不定积分等于各个函数的不定积分的代数和，即

$$\int [f(x) \pm g(x)] \mathrm{d}x = \int f(x) \mathrm{d}x \pm \int g(x) \mathrm{d}x.$$

注意：性质 3 对于有限个函数都是成立的. 其证明可由不定积分的定义和导数的运算法则、性质证得.

性质 4 被积函数中不为零的常数因子可以提到积分号外面来，即

$$\int kf(x) \mathrm{d}x = k \int f(x) \mathrm{d}x.$$

例题 3 (1) $\int (\cos x \mathrm{e}^x)' \mathrm{d}x = \cos x \mathrm{e}^x + C$;　　(2) $\int \mathrm{d}\left(\dfrac{\sin x}{x}\right) = \dfrac{\sin x}{x} + C$;

　　　　(3) $\left(\int \cos x \mathrm{e}^x \mathrm{d}x\right)' = \cos x \mathrm{e}^x$;　　(4) $\mathrm{d}\left(\int \dfrac{\sin x}{x} \mathrm{d}x\right) = \dfrac{\sin x}{x} \mathrm{d}x.$

四、不定积分的基本公式

由于积分运算是微分运算的逆运算，因此从导数公式可以得到相应的积分公式.

例如，由于 $(x^{\alpha+1})' = (\alpha+1)x^\alpha$，即 $\left(\dfrac{x^{\alpha+1}}{\alpha+1}\right)' = x^\alpha$，所以 $\int x^\alpha \mathrm{d}x = \dfrac{x^{\alpha+1}}{\alpha+1} + C$　$(\alpha+1 \neq 0)$.

类似地，可以得到其他基本初等函数的积分公式. 下面列出基本积分公式（又叫作基本积分表）：

(1) $\int k \mathrm{d}x = kx + C$　(k 为常数).

(2) $\int x^\alpha \mathrm{d}x = \dfrac{x^{\alpha+1}}{\alpha+1} + C$　(α 是常数且 $\alpha \neq -1$).

当 $\alpha = -2$ 时，$\int \dfrac{1}{x^2} \mathrm{d}x = -\dfrac{1}{x} + C$；当 $\alpha = -\dfrac{1}{2}$ 时，$\int \dfrac{1}{\sqrt{x}} \mathrm{d}x = 2\sqrt{x} + C$.

(3) $\int \dfrac{1}{x} \mathrm{d}x = \ln|x| + C (x \neq 0)$.　　(4) $\int a^x \mathrm{d}x = \dfrac{a^x}{\ln a} + C (a > 0,\ a \neq 1)$.

(5) $\int \mathrm{e}^x \mathrm{d}x = \mathrm{e}^x + C$.　　　　　(6) $\int \sin x \mathrm{d}x = -\cos x + C$.

(7) $\int \cos x \mathrm{d}x = \sin x + C$.　　　　(8) $\int \sec^2 x \mathrm{d}x = \tan x + C$.

(9) $\int \csc^2 x \mathrm{d}x = -\cot x + C$.　　　(10) $\int \sec x \tan x \mathrm{d}x = \sec x + C$.

(11) $\int \csc x \cot x \mathrm{d}x = -\csc x + C$.　　(12) $\int \dfrac{1}{\sqrt{1-x^2}} \mathrm{d}x = \arcsin x + C = -\arccos x + C$.

$(13) \int \dfrac{\mathrm{d}x}{1+x^2} = \arctan x + C = -\operatorname{arccot} x + C.$

这 13 个公式是求积分的基础,必须熟记. 下面举例说明基本积分表的应用.

例题 4 求 $\int \dfrac{1}{x^4} \mathrm{d}x$.

解 $\int \dfrac{1}{x^4} \mathrm{d}x = \int x^{-4} \mathrm{d}x$

$$= \dfrac{1}{-4+1} x^{-4+1} + C = -\dfrac{1}{3} x^{-3} + C = -\dfrac{1}{3x^3} + C.$$

例题 5 求 $\int x\sqrt{x}\,\mathrm{d}x$.

解 $\int x\sqrt{x}\,\mathrm{d}x = \int x^{\frac{3}{2}} \mathrm{d}x$

$$= \dfrac{1}{\frac{3}{2}+1} x^{\frac{3}{2}+1} + C = \dfrac{2}{5} x^{\frac{5}{2}} + C.$$

例题 6 求 $\int 3^x \mathrm{d}x$.

解 $\int 3^x \mathrm{d}x = \dfrac{3^x}{\ln 3} + C.$

例题 7 求 $\int (\mathrm{e}^x - 5\cos x)\mathrm{d}x$.

解 $\int (\mathrm{e}^x - 5\cos x)\mathrm{d}x = \int \mathrm{e}^x \mathrm{d}x - 5\int \cos x\,\mathrm{d}x = \mathrm{e}^x - 5\sin x + C.$

不定积分的
计算(例题 6)

习题 3-1

本节习题答案

1. 填空题:

(1) 若 $f(x)$ 是 $\sin x$ 的一个原函数,则 $f(x) = $＿＿＿＿＿.

(2) 设 $\int f(x)\mathrm{d}x = \sin 3x + x^5 + C$,则 $f(x) = $＿＿＿＿＿.

(3) 若 $\ln x$ 是 $f(x)$ 的一个原函数,则 $\int f(x)\mathrm{d}x = $＿＿＿＿＿,$\int f'(x)\mathrm{d}x = $＿＿＿＿＿,

$\mathrm{d}\left(\int f(x)\mathrm{d}x\right) = $＿＿＿＿＿.

2. 求下列不定积分:

(1) $\int x^3 \mathrm{d}x$;

(2) $\int \dfrac{1}{x^3}\mathrm{d}x$;

(3) $\int \sqrt{x}\,\mathrm{d}x$;

(4) $\int x\sqrt[3]{x}\,\mathrm{d}x$;

(5) $\int \left(\dfrac{2}{x} + \mathrm{e}^x\right)\mathrm{d}x$;

(6) $\int (3^x - \cos x)\mathrm{d}x$;

(7) $\int (x^2 - x + 1)\mathrm{d}x$;

(8) $\int (2\sin x + 3 - x^2)\mathrm{d}x$.

第二节 直接积分法

学习内容：直接积分法.

目的要求：熟练掌握不定积分的基本公式，理解直接积分法并能熟练应用直接积分法求不定积分.

重点难点：不定积分的基本公式，直接积分法的应用.

案例[电流函数] 一电路中电流关于时间的变化率为 $\dfrac{\mathrm{d}I}{\mathrm{d}t}=4t-0.6t^2$，若 $t=0$，$I=2\mathrm{A}$，求电流 I 关于时间 t 的函数.

不定积分的性质和 13 个不定积分基本公式要求同学必须熟记. 它们是求积分的基础. 下面举例说明利用基本积分公式和积分的性质求不定积分的方法，即**直接积分法**.

直接积分法（例题 1）

例题 1 求 $\displaystyle\int\left(2\mathrm{e}^x+\sin x-\dfrac{7}{\sqrt{1-x^2}}\right)\mathrm{d}x$.

解 利用基本积分公式和不定积分积分的性质得

$$\int\left(2\mathrm{e}^x+\sin x-\frac{7}{\sqrt{1-x^2}}\right)\mathrm{d}x=2\int \mathrm{e}^x\mathrm{d}x+\int \sin x\mathrm{d}x-7\int\frac{1}{\sqrt{1-x^2}}\mathrm{d}x$$
$$=2\mathrm{e}^x-\cos x-7\arcsin x+C.$$

例题 2 求 $\displaystyle\int x(x-2)\mathrm{d}x$.

解 $\displaystyle\int x(x-2)\mathrm{d}x=\int(x^2-2x)\mathrm{d}x=\frac{1}{3}x^3-x^2+C.$

例题 3 求 $\displaystyle\int 2^x\mathrm{e}^x\mathrm{d}x$.

解 $\displaystyle\int 2^x\mathrm{e}^x\mathrm{d}x=\int(2\mathrm{e})^x\mathrm{d}x=\frac{(2\mathrm{e})^x}{\ln 2\mathrm{e}}+C=\frac{(2\mathrm{e})^x}{\ln 2+1}+C.$

例题 4 求 $\displaystyle\int\frac{5x^2+2x-1}{x^2}\mathrm{d}x$.

解 先对被积函数化简，再求积分. 于是有

$$\int\frac{5x^2+2x-1}{x^2}\mathrm{d}x=\int\left(5+\frac{2}{x}-\frac{1}{x^2}\right)\mathrm{d}x$$
$$=5\int \mathrm{d}x+2\int\frac{1}{x}\mathrm{d}x-\int\frac{1}{x^2}\mathrm{d}x=5x+2\ln|x|+\frac{1}{x}+C.$$

例题 5 求 $\displaystyle\int\frac{(x+1)^2}{x}\mathrm{d}x$.

解 $\displaystyle\int\frac{(x+1)^2}{x}\mathrm{d}x=\int\frac{x^2+2x+1}{x}\mathrm{d}x=\int\left(x+2+\frac{1}{x}\right)\mathrm{d}x=\frac{x^2}{2}+2x+\ln|x|+C.$

例题 6 求 $\int \dfrac{x^2}{1+x^2}\mathrm{d}x$.

解

$$\int \dfrac{x^2}{1+x^2}\mathrm{d}x = \int \dfrac{1+x^2-1}{1+x^2}\mathrm{d}x$$

$$= \int \left(1-\dfrac{1}{1+x^2}\right)\mathrm{d}x = x-\arctan x+C.$$

直接积分法（例题 6）

例题 7 求 $\int \dfrac{1+x+x^2}{x(1+x^2)}\mathrm{d}x$.

解

$$\int \dfrac{1+x+x^2}{x(1+x^2)}\mathrm{d}x = \int \dfrac{(1+x^2)+x}{x(1+x^2)}\mathrm{d}x$$

$$= \int \left(\dfrac{1}{x}+\dfrac{1}{1+x^2}\right)\mathrm{d}x = \ln|x|+\arctan x+C.$$

例题 8 求 $\int \sin^2 \dfrac{x}{2}\mathrm{d}x$.

解

$$\int \sin^2 \dfrac{x}{2}\mathrm{d}x = \int \dfrac{1-\cos x}{2}\mathrm{d}x = \dfrac{1}{2}\int (1-\cos x)\mathrm{d}x = \dfrac{1}{2}(x-\sin x)+C.$$

例题 9 求 $\int \dfrac{\cos 2x}{\sin x+\cos x}\mathrm{d}x$.

解

$$\int \dfrac{\cos 2x}{\sin x+\cos x}\mathrm{d}x = \int \dfrac{\cos^2 x-\sin^2 x}{\sin x+\cos x}\mathrm{d}x = \int \dfrac{(\cos x-\sin x)(\cos x+\sin x)}{\sin x+\cos x}\mathrm{d}x$$

$$= \int (\cos x-\sin x)\mathrm{d}x = \sin x+\cos x+C.$$

★例题 10 求 $\int \dfrac{x^3+3x^2-4}{x+2}\mathrm{d}x$.

直接积分法（例题 10）

解法一： $\displaystyle\int \dfrac{x^3+3x^2-4}{x+2}\mathrm{d}x = \int \dfrac{(x^3+2x^2)+(x^2-4)}{x+2}\mathrm{d}x$

$$= \int \left[\dfrac{x^2(x+2)}{x+2}+\dfrac{x^2-4}{x+2}\right]\mathrm{d}x$$

$$= \int (x^2+x-2)\mathrm{d}x$$

$$= \dfrac{1}{3}x^3+\dfrac{1}{2}x^2-2x+C.$$

解法二： $\displaystyle\int \dfrac{x^3+3x^2-4}{x+2}\mathrm{d}x = \int \dfrac{(x^3+8)+3(x^2-4)}{x+2}\mathrm{d}x$

$$= \int \left[\dfrac{x^3+8}{x+2}+\dfrac{3(x^2-4)}{x+2}\right]\mathrm{d}x = \int [x^2-2x+4+3(x-2)]\mathrm{d}x$$

$$= \int (x^2+x-2)\mathrm{d}x = \dfrac{1}{3}x^3+\dfrac{1}{2}x^2-2x+C.$$

习题 3 - 2

本节习题答案

1. 求下列不定积分：

(1) $\int \left(\cos x - \dfrac{3}{x} + \dfrac{1}{1+x^2} \right) \mathrm{d}x$；

(2) $\int x(2x+1)\mathrm{d}x$；

(3) $\int 7^x \mathrm{e}^{3x} \mathrm{d}x$；

(4) $\int \dfrac{x-1}{\sqrt{x}+1} \mathrm{d}x$；

(5) $\int \dfrac{(x-2)^2}{x^2} \mathrm{d}x$；

(6) $\int \dfrac{(x+1)^3}{x} \mathrm{d}x$；

(7) $\int \dfrac{x^2-1}{x+1} \mathrm{d}x$；

(8) $\int \dfrac{\sqrt{1+x^2}}{\sqrt{1-x^4}} \mathrm{d}x$；

(9) $\int \dfrac{2x^2}{1+x^2} \mathrm{d}x$；

(10) $\int \dfrac{x^2-3}{1+x^2} \mathrm{d}x$；

(11) $\int \dfrac{3+2x^2}{x^2(1+x^2)} \mathrm{d}x$；

(12) $\int \dfrac{1-2x+x^2}{x(1+x^2)} \mathrm{d}x$；

(13) $\int 2\cos^2 \dfrac{x}{2} \mathrm{d}x$；

(14) $\int \dfrac{3\cos 2x}{\sin x - \cos x} \mathrm{d}x$；

(15) $\int \dfrac{\cos 2x}{\sin^2 x \cos^2 x} \mathrm{d}x$；

(16) $\int \dfrac{1}{\sin^2 x \cos^2 x} \mathrm{d}x$；

(17) $\int \cot^2 x \mathrm{d}x$；

(18) $\int \tan^2 x \mathrm{d}x$；

(19) $\int \dfrac{x^2-x-6}{x+2} \mathrm{d}x$；

(20) $\int \dfrac{x^3+5x^2-13}{x+2} \mathrm{d}x$.

第三节　换元积分法

学习内容：换元积分法.

目的要求：通过学习，同学们可以熟练掌握不定积分换元积分法的公式，熟练运用换元积分法求各种类型的不定积分.

重点难点：掌握不定积分的换元积分公式，应用换元积分公式求解各种不定积分.

案例[放射物的泄漏]　环保局近日受托对一起放射性碘物质泄漏事件进行调查，检测结果显示：出事当日，大气辐射水平是可接受的最大限度的四倍，于是环保局下令当地居民立即撤离这一地区，已知碘物质放射源的辐射水平是按 $R(t)=R_0 \mathrm{e}^{-0.004t}$ 衰减的，其中 R 是 t 时刻的辐射水平（单位：mR/h），R_0 是初始（$t=0$）辐射水平，t 按小时计算，求 t 时刻泄漏的放射物 $W(t)$.

解　由题意可知

$$W(t)=\int R(t)\mathrm{d}t=\int R_0 \mathrm{e}^{-0.004t} \mathrm{d}t=\int R_0 \mathrm{e}^{-0.004t} \left(-\dfrac{1}{0.004} \right) \mathrm{d}(-0.004t),$$

令 $u=-0.004t$ 可得

$$W(t)=-250\int R_0 e^u \mathrm{d}u=-250R_0 e^u,$$

再将 $u=-0.004t$ 代入可得

$$W(t)=-250R_0 e^{-0.004t}+C.$$

分析：上述积分用直接积分法是不易求出的，但可以"凑"成基本积分公式 $\int e^x \mathrm{d}x$ 的形式，这种求不定积分的方法就是**换元积分法**.

换元积分法

设函数 $u=\varphi(x)$ 可导，若 $\int f(u)\mathrm{d}u=F(u)+C$，则把所求积分 $\int g(x)\mathrm{d}x$ 凑成如下形式

换元积分法的概念

$$\int g(x)\mathrm{d}x \xrightarrow{\text{凑成}} \int f(\varphi(x))\varphi'(x)\mathrm{d}x=\int f(\varphi(x))\mathrm{d}\varphi(x)=F(\varphi(x))+C.$$

可以看出，**第一类换元积分法的实质正是复合函数求导公式的逆用**，也就是将积分公式中的积分变量 x 换成 $\varphi(x)$，结果仍然成立.

引例 求 $\int \cos 2x\mathrm{d}x$.

解 被积函数 $\cos 2x$ 是 $2x$ 整体的余弦函数，而 $\mathrm{d}(2x)=2\mathrm{d}x$，所以 $\mathrm{d}x=\dfrac{1}{2}\mathrm{d}(2x)$，则

$$\int \cos 2x\mathrm{d}x=\int \cos(2x)\cdot\frac{1}{2}\mathrm{d}(2x)=\frac{1}{2}\int \cos(2x)\mathrm{d}(2x)$$

$$\xlongequal{u=2x}\frac{1}{2}\int \cos u\mathrm{d}u=\frac{1}{2}\sin u+C\xlongequal{u=2x}\frac{1}{2}\sin(2x)+C.$$

以上例题解题方法都是换元法，从中可以看到，其解题精髓是找到整体 $u=\varphi(x)$，凑出整体的微分 $\varphi'(x)\mathrm{d}x$，将被积函数 $g(x)$ 转化成 $f(\varphi(x))\cdot\varphi'(x)$，然后凑成基本积分公式的形式. 当熟练后，对不复杂的题目不必设中间变量 u，只需把 u 记在心里. 为了能够熟练地掌握换元积分法的技巧，下面凑微分的式子要熟记.

(1) $\mathrm{d}x=\dfrac{1}{a}\mathrm{d}(ax+b)(a,b$ 为常数，且 $a\neq0)$；

(2) $x\mathrm{d}x=\dfrac{1}{2}\mathrm{d}(x^2)$；

(3) $\dfrac{1}{x}\mathrm{d}x=\mathrm{d}(\ln|x|)=\dfrac{1}{a}\mathrm{d}(a\ln|x|+b)(a,b$ 为常数，且 $a\neq0)$；

(4) $\dfrac{1}{\sqrt{x}}\mathrm{d}x=2\mathrm{d}\sqrt{x}$；

(5) $\dfrac{1}{x^2}\mathrm{d}x=-\mathrm{d}\left(\dfrac{1}{x}\right)$；

(6) $e^x\mathrm{d}x=\mathrm{d}(e^x)$；

(7) $a^x \mathrm{d}x = \dfrac{\mathrm{d}(a^x)}{\ln a}\,(a>0$ 且 $a\neq 1)$；

(8) $\cos x \mathrm{d}x = \mathrm{d}(\sin x)$；

(9) $\sin x \mathrm{d}x = -\mathrm{d}(\cos x)$；

(10) $\sec^2 x \mathrm{d}x = \mathrm{d}(\tan x)$；

(11) $\csc^2 x \mathrm{d}x = -\mathrm{d}(\cot x)$；

(12) $\dfrac{1}{\sqrt{1-x^2}}\mathrm{d}x = \mathrm{d}(\arcsin x)$；

(13) $\dfrac{1}{1+x^2}\mathrm{d}x = \mathrm{d}(\arctan x)$．

换元积分法
（例题 1）

例题 1　求 $\displaystyle\int \sin(3x+1)\mathrm{d}x$．

解　把 $(3x+1)$ 看作整体，它的微分是 $\mathrm{d}(3x+1)=3\mathrm{d}x$，则由 $\mathrm{d}x$ 可以凑微分 $\mathrm{d}x = \dfrac{1}{3}\mathrm{d}(3x+1)$，即

$$\int \sin(3x+1)\mathrm{d}x = \int \sin(3x+1)\cdot\frac{1}{3}\mathrm{d}(3x+1) = \frac{1}{3}\int \sin(3x+1)\mathrm{d}(3x+1)$$

$$\xlongequal{u=3x+1} \frac{1}{3}\int \sin u\,\mathrm{d}u = -\frac{1}{3}\cos u + C \xlongequal{u=3x+1} -\frac{1}{3}\cos(3x+1)+C.$$

例题 2　求 $\displaystyle\int \mathrm{e}^{2x-1}\mathrm{d}x$．

解　把 $2x-1$ 看作整体，它的微分是 $\mathrm{d}(2x-1)=2\mathrm{d}x$，则由 $\mathrm{d}x$ 可以凑微分 $\mathrm{d}x = \dfrac{1}{2}\mathrm{d}(2x-1)$，即

$$\int \mathrm{e}^{2x-1}\mathrm{d}x = \int \mathrm{e}^{2x-1}\cdot\frac{1}{2}\mathrm{d}(2x-1) = \frac{1}{2}\int \mathrm{e}^{2x-1}\mathrm{d}(2x-1)$$

$$\xlongequal{u=2x-1} \frac{1}{2}\int \mathrm{e}^u\,\mathrm{d}u = \frac{1}{2}\mathrm{e}^u + C \xlongequal{u=2x-1} \frac{1}{2}\mathrm{e}^{2x-1}+C.$$

例题 3　求 $\displaystyle\int \dfrac{1}{2x+7}\mathrm{d}x$．

解　把 $2x+7$ 看作整体，它的微分是 $\mathrm{d}(2x+7)=2\mathrm{d}x$，则由 $\mathrm{d}x$ 可以凑微分 $\mathrm{d}x = \dfrac{1}{2}\mathrm{d}(2x+7)$，即

$$\int \frac{1}{2x+7}\mathrm{d}x = \int \frac{1}{2x+7}\cdot\frac{1}{2}\mathrm{d}(2x+7) = \frac{1}{2}\int \frac{1}{2x+7}\mathrm{d}(2x+7)$$

$$\xlongequal{u=2x+7} \frac{1}{2}\int \frac{1}{u}\mathrm{d}u = \frac{1}{2}\ln|u| + C \xlongequal{u=2x+7} \frac{1}{2}\ln|2x+7|+C.$$

例题 4　求 $\displaystyle\int (3x-5)^7\mathrm{d}x$．

解　把 $(3x-5)$ 看作整体，它的微分是 $\mathrm{d}(3x-5)=3\mathrm{d}x$，则由 $\mathrm{d}x$ 可以凑微分 $\mathrm{d}x=$

$\dfrac{1}{3}d(3x-5)$，即

$$\int (3x-5)^7 dx = \int (3x-5)^7 \cdot \dfrac{1}{3}d(3x-5) = \dfrac{1}{3}\int (3x-5)^7 d(3x-5)$$

$$\xlongequal{u=3x-5} \dfrac{1}{3}\int u^7 du = \dfrac{1}{3}\times \dfrac{1}{8}u^8 + C \xlongequal{u=3x-5} \dfrac{1}{24}(3x-5)^8 + C.$$

例题 5　求 $\displaystyle\int \dfrac{\ln x}{x}dx$.

解　被积函数中 $\dfrac{1}{x}$ 是 $\ln x$ 的导数，即 $\dfrac{1}{x}dx = d\ln x$，则

$$\int \dfrac{\ln x}{x}dx = \int \ln x \cdot \dfrac{1}{x}dx = \int \ln x\, d(\ln x) \xlongequal{u=\ln x} \int u\, du = \dfrac{1}{2}u^2 + C \xlongequal{u=\ln x} \dfrac{1}{2}\ln^2 x + C.$$

例题 6　求 $\displaystyle\int \tan x\, dx$.

解　由于　$\tan x = \dfrac{\sin x}{\cos x}$，$\sin x\, dx = -d(\cos x)$，

换元积分法
（例题 6）

所以　$\displaystyle\int \tan x\, dx = \int \dfrac{\sin x}{\cos x}dx = -\int \dfrac{d(\cos x)}{\cos x} = -\ln|\cos x| + C.$

类似可得　　　　$\displaystyle\int \cot x\, dx = \ln|\sin x| + C.$

例题 7　求 $\displaystyle\int x e^{x^2} dx$.

解　被积函数中的 e^{x^2} 可以视为 x^2 的函数，且 $(x^2)' = 2x$，即 $2x\, dx = dx^2$，则

$$\int x e^{x^2} dx = \int e^{x^2}\dfrac{1}{2}dx^2 = \dfrac{1}{2}\int e^{x^2}d(x^2) = \dfrac{1}{2}\int e^u du = \dfrac{1}{2}e^u + C = \dfrac{1}{2}e^{x^2} + C.$$

例题 8　求 $\displaystyle\int \sin^3 x \cos x\, dx$.

解　被积函数中 $\cos x$ 是 $\sin x$ 的导数，即 $\cos x\, dx = d\sin x$，则

$$\int \sin^3 x \cos x\, dx = \int \sin^3 x\, d\sin x \xlongequal{u=\sin x} \int u^3 du = \dfrac{u^4}{4} + C \xlongequal{u=\sin x} \dfrac{1}{4}\sin^4 x + C.$$

例题 9　求 $\displaystyle\int \dfrac{e^x}{1+e^x}dx$.

解　由题意可以看到 $e^x dx = d(1+e^x)$，所以

$$\int \dfrac{e^x}{1+e^x}dx = \int \dfrac{1}{1+e^x}\cdot e^x dx = \int \dfrac{1}{1+e^x}d(1+e^x) = \ln(1+e^x) + C. \quad (把\ 1+e^x\ 看作\ u)$$

例题 10　求 $\displaystyle\int \dfrac{2x-1}{x^2-x+3}dx$.

解　由于

$$(2x-1)dx = (x^2-x+3)'dx = d(x^2-x+3),$$

所以　　　　$\displaystyle\int \dfrac{2x-1}{x^2-x+3}dx = \int \dfrac{d(x^2-x+3)}{x^2-x+3} = \ln|x^2-x+3| + C.$

本节习题答案

习题 3 - 3

1. 填空题：

(1) $\mathrm{d}x=(\quad)\mathrm{d}\left(1-\dfrac{x}{a}\right)$；

(2) $\sin 2x\mathrm{d}x=(\quad)\mathrm{d}(\cos 2x)$；

(3) $x\mathrm{d}x=\mathrm{d}(\quad)$；

(4) $x\mathrm{d}x=(\quad)\mathrm{d}(1-x^2)$；

(5) $\dfrac{x\mathrm{d}x}{\sqrt{1-x^2}}=(\quad)\mathrm{d}(\sqrt{1-x^2})$；

(6) $\mathrm{e}^{ax}\mathrm{d}x=(\quad)\mathrm{d}(\mathrm{e}^{ax}+5)$.

2. 求下列不定积分：

(1) $\displaystyle\int\dfrac{\mathrm{d}x}{1-2x}$；

(2) $\displaystyle\int(3x-1)^3\mathrm{d}x$；

(3) $\displaystyle\int\mathrm{e}^{-5x}\mathrm{d}x$；

(4) $\displaystyle\int\dfrac{1}{(2x-1)^2}\mathrm{d}x$；

(5) $\displaystyle\int(4x+1)^3\mathrm{d}x$；

(6) $\displaystyle\int\sin x\cos x\mathrm{d}x$；

(7) $\displaystyle\int\dfrac{\ln^4 x}{x}\mathrm{d}x$；

(8) $\displaystyle\int x\mathrm{e}^{-x^2}\mathrm{d}x$；

(9) $\displaystyle\int\dfrac{\mathrm{d}x}{1+9x^2}$；

(10) $\displaystyle\int\dfrac{x\mathrm{d}x}{1+9x^2}$；

(11) $\displaystyle\int\dfrac{2x-1}{\sqrt{1-x^2}}\mathrm{d}x$；

(12) $\displaystyle\int\dfrac{x+1}{x^2+1}\mathrm{d}x$；

(13) $\displaystyle\int\mathrm{e}^{\sin x}\cos x\mathrm{d}x$；

(14) $\displaystyle\int\sin^5 x\mathrm{d}x$；

(15) $\displaystyle\int\sin^2 x\cos^3 x\mathrm{d}x$；

(16) $\displaystyle\int\dfrac{\cos\sqrt{x}}{\sqrt{x}}\mathrm{d}x$；

(17) $\displaystyle\int\sin^2 x\mathrm{d}x$；

(18) $\displaystyle\int\cos^3 x\mathrm{d}x$；

(19) $\displaystyle\int\dfrac{1}{a^2+x^2}\mathrm{d}x(a\neq 0)$；

(20) $\displaystyle\int\dfrac{\sqrt{x-1}}{x}\mathrm{d}x$.

换元积分法
（习题 2（19））

第四节　分部积分法

学习内容：分部积分法，积分表的使用．

目的要求：通过学习，同学们可以熟练掌握不定积分的分部积分公式，熟练运用分部积分法求各种类型的不定积分，学会查积分表求不定积分．

重点难点：不定积分的分部积分公式，应用分部积分公式求各种不定积分．

虽然换元积分法能解决许多积分的计算问题，但对于被积函数是两个函数的积的形式，

形如 $\int e^x \cos x \mathrm{d}x$、$\int x \ln x \mathrm{d}x$、$\int x \cos x \mathrm{d}x$ 等积分则难以求出. 为了解决这类问题，本节将介绍另一种求积分的主要方法——分部积分法.

一、分部积分法

设函数 $u=u(x)$ 和 $v=v(x)$ 具有连续的导数，由乘积的求导法则 $(uv)'=u'v+uv'$ 可得

$$uv'=(uv)'-u'v \tag{3.4.1}$$

把式（3.4.1）两端积分得

$$\int uv'\mathrm{d}x=\int (uv)'\mathrm{d}x-\int u'v\mathrm{d}x,$$

不定积分的分部
积分法公式

所以

$$\int uv'\mathrm{d}x=uv-\int u'v\mathrm{d}x \tag{3.4.2}$$

或

$$\int u\mathrm{d}v=uv-\int v\mathrm{d}u. \tag{3.4.3}$$

这两个公式表明所求两个函数之积的积分可以转化为 $\int uv'\mathrm{d}x$ 或 $\int u\mathrm{d}v$ 的积分，再用式（3.4.2）或式（3.4.3）求解.

式（3.4.2）或式（3.4.3）称为**不定积分的分部积分法公式**.

利用分部积分法主要是把所求积分中的被积表达式适当地分成 u 和 $\mathrm{d}v$ 两部分，所以这种积分法的关键是正确地选择 u、$\mathrm{d}v$，一般地 u、$\mathrm{d}v$ 的选取原则是：

（1）由 $\mathrm{d}v$ 易求 v；

（2）$\int v\mathrm{d}u$ 比 $\int u\mathrm{d}v$ 易求.

例题 1　求 $\int x\cos x\mathrm{d}x$.

解　设 $u=x$，$\mathrm{d}v=\cos x\mathrm{d}x=\mathrm{d}(\sin x)$，则 $v=\sin x$.

由分部积分法公式有

$$\int x\cos x\mathrm{d}x=\int x\mathrm{d}\sin x=x\sin x-\int \sin x\mathrm{d}x=x\sin x+\cos x+C.$$

熟练后 u、v 不必假设出来，只要默默记在心里即可.

例题 2　求 $\int x\mathrm{e}^x\mathrm{d}x$.

解　设 $u=x$，$\mathrm{d}v=\mathrm{e}^x\mathrm{d}x=\mathrm{d}\mathrm{e}^x$，则 $v=\mathrm{e}^x$.

由分部积分法公式有

$$\int x\mathrm{e}^x\mathrm{d}x=\int x\mathrm{d}\mathrm{e}^x=x\mathrm{e}^x-\int \mathrm{e}^x\mathrm{d}x=x\mathrm{e}^x-\mathrm{e}^x+C.$$

例题 3　求 $\int x^2\sin x\mathrm{d}x$.

解　$\displaystyle\int x^2\sin x\mathrm{d}x=\int x^2\mathrm{d}(-\cos x)=-x^2\cos x-\int (-\cos x)\mathrm{d}x^2$

分部积分法（例题3）

$$=-x^2\cos x+2\int x\cos x\mathrm{d}x$$

$$=-x^2\cos x+2\int x\mathrm{d}\sin x=-x^2\cos x+2\left(x\sin x-\int\sin x\mathrm{d}x\right)$$

$$=-x^2\cos x+2x\sin x+2\cos x+C.$$

例题 4　求 $\displaystyle\int x^2\mathrm{e}^x\mathrm{d}x$.

解　$\displaystyle\int x^2\mathrm{e}^x\mathrm{d}x=\int x^2\,\mathrm{d}\mathrm{e}^x=x^2\mathrm{e}^x-\int\mathrm{e}^x\mathrm{d}x^2=x^2\mathrm{e}^x-2\int x\mathrm{e}^x\mathrm{d}x=x^2\mathrm{e}^x-2\int x\,\mathrm{d}\mathrm{e}^x$

$$=x^2\mathrm{e}^x-2\left(x\mathrm{e}^x-\int\mathrm{e}^x\mathrm{d}x\right)=x^2\mathrm{e}^x-2x\mathrm{e}^x+2\mathrm{e}^x+C.$$

例题 5　求 $\displaystyle\int x\ln x\mathrm{d}x$.

解　$\displaystyle\int x\ln x\mathrm{d}x=\int\ln x\mathrm{d}\left(\frac{x^2}{2}\right)=\frac{x^2}{2}\ln x-\int\frac{x^2}{2}\mathrm{d}(\ln x)=\frac{x^2}{2}\ln x-\int\frac{x^2}{2}\cdot\frac{1}{x}\mathrm{d}x$

$$=\frac{x^2}{2}\ln x-\int\frac{x}{2}\mathrm{d}x=\frac{x^2}{2}\ln x-\frac{x^2}{4}+C.$$

例题 6　求 $\displaystyle\int\arcsin x\mathrm{d}x$.

解　$\displaystyle\int\arcsin x\mathrm{d}x=x\arcsin x-\int x\mathrm{d}(\arcsin x)=x\arcsin x-\int\frac{x}{\sqrt{1-x^2}}\mathrm{d}x$

$$=x\arcsin x+\int\frac{1}{2\sqrt{1-x^2}}\mathrm{d}(1-x^2)=x\arcsin x+\sqrt{1-x^2}+C.$$

例题 7　求 $\displaystyle\int\mathrm{e}^x\sin x\mathrm{d}x$.

解　因为 $\displaystyle\int\mathrm{e}^x\sin x\mathrm{d}x=\int\mathrm{e}^x\mathrm{d}(-\cos x)=-\mathrm{e}^x\cos x+\int\mathrm{e}^x\cos x\mathrm{d}x$

$$=-\mathrm{e}^x\cos x+\int\mathrm{e}^x\mathrm{d}\sin x=-\mathrm{e}^x\cos x+$$

$$\mathrm{e}^x\sin x-\int\mathrm{e}^x\sin x\mathrm{d}x,$$

分部积分法（例题 7）

所以　　　　　　　　　　　$\displaystyle\int\mathrm{e}^x\sin x\mathrm{d}x=\frac{1}{2}\mathrm{e}^x(\sin x-\cos x)+C.$

例题 8　求 $\displaystyle\int\mathrm{e}^{\sqrt{x-1}}\mathrm{d}x$.

解法一：令 $\sqrt{x-1}=t$，则 $\mathrm{d}x=2t\mathrm{d}t$，所以

$\displaystyle\int\mathrm{e}^{\sqrt{x-1}}\mathrm{d}x=\int\mathrm{e}^t\cdot2t\mathrm{d}t=2\int t\mathrm{d}\mathrm{e}^t=2t\mathrm{e}^t-2\int\mathrm{e}^t\mathrm{d}t=2t\mathrm{e}^t-2\mathrm{e}^t+C=2\mathrm{e}^{\sqrt{x-1}}\sqrt{x-1}-2\mathrm{e}^{\sqrt{x-1}}+C;$

解法二：$\displaystyle\int2\sqrt{x-1}\mathrm{d}\mathrm{e}^{\sqrt{x-1}}=2\sqrt{x-1}\mathrm{e}^{\sqrt{x-1}}-2\int\mathrm{e}^{\sqrt{x-1}}\mathrm{d}\sqrt{x-1}$

$$=2\mathrm{e}^{\sqrt{x-1}}\sqrt{x-1}-2\mathrm{e}^{\sqrt{x-1}}+C.$$

可以看出，虽然分部积分法的关键是 u、$\mathrm{d}v$ 的选择，但凑微分是基础，只是"部分的凑"微分.

注意：常见被积函数 u、$\mathrm{d}v$ 的选择.

一般地，被积函数具有下列形式时，可用分部积分法：

（1）幂函数与指数函数（或三角函数）之积，形如 $x^n \mathrm{e}^{kx}$、$x^n \sin kx$、$x^n \cos kx$（其中 n 为正整数、$k \neq 0$），应选 x^n 为 u，其余部分为 $\mathrm{d}v$.

（2）幂函数与对数函数（或反三角函数）之积，形如 $x^n \ln x$、$x^n \arcsin x$、$x^n \arccos x$、$x^n \arctan x$（其中 n 为正整数），应选 $\ln x$、$\arcsin x$、$\arccos x$、$\arctan x$ 为 u，其余部分为 $\mathrm{d}v$.

（3）三角函数与指数函数之积，形如 $\mathrm{e}^{ax} \sin bx$、$\mathrm{e}^{ax} \cos bx$（其中 a、b 为实数），可以任意地选择 u、$\mathrm{d}v$，但要连续两次用分部积分法，出现"循环"后移项解方程，如例题 7.

二、积分表的使用

从前面几节我们可以看出积分的计算比微分的计算复杂，灵活性较强. 被积函数形式稍有不同，相应的积分方法和结果就有很大的差别. 为了便于应用，人们将常用的不定积分按被积函数的类型编辑了公式表以供查用，本书附录中给出了一个不定积分表，求不定积分时，可根据被积函数的类型直接或经过简单变形后，在积分表中查取积分的结果.

下面通过例子说明积分表的用法.

例题 9 求 $\displaystyle\int \frac{\mathrm{d}x}{3+7x^2}$.

解 被积函数中含有 ax^2+b，在附录含有此形式的积分类中找到公式 $\displaystyle\int \frac{\mathrm{d}x}{ax^2+b} = \frac{1}{\sqrt{ab}}\arctan\sqrt{\frac{a}{b}}x+c\,(b>0)$，将 $a=7$，$b=3$ 代入公式得到

分部积分法（例题 9）

$$\int \frac{\mathrm{d}x}{3+7x^2} = \frac{1}{\sqrt{21}}\arctan\sqrt{\frac{7}{3}}x+C.$$

例题 10 求 $\displaystyle\int \frac{\mathrm{d}x}{x\sqrt{4-9x^2}}$.

解 这个积分不能直接在积分表中找到，需要先进行变换.

设 $u=3x$，则 $x=\dfrac{u}{3}$，$\mathrm{d}x=\dfrac{1}{3}\mathrm{d}u$，于是原式

$$\int \frac{\mathrm{d}x}{x\sqrt{4-9x^2}} = \int \frac{\mathrm{d}u}{u\sqrt{2^2-u^2}},$$

查找附录公式表含有 $\sqrt{a^2-x^2}\,(a>0)$ 的积分公式 $\displaystyle\int \frac{\mathrm{d}x}{x\sqrt{a^2-x^2}} = \frac{1}{a}\ln\frac{a-\sqrt{a^2-x^2}}{|x|}+C$，把 $a=2$ 代入得

$$\int \frac{\mathrm{d}x}{x\sqrt{4-9x^2}} = \int \frac{\mathrm{d}u}{u\sqrt{2^2-u^2}} = \frac{1}{2}\ln\frac{2-\sqrt{4-9x^2}}{|3x|}+C.$$

例题 11 求 $\displaystyle\int \frac{\mathrm{d}x}{4\cos^2 x+9\sin^2 x}$.

解　查找附录公式表含有三角函数的积分公式 $\int \dfrac{1}{a^2\cos^2 x+b^2\sin^2 x}=$

$\dfrac{1}{ab}\arctan\left(\dfrac{b}{a}\tan x+c\right)$，把 $a=2$，$b=3$ 代入得

$$\int \frac{\mathrm{d}x}{4\cos^2 x+9\sin^2 x}=\frac{1}{6}\arctan\left(\frac{3}{2}\tan x\right)+C.$$

习题 3 - 4

1. 求下列不定积分：

(1) $\displaystyle\int x\sin x\mathrm{d}x$；

(2) $\displaystyle\int x^2\cos x\mathrm{d}x$；

(3) $\displaystyle\int x\cos 2x\mathrm{d}x$；

(4) $\displaystyle\int x\sin\dfrac{x}{2}\mathrm{d}x$；

(5) $\displaystyle\int (x+1)\mathrm{e}^x\mathrm{d}x$；

(6) $\displaystyle\int x\mathrm{e}^{-x}\mathrm{d}x$；

(7) $\displaystyle\int x^4\ln x\mathrm{d}x$；

(8) $\displaystyle\int \ln x\mathrm{d}x$；

(9) $\displaystyle\int \arctan x\mathrm{d}x$；

(10) $\displaystyle\int \mathrm{e}^x\cos x\mathrm{d}x$.

本节习题答案

2. 利用积分表求下列积分：

(1) $\displaystyle\int \sqrt{3x^2-2}\mathrm{d}x$；

(2) $\displaystyle\int \dfrac{\mathrm{d}x}{x(2+3x)^2}$.

第五节　　不定积分测试题

1. 选择题：

(1) 设 C 是不为零的常数，则函数 $f(x)=\dfrac{1}{x}$ 的原函数不是（　　）.

A. $\ln|x|$　　　　　　B. $C\ln|x|$　　　　　　C. $\ln|Cx|$　　　　　　D. $\ln|x|+C$

(2) 设 $f(x)$ 的一个原函数为 $\ln x$，则 $f'(x)=$（　　）.

A. $\dfrac{1}{x}$　　　　　　B. $-\dfrac{1}{x^2}$　　　　　　C. $x\ln x$　　　　　　D. e^x

(3) 设函数 $f(x)$ 的导函数是 a^x，则 $f(x)$ 的全体原函数是（　　）.

A. $\dfrac{a^x}{\ln a}+C$　　　B. $\dfrac{a^x}{\ln^2 a}+C_1 x+C_2$　　C. $\dfrac{a^x}{\ln^2 a}+C$　　　D. $a^x\ln^2 a+C_1 x+C_2$

(4) 设 $f'(\sin x)=\cos^2 x$，则 $f(x)=$（　　）.

A. $\sin x-\dfrac{1}{3}\sin^3 x+C$　　　　　　　B. $x-\dfrac{1}{3}x^3+C$

C. $\sin^2 x-\dfrac{1}{3}\sin^6 x+C$　　　　　　D. $x^2-\dfrac{1}{3}x^6+C$

(5) 函数 $f(x)$ 在闭区间 $[a,b]$ 上可积的必要条件是 $f(x)$ 在 $[a,b]$ 上（　　）.

A. 无界　　　　　B. 有界　　　　　C. 单调　　　　　D. 连续

(6) 函数 $f(x)$ 在闭区间 $[a, b]$ 上连续是函数 $f(x)$ 在闭区间 $[a, b]$ 上可积的（　　）.

A. 必要条件非充分条件　　　　　B. 充分条件非必要条件

C. 充分必要条件　　　　　D. 无关条件

(7) 设 $f(x) = \begin{cases} x, & x \geqslant 0, \\ -x, & x < 0, \end{cases}$ 则 $\int_{-1}^{1} f(x) \mathrm{d}x = $（　　）.

A. 0　　　　　B. 1　　　　　C. 2　　　　　D. -1

2. 判断题：

(1) 设 e^{-x} 是 $f(x)$ 的一个原函数，则 $\int f(x)\mathrm{d}x = \mathrm{e}^{-x}$. 　　　　（　　）

(2) $\int \cos 2x \mathrm{d}x = \sin 2x + C$. 　　　　（　　）

(3) $\int \mathrm{e}^{-x} \mathrm{d}x = \mathrm{e}^{-x} + C$. 　　　　（　　）

(4) $\int (1 - \sin x) \cos x \mathrm{d}x = x - \dfrac{1}{2}(\sin x)^2 + C$. 　　　　（　　）

(5) 设 $f(x)$ 的一个原函数是 $\dfrac{\ln x}{x}$，则 $\int x f'(x) \mathrm{d}x = \dfrac{1 - \ln x}{x} - \dfrac{\ln x}{x}$. 　　（　　）

3. 填空题：

(1) $\dfrac{\mathrm{d}}{\mathrm{d}x} \left(\int x \mathrm{e}^{2x} \mathrm{d}x \right) = $ _____；

(2) 设 $f(x)$ 是函数 $\sin x$ 的一个原函数，则 $\int f(x) \mathrm{d}x = $ _____；

(3) $\int (\tan x + \cot x)^2 \mathrm{d}x = $ _____；

(4) 设 e^{-x} 是 $f(x)$ 的一个原函数，则 $\int x f(x) \mathrm{d}x = $ _____；

(5) $\int \dfrac{1}{x} \cos \ln x \mathrm{d}x = $ _____；

(6) $\int \mathrm{e}^{2x} \mathrm{d}x = $ _____；

(7) $\int \dfrac{f'(x) \mathrm{d}x}{\sqrt{f(x)}} = $ _____.

4. 求下列积分：

(1) $\int \left(\sin x + \dfrac{2}{\sqrt{1 - x^2}} \right) \mathrm{d}x$；　　　　(2) $\int \dfrac{4x^2 - 1}{1 + x^2} \mathrm{d}x$；

(3) $\int 3^{2x} \mathrm{e}^x \mathrm{d}x$；　　　　(4) $\int \dfrac{1 + \ln x}{x} \mathrm{d}x$；

(5) $\int \dfrac{\mathrm{d}x}{x(1 + \ln x)}$；　　　　(6) $\int \dfrac{\mathrm{e}^x}{1 + \mathrm{e}^{2x}} \mathrm{d}x$；

(7) $\int \dfrac{1+\sin 2x}{\cos x+\sin x}\mathrm{d}x$;

(8) $\int \dfrac{1}{\sqrt{a^2-x^2}}\mathrm{d}x\,(a>0)$;

(9) $\int \dfrac{\sqrt{x}}{1+x}\mathrm{d}x$;

(10) $\int \dfrac{\sqrt{x+1}}{x}\mathrm{d}x$;

(11) $\int (x^2+2)\sin x\mathrm{d}x$;

(12) $\int \dfrac{1}{x^2+2x+2}\mathrm{d}x$.

【数学文化之牛顿—莱布尼茨公式由来】

1665 年夏天，英国爆发鼠疫，剑桥大学暂时关闭．刚刚获得学士学位、准备留校任教的牛顿被迫离校到他母亲的农场住了一年多．这一年多被称为"奇迹年"．牛顿对三大运动定律、万有引力定律和光学的研究都开始于这个时期．在研究这些问题过程中他发现了由其命名为"流数术"的微积分．他在 1666 年写下了一篇关于流数术的短文，之后又写了几篇有关的文章．但是这些文章当时都没有公开发表，只是在一些英国科学家中流传．

首次发表有关微积分研究论文的是德国哲学家莱布尼茨．莱布尼茨在 1675 年已发现了微积分，但是也不急于发表，只是在手稿和通信中提及这些发现．1684 年，莱布尼茨正式发表他对微分的发现．两年后，他又发表了有关积分的研究．在瑞士人贝努利兄弟的大力推动下，莱布尼茨的方法很快传遍了欧洲．到 1696 年，已有微积分的教科书出版．

起初没有人争夺微积分的发现权．1699 年，移居英国的一名瑞士人一方面为了讨好英国人，另一方面由于与莱布尼茨的个人恩怨，指责莱布尼茨的微积分剽窃自牛顿的流数术，但此人并无威望，遭到莱布尼茨的驳斥后，就没了下文．1704 年，在其光学著作的附录中，牛顿首次完整地发表了其流数术．当年出现了一篇匿名评论，反过来指责牛顿的流数术剽窃莱布尼茨的微积分．

于是究竟是谁首先发现了微积分，就成了一个需要解决的问题．1711 年，苏格兰科学家、英国皇家学会会员约翰·凯尔（John Keill）在致皇家学会书记的信中，指责莱布尼茨剽窃了牛顿的成果，只不过用不同的符号表示法改头换面．同样身为皇家学会会员的莱布尼茨提出抗议，要求皇家学会禁止凯尔的诽谤．皇家学会组成一个委员会调查此事，在次年发布的调查报告中认定牛顿首先发现了微积分，并谴责莱布尼茨有意隐瞒他知道牛顿的研究工作．此时牛顿是皇家学会的会长，虽然在公开的场合假装与这个事件无关，但是这篇调查报告其实是牛顿本人起草的．他还匿名写了一篇攻击莱布尼茨的长篇文章．

当然，争论并未因为这个偏向性极为明显的调查报告的出笼而平息．事实上，这场争论一直延续到了现在．没有人，包括莱布尼茨本人，否认牛顿首先发现了微积分．问题是，莱布尼茨是否独立地发现了微积分？莱布尼茨是否剽窃了牛顿的发现？

1673 年，在莱布尼茨创建微积分的前夕，他曾访问伦敦．虽然他没有见过牛顿，但是与一些英国数学家见面讨论过数学问题．其中有的数学家的研究与微积分有关，甚至有可能给莱布尼茨看过牛顿的有关手稿．莱布尼茨在临死前承认他看过牛顿的一些手稿，但是又说这些手稿对他没有价值．

此外，莱布尼茨长期与英国皇家学会书记、图书馆员通信，从中了解到英国数学研究的进展. 1676 年，莱布尼茨甚至收到过牛顿的两封信，信中概述了牛顿对无穷级数的研究. 虽然这些通信后来被牛顿的支持者用来反对莱布尼茨，但是它们并不含有创建微积分所需要的详细信息. 莱布尼茨在创建微积分的过程中究竟受到了英国数学家多大的影响，恐怕没人能说得清.

后人在莱布尼茨的手稿中发现他曾经抄录过牛顿关于流数术的论文的段落，并将其内容改用他发明的微积分符号表示. 这个发现似乎对莱布尼茨不利. 但是，我们无法确定的是，莱布尼茨是什么时候抄录的？如果是在他创建微积分之前，从某位英国数学家那里看到牛顿的手稿时抄录的，那当然可以作为莱布尼茨剽窃的铁证. 但是他也可能是在牛顿 1704 年发表该论文时才抄录的，此时他本人的有关论文早已发表多年.

后人通过研究莱布尼茨的手稿还发现，莱布尼茨和牛顿是从不同的思路创建微积分的：牛顿是为解决运动问题，先有导数概念，后有积分概念；莱布尼茨则反过来，受其哲学思想的影响，先有积分概念，后有导数概念. 牛顿仅仅是把微积分当作物理研究的数学工具，而莱布尼茨则意识到了微积分将会给数学带来一场革命. 这些似乎又表明莱布尼茨像他一再声称的那样，是自己独立地创建微积分的.

即使莱布尼茨不是独立地创建微积分，他也对微积分的发展做出了重大贡献. 莱布尼茨对微积分表述得更清楚，采用的符号系统比牛顿的更直观、合理，被普遍采纳沿用至今. 历史上对于牛顿和莱布尼茨创立微积分优先权的争论，使数学家分为两派，瑞士数学家雅科布—贝努利（1654—1705 年）和约翰—贝努利（1667—1748 年）兄弟支持莱布尼茨，而英国数学家捍卫牛顿，两派争吵激烈，甚至尖锐到互相敌对、嘲笑. 牛顿死后，经过调查核实，事实上，他们各自独立地创立了微积分. 后人为了纪念两位数学家对此做出的成就，因此将其命名为牛顿—莱布尼茨公式. 现在的教科书一般把牛顿和莱布尼茨共同列为微积分的创建者.

第四模块 定积分及其应用

理解定积分的概念及几何意义；掌握定积分的性质；掌握牛顿—莱布尼茨公式及直接积分法，掌握定积分的换元法及分部积分法；学会使用定积分计算几何问题，会解一些简单的实际应用问题.

古代人们求一些由曲线围成的图形（例如圆）的面积时，常常采用无限细分法，在每个分块上用规则图形（矩形、三角形）近似，然后求和无限逼近图形的面积. 这种方法蕴含着极限的思想，也是定积分的雏形. 17 世纪中期，牛顿和莱布尼茨各自定义了定积分，并给出了一般计算方法. 在后人的不断完善下，逐渐形成了现代积分学. 定积分在经济、物理、工程、管理等各个领域中都有着广泛的应用. 本模块除了讲述定积分的概念外，还介绍了它们的性质、有关公式和求积分的方法及定积分在几何上的应用.

第一节 定积分的概念

学习内容：定积分的概念，定积分的几何意义.
目的要求：了解定积分的概念，理解定积分的几何意义.
重点难点：定积分的概念，定积分的几何意义.

案例（曲边梯形的面积）
曲边梯形由连续曲线 $y=f(x)$（$f(x) \geqslant 0$）与两条直线 $x=a$，$x=b$ 所围成，如图 4.1 所示.

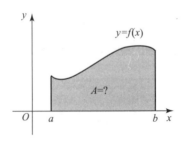

图 4.1

用矩形面积近似取代曲边梯形面积，如图 4.2 所示.

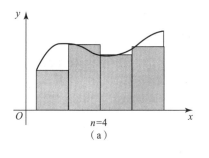 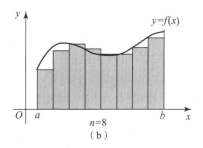

图 4.2

显然，小矩形越多，矩形总面积越接近曲边梯形面积.

一、引例

案例 1 求曲边梯形的面积.

所谓曲边梯形，是指由连续曲线 $y=f(x)$（设 $f(x) \geqslant 0$），直线 $x=a$，$x=b$ 和 x 轴（$y=0$）所围成的四边形图形. 如图 4.3 所示的图形 $AabB$，其中有两条边平行，第三条边与这两边垂直，第四条边是曲线.

下面我们讨论曲边梯形面积. 我们知道矩形面积的求法，但是此图形有一条边是一条曲线，该如何求呢？

案例 1（求曲边梯形的面积）

我们知道曲边梯形的高 $f(x)$ 在区间 $[a, b]$ 上是连续变化的，因此在很小的一个区间段内其变化很小，近似于不变，并且当区间的长度无限缩小时，高的变化也无限减小. 因此，如果把区间 $[a, b]$ 分成许多小区间，在每个小区间上，用其中某一点的高近似代替同一个小区间上的窄曲边梯形的高，我们再根据矩形的面积公式，即可求出相应窄曲边梯形面积的近似值，从而求出整个曲边梯形面积的近似值. 显然：把区间 $[a, b]$ 分的越细，所求出的面积值越接近于精确值，为此我们通过下列四步计算，如图 4.3 所示.

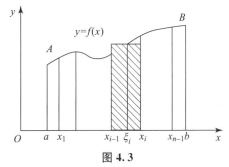

图 4.3

第一步：分割. 用分点 $a=x_0<x_1<x_2<\cdots<x_{n-1}<x_n=b$，将区间 $[a, b]$ 任意分成 n 个小区间 $[x_{i-1}, x_i](i=1, 2, \cdots, n)$，第 i 个小区间的长度为 $\Delta x_i=x_i-x_{i-1}(i=1, 2, \cdots, n)$.

经过每一个分点作平行于 y 轴的直线段，把曲边梯形分成 n 个窄曲边梯形，各个窄曲边梯形的面积记为 $\Delta A_i\ (i=1, 2, \cdots, n)$.

第二步：取近似. 在每个小区间 $[x_{i-1}, x_i]$ 上任取一点 ξ_i，以 $f(\xi_i)$ 为高、Δx_i 为底的矩形的面积为 $f(\xi_i)\Delta x_i(i=1, 2, \cdots, n)$，把它作为窄曲边梯形面积 ΔA_i 的近似值，即

$$\Delta A_i \approx f(\xi_i) \Delta x_i \quad (i=1, 2, \cdots, n).$$

第三步：求和. 将各窄曲边梯形面积的近似值加起来即得所求曲边梯形面积的近似值

$$A \approx \sum_{i=1}^{n} f(\xi_i) \Delta x_i.$$

第四步：取极限. 记 $\lambda = \max_{1 \leqslant i \leqslant n} \{\Delta x_i\}$，当 $\lambda \to 0$ 时，取上述和式的极限，得曲边梯形的面积为

$$A = \lim_{\lambda \to 0} \sum_{i=1}^{n} f(\xi_i) \Delta x_i.$$

求曲边梯形的面积归结为求上述这种和式的极限.

案例 2 设 $MR = r(t)$ 是某企业的边际收益，是时间 t 的连续函数，求企业在 $[a, b]$ 上的总收益 $R(t)$.

解 若 $MR = r(t) = r$ 是常数，则总收益 $R(t) = r(b-a)$. 当 $r(t)$ 随时间变化时，每个瞬时的边际收益不一样，由于 $MR = r(t)$ 是连续的，所以在很小的时间间隔内，边际收益变化不大，可以近似地看成一个常数，因此处理方法同上例，分四步，如图 4.4 所示.

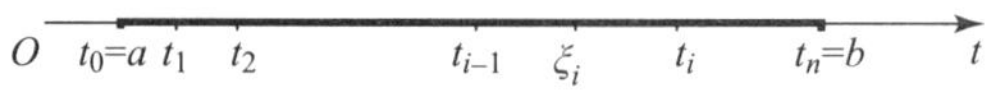

图 4.4

第一步：分割. 用分点 $a = t_0 < t_1 < t_2 < \cdots < t_{n-1} < t_n = b$，将区间 $[a, b]$ 任意分成 n 个小区间 $[t_{i-1}, t_i]$，$i = 1, 2, \cdots, n$，第 i 个小区间的长度为 $\Delta t_i = t_i - t_{i-1}$，$i = 1, 2, \cdots, n$. 各个小区间的收益记为 ΔR_i $(i = 1, 2, \cdots, n)$.

第二步：取近似. 在每个小区间 $[t_{i-1}, t_i]$ 上任取一点 ξ_i，以 $r(\xi_i) \Delta t_i$ 作为小区间的收益 $\Delta R_i (i = 1, 2, \cdots, n)$ 的近似值，即

$$\Delta R_i \approx r(\xi_i) \Delta t_i \quad (i = 1, 2, \cdots, n).$$

第三步：求和. 将各小区间的近似值加起来即得所求区间总收益的近似值

$$R \approx \sum_{i=1}^{n} r(\xi_i) \Delta t_i.$$

第四步：取极限. 记 $\Delta t = \max_{1 \leqslant i \leqslant n} \{\Delta t_i\}$，当 $\Delta t \to 0$ 时，取上述和式的极限，得总收益为

$$R = \lim_{\Delta t \to 0} \sum_{i=1}^{n} r(\xi_i) \Delta t_i.$$

以上两个实例尽管实际意义不同，但最后都归结为求"乘积的和式的极限"，因此我们抛开问题的实质内容，对这种共性加以概括和抽象，从它抽象的形式上进行讨论. 下面给出定积分的定义.

二、定积分的定义

设函数 $f(x)$ 在 $[a, b]$ 上有定义，按下列四步构造极限：

第一步：分割. 用分点 $a = x_0 < x_1 < x_2 < \cdots < x_{n-1} < x_n = b$，将区间 $[a, b]$ 任意分成 n 个小区间 $[x_{i-1}, x_i]$，$i = 1, 2, \cdots, n$，第 i 个小区间的长度为 $\Delta x_i = x_i - x_{i-1}$，$i = 1, 2, \cdots, n$.

第二步：取近似. 在每个小区间 $[x_{i-1}, x_i]$ 上任取一点 ξ_i，取乘积 $f(\xi_i) \Delta x_i (i = 1, 2, \cdots, n)$.

第三步：求和.

$$s_n = \sum_{i=1}^{n} f(\xi_i) \, \Delta x_i.$$

第四步：取极限. 记 $\lambda = \max\limits_{1 \leqslant i \leqslant n} \{\Delta x_i\}$，当 $\lambda \to 0$ 时，取上述和式的极限

$$\lim_{\lambda \to 0} s_n = \lim_{\lambda \to 0} \sum_{i=1}^{n} f(\xi_i) \Delta x_i.$$

若上述和式的极限存在且为 I，则称函数 $f(x)$ 在 $[a, b]$ 上是可积的，并称此极限值 I 为 $f(x)$ 在 $[a, b]$ 上的定积分，记作

$$I = \int_a^b f(x) \mathrm{d}x.$$

其中，$\int$ 称为积分号，x 称为积分变量；$f(x)$ 称为被积函数；$f(x)\mathrm{d}x$ 称为被积表达式；a，b 分别称为积分下限和上限；$[a, b]$ 称为积分区间.

根据定积分的定义，曲边梯形的面积为 $A = \int_a^b f(x) \mathrm{d}x$，变速直线运动的路程为 $s = \int_{T_1}^{T_2} v(t) \mathrm{d}t.$

【关于定积分的说明】

(1) 在 $\int_a^b f(x) \mathrm{d}x$ 定义中，$a < b$. 为应用方便，补充规定：

①当 $b < a$ 时，$\int_a^b f(x) \mathrm{d}x = -\int_b^a f(x) \mathrm{d}x$；

②当 $b = a$ 时，$\int_a^b f(x) \mathrm{d}x = 0$.

(2) $f(x)$ 在区间 $[a, b]$ 上可积的条件：

①$f(x)$ 在区间 $[a, b]$ 上连续；

②$f(x)$ 在区间 $[a, b]$ 上单调；

③$f(x)$ 在区间 $[a, b]$ 上有界且有有限个间断点；

(3) $f(x)$ 在区间 $[a, b]$ 上可积 $\Rightarrow f(x)$ 在区间 $[a, b]$ 上有界，即：$f(x)$ 在区间 $[a, b]$ 上无界 $\Rightarrow f(x)$ 在区间 $[a, b]$ 上不可积.

例如：$\int_0^1 \dfrac{1}{x} \mathrm{d}x$ 不存在，因为 $\dfrac{1}{x}$ 在 $[0, 1]$ 上无界.

例题 1　利用定义计算定积分 $\int_0^1 x^2 \mathrm{d}x$.

解　把区间 $[0, 1]$ 分成 n 等份，分点为 $x_i = \dfrac{i}{n}(i = 1, 2, \cdots, n-1)$，小区间长度为

$$\Delta x_i = \frac{1}{n}(i = 1, 2, \cdots, n),$$

取 $\xi_i = \dfrac{i}{n}(i = 1, 2, \cdots, n)$，作积分和

定积分的概念
（例题 1）

$$\sum_{i=1}^{n} f(\xi_i)\Delta x_i = \sum_{i=1}^{n} \xi_i^2 \Delta x_i = \sum_{i=1}^{n} \left(\frac{i}{n}\right)^2 \cdot \frac{1}{n} = \frac{1}{n^3} \sum_{i=1}^{n} i^2 = \frac{1}{n^3} \cdot \frac{1}{6} n(n+1)(2n+1)$$

$$= \frac{1}{6}\left(1+\frac{1}{n}\right)\left(2+\frac{1}{n}\right).$$

因为 $\lambda = \dfrac{1}{n}$，当 $\lambda \to 0$ 时，$n \to \infty$，所以

$$\int_0^1 x^2 \mathrm{d}x = \lim_{\lambda \to 0} \sum_{i=1}^{n} f(\xi_i)\Delta x_i = \lim_{n \to \infty} \frac{1}{6}\left(1+\frac{1}{n}\right)\left(2+\frac{1}{n}\right) = \frac{1}{3}.$$

三、定积分的几何意义

定积分的几何意义

设由连续曲线 $y = f(x)$，直线 $x = a$，$x = b$ 和 x 轴（或 $y = 0$）所围成的曲边梯形面积用 A 表示，其几何意义为：

当 $f(x) \geqslant 0$ 时，有 $\int_a^b f(x)\mathrm{d}x = A$，如图 4.5 所示. 特别地，在区间 $[a, b]$ 上，若 $f(x) \equiv 1$，则 $\int_a^b f(x)\mathrm{d}x = \int_a^b \mathrm{d}x = b - a$. 它表示以区间 $[a, b]$ 为底、高为 1 的矩形的面积，如图 4.5 所示.

当 $f(x) \leqslant 0$ 时，有 $\int_a^b f(x)\mathrm{d}x = -A$，如图 4.6 所示.

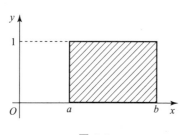

图 4.5

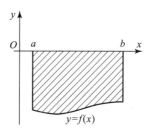

图 4.6

当 $f(x)$ 在 $[a, b]$ 上有正也有负时，$\int_a^b f(x)\mathrm{d}x$ 等于连续曲线 $y = f(x)$ 和直线 $x = a$，$x = b$ 与 x 轴（或 $y = 0$）所围成各部分图形面积的代数和（在 x 轴上方的为正面积，在 x 轴下方的为负面积），如图 4.7 所示，$\int_a^b f(x)\mathrm{d}x = A_1 - A_2 + A_3$.

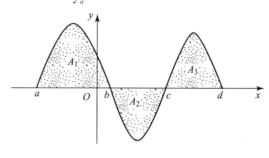

图 4.7

由此可得曲边梯形的面积用定积分表示为:

(1) 当 $f(x) \geqslant 0$ 时,有 $A = \int_a^b f(x) \mathrm{d}x$;

(2) 当 $f(x) \leqslant 0$ 时,有 $A = -\int_a^b f(x) \mathrm{d}x$;

(3) 当 $f(x)$ 在 $[a, d]$ 上有正也有负时,

$$A = \int_a^d |f(x)| \mathrm{d}x = A_1 + A_2 + A_3 = \int_a^b f(x) \mathrm{d}x - \int_b^c f(x) \mathrm{d}x + \int_c^d f(x) \mathrm{d}x.$$

例题 2 由定积分的几何意义,求 $\int_1^2 (x-3) \mathrm{d}x$.

解 在区间 $[1, 2]$ 上,$f(x) = x - 3 < 0$,故 $\int_1^2 (x-3) \mathrm{d}x$ 表示如图 4.8 所示梯形面积 S 的相反数. 此梯形的底为 $|f(1)| = 2$ 和 $|f(2)| = 1$,高为 $2 - 1 = 1$,所以

$$\int_1^2 (x-3) \mathrm{d}x = -S = -\frac{(1+2) \times 1}{2} = -\frac{3}{2}.$$

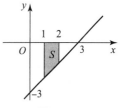

图 4.8

例题 3 根据定积分的几何意义推出下列积分的值:

(1) $\int_{-1}^1 x \mathrm{d}x$; (2) $\int_{-R}^R \sqrt{R^2 - x^2} \mathrm{d}x$;

(3) $\int_0^{2\pi} \cos x \mathrm{d}x$; (4) $\int_{-1}^1 |x| \mathrm{d}x$.

定积分的几何意义
(例题 3)

解 若 $x \in [a, b]$,$f(x) \geqslant 0$,$\int_a^b f(x) \mathrm{d}x$ 在几何上表示由曲线 $y = f(x)$,直线 $x = a$,$x = b$ 及 x 轴所围成平面图形的面积. 若 $x \in [a, b]$,$f(x) \leqslant 0$,则 $\int_a^b f(x) \mathrm{d}x$ 在几何上表示由曲线 $y = f(x)$,直线 $x = a$,$x = b$ 及 x 轴所围平面图形面积的负值.

(1) 如图 4.9 所示,$\int_{-1}^1 x \mathrm{d}x = (-A_1) + A_1 = 0$;

(2) 如图 4.10 所示,$\int_{-R}^R \sqrt{R^2 - x^2} \mathrm{d}x = A_1 = \frac{\pi R^2}{2}$;

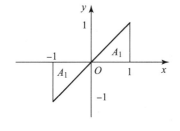

图 4.9

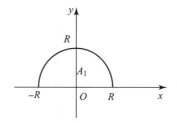

图 4.10

(3) 如图 4.11 所示,$\int_0^{2\pi} \cos x \mathrm{d}x = A_1 + (-A_2) + A_3 = A_1 + A_3 + (-A_1 - A_3) = 0$;

(4) 如图 4.12 所示,$\int_{-1}^1 |x| \mathrm{d}x = 2A_1 = 2 \times \frac{1}{2} \times 1 \times 1 = 1$.

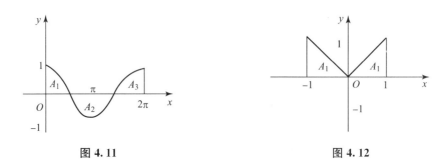

图 4.11   图 4.12

习题 4−1

本节习题答案

1. 用定积分的定义计算定积分 $\int_a^b c\,dx$，其中 c 为一定常数.

2. 用定积分表示下列阴影部分的面积（不要求计算）：

(1) $S_1 = $ _____ （见图 4.13）；（2）$S_2 = $ _____ （见图 4.14）.

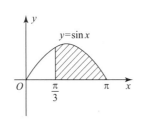

图 4.13

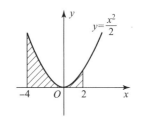

图 4.14

3. 利用定积分表示图 4.15～图 4.18 中四个图形的面积.

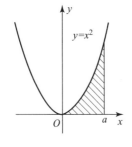

图 4.15

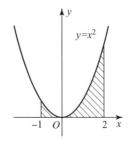

图 4.16

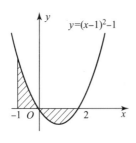

图 4.17

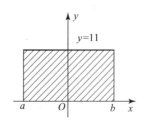

图 4.18

4. 利用定积分的几何意义求定积分：

(1) $\int_0^1 2x\mathrm{d}x$；　　　　　　　(2) $\int_0^a \sqrt{a^2-x^2}\mathrm{d}x(a>0)$.

5. 设物体做直线运动，已知速度 $v=v(t)$ 是在时间间隔 $[T_1, T_2]$ 上 t 的连续函数，且 $v(t)\geqslant 0$，计算在这段时间内物体所经过的路程 s.

具体做法是：

第一步：分割.

第二步：取近似.

第三步：求和.

第四步：取极限.

6. 设生产某产品的总产量 $P(t)$ 对时间的变化率为 $y=f(t)$，在生产连续进行时，用定积分表示从 t_1 到 t_2 这段时间的总产量.

第二节　定积分的性质

学习内容：定积分的性质.

目的要求：熟练掌握定积分的性质，会利用定积分的性质进行分析、判断及计算定积分.

重点难点：定积分的性质，定积分性质的应用.

案例　比较下列定积分的大小 $\int_1^2 \ln x\mathrm{d}x$ 与 $\int_1^2 (\ln x)^2\mathrm{d}x$.

由定积分的定义可以看出，$\int_a^b f(x)\mathrm{d}x$ 中 a 是积分下限，b 是积分上限，所以 $a\neq b$，且 $a<b$. 但为了计算需要，我们做如下规定：

(1) $\int_a^a f(x)\mathrm{d}x=0$；

(2) 当 $a>b$ 时，有 $\int_a^b f(x)\mathrm{d}x=-\int_b^a f(x)\mathrm{d}x$.

假设函数 $f(x)$，$g(x)$ 在给定的区间上是可积的，下面我们讨论定积分的一些性质，它们对定积分的计算是很有用的.

一、定积分的线性性质

性质 1　常数因子可以提到积分号前，即

$$\int_a^b kf(x)\mathrm{d}x=k\int_a^b f(x)\mathrm{d}x.$$

证　由定积分的定义和极限的性质可得

$$\int_a^b kf(x)\mathrm{d}x=\lim_{\Delta x\to 0}\sum_{i=1}^n kf(\xi_i)\Delta x_i=k\lim_{\Delta x\to 0}\sum_{i=1}^n f(\xi_i)\Delta x_i=k\int_a^b f(x)\mathrm{d}x.$$

性质 2　函数的代数和的定积分等于它们的定积分的代数和，即

$$\int_a^b [f(x) \pm g(x)] dx = \int_a^b f(x) dx \pm \int_a^b g(x) dx.$$

本性质对有限个函数的代数和的情况仍然成立.

性质 1 和性质 2 可以合起来统一写作

$$\int_a^b [kf(x) + hg(x)] dx = k\int_a^b f(x) dx + h\int_a^b g(x) dx.$$

二、定积分的区间可加性

可仿照性质 1 证明性质 3.

性质 3（定积分对积分区间的可加性） 对任意三个数 a，b，c，总有

$$\int_a^b f(x) dx = \int_a^c f(x) dx + \int_c^b f(x) dx.$$

说明 （1）当 $a < c < b$ 时，如图 4.19 所示，由定积分的几何意义可知，总面积 $A = \int_a^b f(x) dx$ 是两块面积 $A_1 = \int_a^c f(x) dx$ 与 $A_2 = \int_c^b f(x) dx$ 的和.

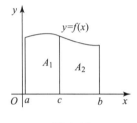

图 4.19

区间可加性

（2）当 c 点在区间 $[a, b]$ 之外，假设 $a < b < c$ 时，由前一种情况有

$$\int_a^c f(x) dx = \int_a^b f(x) dx + \int_b^c f(x) dx,$$

所以

$$\int_a^b f(x) dx = \int_a^c f(x) dx - \int_b^c f(x) dx = \int_a^c f(x) dx + \int_c^b f(x) dx.$$

其他情况可类似推出.

性质 4 若函数 $f(x)$ 在 $[a, c]$，$[c, b]$ 上都可积，则 $f(x)$ 在 $[a, b]$ 上也可积.

例题 1 设 $f(x) = \begin{cases} 2, & -3 \leqslant x < 0 \\ \sqrt{1-x^2}, & 0 \leqslant x \leqslant 1 \end{cases}$，求 $\int_{-3}^1 [5 + 2f(x)] dx$.

解 由定积分的性质可得

区间可加性（例题 1）

$$\int_{-3}^1 [5 + 2f(x)] dx = 5\int_{-3}^1 dx + 2\int_{-3}^1 f(x) dx$$

$$= 20 + 2\left[\int_{-3}^0 f(x) dx + \int_0^1 f(x) dx\right]$$

$$= 20 + 2\left(\int_{-3}^0 2dx + \int_0^1 \sqrt{1-x^2} dx\right) = 32 + \frac{\pi}{2}.$$

三、定积分的单调性

性质 5(比较性质)　在区间 $[a, b]$ 上，若 $f(x) \leqslant g(x)$，则

$$\int_a^b f(x)\mathrm{d}x \leqslant \int_a^b g(x)\mathrm{d}x.$$

例题 2　比较下列积分值的大小：

(1) $\int_0^{\frac{\pi}{4}} \sin x\mathrm{d}x$ 与 $\int_0^{\frac{\pi}{4}} \cos x\mathrm{d}x$；(2) $\int_0^1 x\mathrm{d}x$ 与 $\int_0^1 \sqrt{x}\mathrm{d}x$.

解　(1) 当 $x \in \left[0, \dfrac{\pi}{4}\right]$ 时，$\sin x \leqslant \cos x$. 由定积分的性质有 $\int_0^{\frac{\pi}{4}} \sin x\mathrm{d}x \leqslant$

$\int_0^{\frac{\pi}{4}} \cos x\mathrm{d}x$.

(2) 当 $x \in [0, 1]$ 时，$x \leqslant \sqrt{x}$. 由定积分的性质有 $\int_0^1 x\mathrm{d}x \leqslant \int_0^1 \sqrt{x}\mathrm{d}x$.

推论 1　如果函数 $f(x)$ 在 $[a, b]$ 上可积，且对每一个 $x \in [a, b]$，都有 $f(x) \geqslant 0$，则

$$\int_a^b f(x)\mathrm{d}x \geqslant 0.$$

推论 2　如果函数 $f(x)$ 在 $[a, b]$ 上可积，则 $|f(x)|$ 在 $[a, b]$ 上也可积，且有

$$\left| \int_a^b f(x)\mathrm{d}x \right| \leqslant \int_a^b |f(x)|\mathrm{d}x.$$

四、定积分的中值定理

性质 6　如果函数 $f(x) = c$，c 为常数，则函数 $f(x) = c$ 在 $[a, b]$ 上可积，且有

$$\int_a^b f(x)\mathrm{d}x = c(b-a).$$

证　由定积分的定义可知

$$\int_a^b f(x)\mathrm{d}x = \lim_{\lambda \to 0} \sum_{i=1}^n f(\xi_i) \cdot \Delta x_i = c \lim_{\lambda \to 0} \sum_{i=1}^n \Delta x_i = c \lim_{\lambda \to 0}(b-a) = c(b-a).$$

性质 7(估值定理)　设 m 及 M 分别是函数 $f(x)$ 在区间 $[a, b]$ 上的最小值及最大值，则

$$m(b-a) \leqslant \int_a^b f(x)\mathrm{d}x \leqslant M(b-a).$$

说明　性质 5 的几何意义是：曲边梯形的面积 $\int_a^b f(x)\mathrm{d}x$ 介于以 $[a, b]$ 为底，以函数 $y = f(x)$ 的最大值 M 和最小值 m 为高的两个矩形的面积之间，如图 4.20 所示.

例题 3　估计定积分 $\int_0^2 \mathrm{e}^x\mathrm{d}x$ 的取值范围.

解　函数 $f(x) = \mathrm{e}^x$ 在闭区间 $[0, 2]$ 上连续，单调递增，则有 $\mathrm{e}^0 \leqslant \mathrm{e}^x \leqslant \mathrm{e}^2$，即 $1 \leqslant \mathrm{e}^x \leqslant \mathrm{e}^2$，即函数 $f(x) = \mathrm{e}^x$ 在闭区间 $[0, 2]$ 上的最小值为 1、最大值为 e^2，由估值定理得

$$1 \cdot (2-0) \leqslant \int_0^2 \mathrm{e}^x\mathrm{d}x \leqslant \mathrm{e}^2 \cdot (2-0),$$

即
$$2 \leqslant \int_0^2 e^x dx \leqslant 2e^2.$$

性质 8（积分中值定理）　如果 $f(x)$ 在区间 $[a, b]$ 上连续，则在积分区间 $[a, b]$ 上至少存在一点 ξ，使

$$\int_a^b f(x)dx = f(\xi)(b-a).$$

积分中值定理

说明　积分中值定理的几何意义是：对于曲边梯形的面积 $\int_a^b f(x)dx$，总有一个以 $[a, b]$ 为底、$f(\xi)(a \leqslant \xi \leqslant b)$ 为高的矩形面积和它相等，如图 4.21 所示.

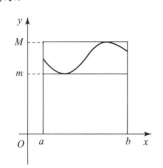

图 4.20

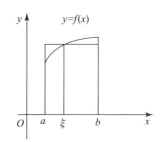

图 4.21

积分中值定理可改写为

$$f(\xi) = \frac{1}{b-a} \int_a^b f(x)dx.$$

通常称 $f(\xi)$ 为函数 $f(x)$ 在闭区间 $[a, b]$ 上的积分平均值，简称为函数 $f(x)$ 在闭区间 $[a, b]$ 上的平均值，记为 $\bar{y}$.

例题 4　求 $y = \sqrt{4-x^2}$ 在 $[-2, 2]$ 上的平均值.

解　由定积分几何意义可知 $\int_{-2}^2 \sqrt{4-x^2}dx = 2\pi$，所以 $\bar{y} = \frac{1}{4} \int_{-2}^2 \sqrt{4-x^2}dx = \frac{\pi}{2}$.

五、定积分的几个常用公式

设 $f(x)$ 在关于原点的对称区间 $[a, b]$ 上可积，则：

（1）当 $f(x)$ 为奇函数时，$\int_{-a}^a f(x)dx = 0$；

（2）当 $f(x)$ 为偶函数时，$\int_{-a}^a f(x)dx = 2\int_0^a f(x)dx$.

例如 $\int_{-\frac{\pi}{2}}^{\frac{\pi}{2}} \sin^5 x dx = 0$ 以及 $\int_{-1}^1 xe^{x^4}dx = 0$.

习题 4-2

1. 已知 $\int_1^3 f(x)dx = 8$，$\int_3^5 f(x)dx = 3$，求 $\int_1^5 f(x)dx$.

本节习题答案

2. 确定下列定积分的符号：

(1) $\int_1^2 x\ln x\mathrm{d}x$；

(2) $\int_0^{\frac{\pi}{4}} \dfrac{1-\cos^4 x}{2}\mathrm{d}x$；

(3) $\int_0^{\frac{\pi}{4}} \dfrac{\sin x-\cos x}{\cos x+\sin x}\mathrm{d}x$；

(4) $\int_{-1}^1 |x|\,\mathrm{d}x$.

3. 不计算定积分，比较下列各组定积分值的大小：

(1) $\int_0^1 x^2\mathrm{d}x$ 与 $\int_0^1 x^3\mathrm{d}x$；

(2) $\int_1^3 x^2\mathrm{d}x$ 与 $\int_1^3 x^3\mathrm{d}x$；

(3) $\int_1^2 \ln x\mathrm{d}x$ 与 $\int_1^2 \ln^2 x\mathrm{d}x$；

(4) $\int_3^4 \ln x\mathrm{d}x$ 与 $\int_3^4 \ln^2 x\mathrm{d}x$.

4. 利用定积分的估值公式，估计下列各积分值的范围：

(1) $\int_1^4 (x^2+1)\mathrm{d}x$；

(2) $\int_{\frac{1}{\sqrt{3}}}^{\sqrt{3}} x\arctan x\mathrm{d}x$；

(3) $\int_{-a}^a \mathrm{e}^{-x^2}\mathrm{d}x(a>0)$；

(4) $\int_0^2 \mathrm{e}^{x^2-x}\mathrm{d}x$；

(5) $\int_{-1}^1 (4x^4-2x^3+5)\mathrm{d}x$.

5. 求函数 $f(x)=\sqrt{1-x^2}$ 在闭区间 $[-1,1]$ 上的平均值.

6. 利用被积函数的奇偶性计算下列定积分：

(1) $\int_{-2}^2 2x\mathrm{d}x$；

(2) $\int_{-1}^1 (2+\sin^5 x)\mathrm{d}x$；

(3) $\int_{-2}^2 (x+\sqrt{4-x^2})^2\mathrm{d}x$；

(4) $\int_{-1}^1 \dfrac{2+\sin x}{1+x^2}\mathrm{d}x$.

定积分的性质（习题 6）

第三节　牛顿—莱布尼茨公式

学习内容：变上限的定积分，原函数存在定理，微积分的基本定理（牛顿—莱布尼茨公式）.

目的要求：理解变上限定积分的概念；了解原函数存在定理；掌握微积分的基本定理.

重点难点：牛顿—莱布尼茨公式的应用，理解变上限的定积分的概念.

案例　如果物体以速度 $v(t)$ 做直线运动，那么在时间区间 $[a,b]$ 上所经过的路程为

$$s=\int_a^b v(t)\mathrm{d}t.$$

另一方面，如果物体经过的路程 s 是时间 t 的函数 $s(t)$，那么物体从 $t=a$ 到 $t=b$ 所经过的路程应该是 $s(b)-s(a)$，即

$$\int_a^b v(t)\mathrm{d}t=s(b)-s(a).$$

由导数的物理意义可得，$s'(t)=v(t)$. 也就是说 $s(t)$ 是 $v(t)$ 的一个原函数，上式积分 $\int_a^b v(t)\mathrm{d}t$ 的值等于被积函数 $v(t)$ 的原函数 $s(t)$ 在积分上、下限 b，a 处的增量 $s(b)-s(a)$.

根据这个启示，来考察一般情形，如果 $f(x)$ 在区间 $[a,b]$ 上连续，并且 $F(x)$ 是 $f(x)$ 的一个原函数，那么定积分

$$\int_a^b f(x)\mathrm{d}x = F(b) - F(a)$$

是否成立呢？

一、变上限的定积分

1. 变上限定积分的定义

设函数 $f(x)$ 在区间 $[a,b]$ 上连续，若 $x \in [a,b]$，则称函数 $F(x) = \int_a^x f(t)\mathrm{d}t$ 为变上限的定积分.

变上限定积分

2. 函数 $F(x)$ 的几何意义

函数 $F(x)$ 表示右侧一边可以平行移动的曲边梯形 $aABx$ 的面积.如图 4.22 所示，这个梯形的面积随 x 位置的变动而变化，且当 x 给定后，这条边就确定了，面积 $F(x)$ 也随之确定，因而 $F(x)$ 是 x 的函数，也称为变上限函数.

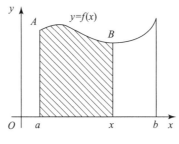

图 4.22

3. 函数 $F(x)$ 的性质

(1) $F(a) = 0$，$F(b) = \int_a^b f(x)\mathrm{d}x$；

(2) 若 $f(x)$ 在 $[a,b]$ 上可积，则 $F(x) = \int_a^x f(t)\mathrm{d}t$ 是 $[a,b]$ 上的连续函数.

二、原函数存在定理

定理 1 若 $f(x)$ 在 $[a,b]$ 上连续，则函数 $F(x) = \int_a^x f(t)\mathrm{d}t$ 是 $f(x)$ 在 $[a,b]$ 上的一个原函数，即

$$F'(x) = \left(\int_a^x f(t)\mathrm{d}t\right)' = f(x).$$

这个定理就是原函数存在定理.它建立了导数与积分之间的关系，也说明了本模块第二节开始给出的一个结论：如果函数 $f(x)$ 在区间 $[a,b]$ 上连续，则在该区间上 $f(x)$ 的原函数一定存在.

例题 1 求 $\dfrac{\mathrm{d}}{\mathrm{d}x}\left(\int_0^x t\sin^2 t\,\mathrm{d}t\right)$.

解　由定理 1 可得

$$\frac{\mathrm{d}}{\mathrm{d}x}\left(\int_0^x t\sin^2 t\,\mathrm{d}t\right)=x\sin^2 x.$$

例题 2　求 $\dfrac{\mathrm{d}}{\mathrm{d}x}\left(\displaystyle\int_x^1 \dfrac{\cos t}{1+t^2}\mathrm{d}t\right)$.

解　由于定理是对积分上限求导，所以先交换积分上下限，再求导

$$\frac{\mathrm{d}}{\mathrm{d}x}\left(\int_x^1 \frac{\cos t}{1+t^2}\mathrm{d}t\right)=-\frac{\mathrm{d}}{\mathrm{d}x}\left(\int_1^x \frac{\cos t}{1+t^2}\mathrm{d}t\right)=-\frac{\cos x}{1+x^2}.$$

例题 3　求 $\dfrac{\mathrm{d}}{\mathrm{d}x}\left(\displaystyle\int_0^{x^2} \dfrac{\cos t}{2+t}\mathrm{d}t\right)$.

牛顿—莱布尼兹
公式（例题 2）

解　由于上限是 x 的函数，所以可把 x^2 看作 u. 根据复合函数的求导法则，先对 u 求导，再对 x 求导，即

$$\frac{\mathrm{d}}{\mathrm{d}x}\left(\int_0^{x^2} \frac{\cos t}{2+t}\mathrm{d}t\right)=\frac{\cos x^2}{2+x^2}(x^2)'=\frac{2x\cos x^2}{2+x^2}.$$

由本例题得到如下的一般结论

$$\frac{\mathrm{d}}{\mathrm{d}x}\left(\int_a^{\varphi(x)} f(t)\mathrm{d}t\right)=f(\varphi(x))\varphi'(x).$$

三、微积分基本定理

定理 2（微积分的基本定理）　设 $f(x)$ 在 $[a,b]$ 上连续，$F(x)$ 是 $f(x)$ 在 $[a,b]$ 上的任一原函数，即 $F'(x)=f(x)$，则有

$$\int_a^b f(x)\mathrm{d}x=F(b)-F(a)\overset{\text{记作}}{=}F(x)\Big|_a^b.$$

微积分基本定理

这个公式称为牛顿—莱布尼茨公式，也称为微积分的基本公式.

牛顿—莱布尼茨公式揭示了定积分与不定积分之间的联系，把积分和微分这两个不同的概念联系了起来，从而把求定积分的问题化为求原函数的问题，给定积分的计算提供了有效而简便的方法，因此它是一个很重要的公式.

例题 4　求 $\displaystyle\int_0^1 x^3\,\mathrm{d}x$.

解　$\displaystyle\int_0^1 x^3\,\mathrm{d}x=\frac{1}{4}x^4\Big|_0^1=\frac{1}{4}\times 1^4-\frac{1}{4}\times 0^4=\frac{1}{4}$.

例题 5　求 $\displaystyle\int_0^3 \mathrm{e}^x\,\mathrm{d}x$.

解　$\displaystyle\int_0^3 \mathrm{e}^x\,\mathrm{d}x=\mathrm{e}^x\Big|_0^3=\mathrm{e}^3-\mathrm{e}^0=\mathrm{e}^3-1$.

例题 6　求 $\displaystyle\int_1^2 (x^2+2)\,\mathrm{d}x$.

解　$\displaystyle\int_1^2 (x^2+2)\,\mathrm{d}x=\left(\frac{1}{3}x^3+2x\right)\Big|_1^2=\left(\frac{8}{3}+4\right)-\left(\frac{1}{3}+2\right)=\frac{13}{3}$.

例题 7　求 $\displaystyle\int_0^1 \dfrac{1}{\sqrt{1-x^2}}\mathrm{d}x$.

解　$\int_0^1 \dfrac{1}{\sqrt{1-x^2}}\mathrm{d}x = \arcsin x\,\big|_0^1 = \arcsin 1 - \arcsin 0 = \dfrac{\pi}{2}.$

例题 8　求 $\int_{-3}^1 |x|\,\mathrm{d}x.$

牛顿—莱布尼兹
公式（例题 8）

解　先去掉被积函数的绝对值的符号，再由定积分对积分区间的可加性可得

$$\int_{-3}^1 |x|\,\mathrm{d}x = \int_{-3}^0 (-x)\,\mathrm{d}x + \int_0^1 x\,\mathrm{d}x = -\dfrac{x^2}{2}\bigg|_{-3}^0 + \dfrac{x^2}{2}\bigg|_0^1 = 5.$$

例题 9　计算由曲线 $y=\sin x$ 在 $x=0$，$x=\pi$ 之间及 x 轴所围成的图形的面积 A.

解　如图 4.23 所示，由定积分的几何意义知，面积为

$$A = \int_0^\pi \sin x\,\mathrm{d}x = -\cos x\,\big|_0^\pi = -\cos\pi - (-\cos 0) = 2.$$

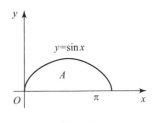

图 4.23

例题 10　已知自由落体运动为 $v(t)=gt$，求在时间 $[0,\ T]$ 上物体下落的位移 s.

解　物体下落的位移 s 可以动定积分表示：

$$s = \int_0^T gt\,\mathrm{d}t = \dfrac{1}{2}gt^2\bigg|_0^T = \dfrac{1}{2}gT^2.$$

习题 4 - 3

本节习题答案

1. 求下列导数：

(1) $\dfrac{\mathrm{d}}{\mathrm{d}x}\displaystyle\int_0^x \sqrt{1+t^2}\,\mathrm{d}t;$

(2) $\dfrac{\mathrm{d}}{\mathrm{d}x}\displaystyle\int_{\ln 2}^x t^5 e^{-t}\,\mathrm{d}t;$

(3) $\dfrac{\mathrm{d}}{\mathrm{d}x}\displaystyle\int_0^{\cos x} \cos(\pi t^2)\,\mathrm{d}t;$

(4) $\dfrac{\mathrm{d}}{\mathrm{d}x}\displaystyle\int_x^\pi \dfrac{\sin t}{t}\,\mathrm{d}t\ (x>0).$

2. 求下列极限：

(1) $\displaystyle\lim_{x\to 0}\dfrac{\displaystyle\int_0^x \sin t\,\mathrm{d}t}{x^2};$

(2) $\displaystyle\lim_{x\to +\infty}\dfrac{\displaystyle\int_a^x \left(1+\dfrac{1}{t}\right)^t \mathrm{d}t}{x}.$

3. 计算下列定积分：

(1) $\displaystyle\int_0^2 |1-x|\,\mathrm{d}x;$

(2) $\displaystyle\int_{-2}^1 x^2|x|\,\mathrm{d}x;$

(3) $\displaystyle\int_0^{2\pi} |\sin x|\,\mathrm{d}x;$

(4) $\displaystyle\int_1^4 \sqrt{x}\,\mathrm{d}x;$

(5) $\displaystyle\int_{-1}^2 |x^2-x|\,\mathrm{d}x;$

(6) $\displaystyle\int_0^3 \sqrt{(2-x)^2}\,\mathrm{d}x.$

4. 计算下列定积分：

(1) 若 $f(x)=\begin{cases} x^2, & 0\leqslant x\leqslant 1, \\ x, & -1\leqslant x<0, \end{cases}$ 求 $\displaystyle\int_{-1}^1 f(x)\,\mathrm{d}x.$

(2) 设 $f(x)=\begin{cases} x, & 0\leqslant x\leqslant\dfrac{\pi}{2}, \\ \sin x, & \dfrac{\pi}{2}\leqslant x\leqslant\pi, \end{cases}$ 求 $\displaystyle\int_0^\pi f(x)\mathrm{d}x.$

5. 计算下列定积分：

(1) $\displaystyle\int_0^1 x^{100}\mathrm{d}x;$

(2) $\displaystyle\int_1^4 \sqrt{x}\mathrm{d}x;$

(3) $\displaystyle\int_0^1 \mathrm{e}^x\mathrm{d}x;$

(4) $\displaystyle\int_0^1 100^x\mathrm{d}x;$

(5) $\displaystyle\int_0^{\frac{\pi}{2}} \sin x\mathrm{d}x;$

(6) $\displaystyle\int_1^2 \dfrac{2}{x}\mathrm{d}x.$

第四节　定积分的计算

学习内容：定积分的计算.

目的要求：熟练掌握定积分计算的基本方法，包括分项积分法、分段积分法、换元积分法以及分部积分法.

重点难点：定积分的分部积分法公式，定积分分部积分法的应用.

案例（环境污染）　某工厂排出大量废气，造成严重的空气污染，若第 t 年废气排放量为 $W(t)=\dfrac{20\ln(t+1)}{(t+1)^2}$，求该厂在 $t=0$ 到 $t=5$ 年间排出的总废气量.

定积分的计算是微积分学的重要内容，其应用十分广泛，是包括数学及其他学科的基础. 下面介绍常见的定积分计算方法，其中包括分项积分法、分段积分法、换元积分法以及分部积分法.

一、分项积分法

我们常把一个复杂的函数分解成几个简单的函数之和：$f(x)=k_1 g_1(x)+k_2 g_2(x)$，若右端的积分会求，则应用法则 $\displaystyle\int_a^b f(x)\mathrm{d}x=k_1\int_a^b g_1(x)\mathrm{d}x+k_2\int_a^b g_2(x)\mathrm{d}x$，其中 k_1，k_2 是不全为零的任意常数，就可求出积分 $\displaystyle\int_a^b f(x)\mathrm{d}x$，这就是分项积分法.

例题 1　计算定积分 $\displaystyle\int_1^2 \dfrac{1}{x^4(1+x^2)}\mathrm{d}x.$

解　$\displaystyle\int_1^2 \dfrac{1}{x^4(1+x^2)}\mathrm{d}x=\int_1^2 \dfrac{(1+x^2)-x^2}{x^4(1+x^2)}\mathrm{d}x=\int_1^2 \dfrac{1}{x^4}\mathrm{d}x-\int_1^2 \dfrac{(1+x^2)-x^2}{x^2(1+x^2)}\mathrm{d}x$

$\displaystyle\qquad\qquad =\int_1^2 \dfrac{1}{x^4}\mathrm{d}x-\int_1^2 \dfrac{1}{x^2}\mathrm{d}x+\int_1^2 \dfrac{1}{1+x^2}\mathrm{d}x=-\dfrac{1}{3x^3}\Big|_1^2+\dfrac{1}{x}\Big|_1^2+\arctan x\Big|_1^2$

$\displaystyle\qquad\qquad =-\dfrac{5}{24}+\arctan 2-\dfrac{\pi}{4}.$

二、分段积分法

分段函数的定积分要分段进行计算，重要的是要搞清楚积分限与分段函数的分界点之间的位置关系，以便对定积分进行正确的分段.

被积函数中含有绝对值时，也可以看成分段函数，这是因为正数与负数的绝对值是以不同的方式定义的，0 就是其分界点.

例题 2 计算定积分 $\int_{-1}^{3} |2-x| \, dx$.

解 原式 $= \int_{-1}^{2} |2-x| \, dx + \int_{2}^{3} |2-x| \, dx = \int_{-1}^{2} (2-x) \, dx + \int_{2}^{3} (x-2) \, dx$

$$= \left(2x - \frac{1}{2}x^2\right) \Big|_{-1}^{2} + \left(\frac{1}{2}x^2 - 2x\right) \Big|_{2}^{3} = \frac{9}{2} + \frac{1}{2} = 5.$$

例题 3 计算定积分 $\int_{0}^{2} f(x-1) \, dx$，其中 $f(x) = \begin{cases} x, & x \geqslant 0, \\ x^2, & x < 0. \end{cases}$

解 由于函数 $f(x)$ 的分界点为 0，所以，令 $t = x-1$ 后，有积分上限为 $2-1=1$，积分下限变为 $0-1=-1$，被积函数的形式与所选的字母无关，则

$$\int_{0}^{2} f(x-1) \, dx = \int_{-1}^{1} f(t) \, dt = \int_{-1}^{1} f(x) \, dx = \int_{-1}^{0} x^2 \, dx + \int_{0}^{1} x \, dx$$

$$= \frac{1}{3}x^3 \Big|_{-1}^{0} + \frac{1}{2}x^2 \Big|_{0}^{1} = \left[0 - \left(-\frac{1}{3}\right)\right] + \left(\frac{1}{2} - 0\right) = \frac{5}{6}.$$

三、换元积分法

定理 设 $f(x)$ 在 $[a, b]$ 上连续，作代换 $x = \varphi(t)$，其中 $\varphi(t)$ 在闭区间 $[\alpha, \beta]$ 上有连续导数 $\varphi'(t)$，若 $\alpha \leqslant t \leqslant \beta$，$a \leqslant \varphi(t) \leqslant b$，且 $\varphi(\alpha) = a$，$\varphi(\beta) = b$，则

$$\int_{a}^{b} f(x) \, dx = \int_{\alpha}^{\beta} f[\varphi(t)] \varphi'(t) \, dt.$$

例题 4 计算定积分 $\int_{0}^{3} \frac{x}{\sqrt{1+x}} \, dx$.

定积分的换元积分法

定积分的计算（例题 4）

解 设 $\sqrt{1+x} = t$，则 $x = t^2 - 1$，$dx = 2t \, dt$. 当 $x = 0$ 时，$t = 1$；当 $x = 3$ 时，$t = 2$.
根据上面定理得 $\int_{0}^{3} \frac{x}{\sqrt{1+x}} \, dx = \int_{1}^{2} \frac{t^2-1}{t} 2t \, dt = 2 \int_{1}^{2} (t^2-1) \, dt = 2\left(\frac{1}{3}t^2 - t\right) \Big|_{1}^{2} = \frac{8}{3}.$

例题 5 计算定积分 $\int_{0}^{\frac{\pi}{2}} \cos^3 x \sin x \, dx$.

解法一：设 $t=\cos x$，则 $\mathrm{d}t=-\sin x\mathrm{d}x$，当 $x=0$ 时，$t=1$；当 $x=\frac{\pi}{2}$ 时，$t=0$. 即

$$\int_0^{\frac{\pi}{2}}\cos^3 x\sin x\mathrm{d}x=\int_1^0 t^3(-\mathrm{d}t)=\int_0^1 t^3\mathrm{d}t=\frac{1}{4}t^4\Big|_0^1=\frac{1}{4};$$

解法二：$\int_0^{\frac{\pi}{2}}\cos^3 x\sin x\mathrm{d}x=-\int_0^{\frac{\pi}{2}}\cos^3 x\mathrm{d}\cos x=-\frac{1}{4}\cos^4 x\Big|_0^{\frac{\pi}{2}}=\frac{1}{4}.$

说明 （1）用 $x=\varphi(t)$ 把变量 x 换成新变量 t 时，积分限也相应地改变.

（2）求出 $f[\varphi(t)]\varphi'(t)$ 的一个原函数 $\Phi(t)$ 后，不必像计算不定积分那样再把 $\Phi(t)$ 变换成原变量 x 的函数，而只要把新变量 t 的上、下限分别代入 $\Phi(t)$ 然后相减就行了.

（3）用凑微分法解定积分时可以不换元（如例题 5 解法 2），当然也就不存在换上、下限的问题了.

四、分部积分法

设函数 $u=u(x)$ 和 $v=v(x)$ 具有连续的导数，则由不定积分的分部积分公式得：

$$\int_a^b uv'\mathrm{d}x=(uv)\Big|_a^b-\int_a^b u'v\mathrm{d}x,$$

或

$$\int_a^b u\mathrm{d}v=(uv)\Big|_a^b-\int_a^b v\mathrm{d}u.$$

此公式称为**定积分的分部积分法公式**.

利用分部积分法主要是把所求积分中的被积表达式适当地分成 u 和 $\mathrm{d}v$ 两部分，所以这种积分法的关键是正确地选择 u、$\mathrm{d}v$. 一般地，u、$\mathrm{d}v$ 的选取原则如下：

（1）由 $\mathrm{d}v$ 易求 v；

（2）$\int v\mathrm{d}u$ 比 $\int u\mathrm{d}v$ 易求.

例题 6 求 $\int_0^1 x\sin x\mathrm{d}x$.

解 设 $u=x$，$\mathrm{d}v=\sin x\mathrm{d}x=-\mathrm{d}(\cos x)$，则 $v=-\cos x$.

由分部积分法公式得

$$\int_0^1 x\sin x\mathrm{d}x=-x\cos x\Big|_0^1+\int_0^1\cos x\mathrm{d}x=-x\cos x\Big|_0^1+\sin x\Big|_0^1$$
$$=(-x\cos x+\sin x)\Big|_0^1=\sin 1-\cos 1.$$

定积分的计算
（例题 6）

例题 7 求 $\int_0^{\frac{\pi}{4}} x\cos x\mathrm{d}x$.

解

$$\int_0^{\frac{\pi}{4}} x\cos x\mathrm{d}x=\int_0^{\frac{\pi}{4}} x\mathrm{d}(\sin x)=(x\sin x)\Big|_0^{\frac{\pi}{4}}-\int_0^{\frac{\pi}{4}}\sin x\mathrm{d}x=\left(\frac{\pi}{4}\times\frac{\sqrt{2}}{2}\right)-(-\cos x)\Big|_0^{\frac{\pi}{4}}$$
$$=\frac{\pi\sqrt{2}}{8}+\frac{\sqrt{2}}{2}-1.$$

例题 8   求 $\int_0^1 x\mathrm{e}^x \mathrm{d}x$.

解 $\int_0^1 x\mathrm{e}^x \mathrm{d}x = \int_0^1 x\mathrm{d}\mathrm{e}^x = (x\mathrm{e}^x)\Big|_0^1 - \int_0^1 \mathrm{e}^x \mathrm{d}x = \mathrm{e} - \mathrm{e}^x\Big|_0^1 = \mathrm{e} - \mathrm{e} + 1 = 1$.

例题 9   求 $\int_1^\mathrm{e} x\ln x\mathrm{d}x$.

解   设 $u = \ln x$，$\mathrm{d}v = x\mathrm{d}x = \dfrac{1}{2}\mathrm{d}(x^2)$，所以 $v = \dfrac{1}{2}x^2$，由分部积分法公式得

定积分的计算
（例题 9）

$$\text{原式} = \left(\frac{1}{2}x^2\ln x\right)\Big|_1^\mathrm{e} - \frac{1}{2}\int_1^\mathrm{e} x^2\mathrm{d}(\ln x) = \left(\frac{1}{2}x^2\ln x\right)\Big|_1^\mathrm{e} - \frac{1}{2}\int_1^\mathrm{e} x\mathrm{d}x$$

$$= \frac{1}{2}\mathrm{e}^2 - \left(\frac{1}{4}x^2\right)\Big|_1^\mathrm{e} = \frac{1}{4}\mathrm{e}^2 + \frac{1}{4}.$$

熟练后 u、v 就不必假设出来，只要默默记在心里即可.

例题 10   求 $\int_0^{\frac{\pi}{2}} \mathrm{e}^x \sin x\mathrm{d}x$.

解   因为 $\displaystyle\int \mathrm{e}^x \sin x\mathrm{d}x = \int \mathrm{e}^x \mathrm{d}(-\cos x) = -\mathrm{e}^x\cos x + \int \cos x\mathrm{e}^x \mathrm{d}x$

$$= -\mathrm{e}^x\cos x + \int \mathrm{e}^x \mathrm{d}\sin x = -\mathrm{e}^x\cos x + \mathrm{e}^x \sin x - \int \mathrm{e}^x \sin x\ \mathrm{d}x,$$

所以

$$\int \mathrm{e}^x \sin x\mathrm{d}x = \frac{1}{2}\mathrm{e}^x(\sin x - \cos x) + C.$$

即

$$\int_0^{\frac{\pi}{2}} \mathrm{e}^x \sin x\mathrm{d}x = \frac{1}{2}\mathrm{e}^x(\sin x - \cos x)\Big|_0^{\frac{\pi}{2}} = \frac{1}{2}\mathrm{e}^{\frac{\pi}{2}} + \frac{1}{2}.$$

一般地，当被积函数具有下列形式时，可用分部积分法：

（1）幂函数与指数函数（或三角函数）之积，形如 $x^n\mathrm{e}^{kx}$、$x^n\sin kx$、$x^n\cos kx$（其中 n 为正整数、$k \neq 0$），应选 x^n 为 u，其余部分为 $\mathrm{d}v$；

（2）幂函数与对数函数（或反三角函数）之积，形如 $x^n\ln x$、$x^n\arccos x$、$x^n\arctan x$（其中 n 为正整数），应选 $\ln x$、$\arcsin x$、$\arccos x$、$\arctan x$ 为 u，其余部分为 $\mathrm{d}v$；

（3）三角函数与指数函数之积，形如 $\mathrm{e}^{ax}\sin bx$、$\mathrm{e}^{ax}\cos bx$（其中 a、b 为实数），可以任意地选择 u、$\mathrm{d}v$，但要连续两次用分部积分法，出现"循环"后移项解方程.

定积分与不定积分有密切联系（牛顿—莱布尼茨定理揭示了其联系），其计算的基本步骤和思路与不定积分有很多相似的地方，比如恒等变形、一些常用的凑微分、换元和分部积分的典型类型和原则. 但与不定积分有很多不同的地方，比如定积分的结果与积分表达式中所用的符号（积分变量）无关而不定积分的结果必须是一簇以原积分变量为自变量的函数；定积分在换元时除了要换积分表达式外，还要换积分上、下限.

习题 4 – 4

本节习题答案

1. 计算下列积分：

$(1)\displaystyle\int_{\frac{\pi}{3}}^{\pi}\sin\left(x+\frac{\pi}{3}\right)\mathrm{d}x;$

$(2)\displaystyle\int_{-2}^{1}\frac{\mathrm{d}x}{(11+5x)^{3}};$

$(3)\displaystyle\int_{-1}^{1}\frac{1}{\sqrt{5-4x}}\mathrm{d}x;$

$(4)\displaystyle\int_{0}^{\frac{\pi}{2}}\sin\varphi\cos^{3}\varphi\mathrm{d}\varphi;$

$(5)\displaystyle\int_{\frac{\pi}{6}}^{\frac{\pi}{2}}\cos^{2}u\mathrm{d}u;$

$(6)\displaystyle\int_{1}^{\mathrm{e}^{2}}\frac{\mathrm{d}x}{x\sqrt{1+\ln x}};$

$(7)\displaystyle\int_{1}^{\sqrt{3}}\frac{\mathrm{d}x}{x^{2}\sqrt{1+x^{2}}};$

$(8)\displaystyle\int_{0}^{\sqrt{2}}\sqrt{2-x^{2}}\mathrm{d}x;$

$(9)\displaystyle\int_{\ln 2}^{\ln 3}\frac{\mathrm{d}x}{\mathrm{e}^{x}-\mathrm{e}^{-x}};$

$(10)\displaystyle\int_{2}^{3}\frac{\mathrm{d}x}{x^{2}+x-2}.$

2. 计算下列定积分：

$(1)\displaystyle\int_{0}^{1}x\mathrm{e}^{-x}\mathrm{d}x;$

$(2)\displaystyle\int_{1}^{\mathrm{e}}x\ln x\mathrm{d}x;$

$(3)\displaystyle\int_{1}^{4}\frac{\ln x}{\sqrt{x}}\mathrm{d}x;$

$(4)\displaystyle\int_{\frac{\pi}{4}}^{\frac{\pi}{3}}\frac{x}{\sin^{2}x}\mathrm{d}x;$

$(5)\displaystyle\int_{0}^{\frac{\pi}{2}}\mathrm{e}^{2x}\cos x\mathrm{d}x;$

$(6)\displaystyle\int_{1}^{2}x\log_{2}x\mathrm{d}x;$

$(7)\displaystyle\int_{0}^{\pi}(x\sin x)^{2}\mathrm{d}x;$

$(8)\displaystyle\int_{1}^{\mathrm{e}}\sin(\ln x)\mathrm{d}x.$

第五节　定积分的应用

学习内容：定积分的应用.

目的要求：掌握微元法的概念及使用；熟练掌握利用定积分求平面图形的面积和旋转体的体积；了解定积分在物理及经济上的应用.

重点难点：微元法的概念及使用，利用定积分求平面图形的面积和旋转体的体积.

案例（游泳池的表面面积）

一个工程师正用 CAD 设计一游泳池，游泳池的表面是由曲线 $y=\dfrac{800x}{(x^{2}+10)^{2}}$，$y=0.5x^{2}-4x$ 以及 $x=8$ 围成的图形，如图 4.24 所示，求此游泳池的表面面积.

一、定积分的微元法

在定积分的定义中采用了"分割、取近似、求和、取极限"的方法，求得了一个整体量. 在这四个步骤中，关键是"局部取近似". 事实上，许多几何和物理量都可以使用此方法. 为了方便，把计算在区间

定积分的微元法

$[a，b]$ 上的某个量 A 的定积分的方法简化为**微元法**.

（1）**求微分**：找出量 A 在任一具有代表性的区间 $[x，x+dx]$ 上部分量 ΔA 的近似值 dA，即 $dA=f(x)dx$（微元）；

（2）**求积分**：整体量 A 就是 dA 在区间 $[a，b]$ 上的定积分，即 $A=\int_a^b f(x)dx$.

以求曲边梯形面积 S 问题为例，如图 4.25 所示，用微元法对其进行简写：

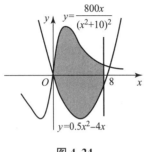

图 4.24

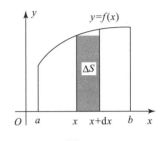

图 4.25

任取微段 $[x，x+dx]$，曲边梯形在此微段部分的面积微元 $ds=f(x)dx$，所以

$$s=\int_a^b f(x)dx.$$

二、求平面图形的面积

一般地，由两条连续曲线 $y=g(x)$，$y=f(x)$ 及两条直线 $x=a$，$x=b(a<b)$ 所围的平面图形（见图 4.26）（假定 $g(x)\leqslant f(x)$）的面积，按如下方法求得：

$$A=\int_a^b [f(x)-g(x)]dx.$$

当不能确定 $y=g(x)$ 与 $y=f(x)$ 谁在上面时，则以 $y=g(x)$，$y=f(x)$ 为边界与直线 $x=a$，$x=b(a<b)$ 所围图形的面积应记为

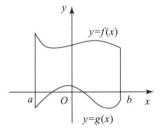

图 4.26

$$A=\int_a^b |f(x)-g(x)|dx=\int_a^b (上-下)dx.$$

类似地，由连续曲线 $x=\varphi(y)\geqslant 0$，y 轴与直线 $y=c$，$y=d(c<d)$ 所围成的曲边梯形面积为（见图 4.27）

$$A=\int_c^d \varphi(y)dy.$$

一般地，由连续曲线 $x=\varphi(y)$，$x=\phi(y)$ 及两条直线 $y=c$，$y=d(c<d)$ 所围成的平面图形的面积为（见图 4.28）

$$A=\int_c^d |\varphi(y)-\phi(y)|dy=\int_c^d (右-左)dy.$$

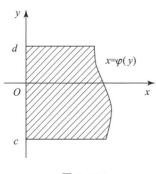

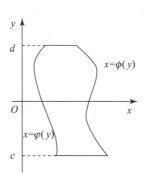

图 4.27　　　　　　　　　　　　　　　　图 4.28

例题 1　求曲线 $y=x^2$、直线 $x=1$ 和 x 轴所围成图形的面积.

解　如图 4.29 所示，取 x 为积分变量，积分区间为 $[0，1]$，则

$$A=\int_0^1 x^2\mathrm{d}x=\frac{1}{3}.$$

例题 2　求曲线 $y=x^2$、$x=y^2$ 所围成图形的面积.

解　如图 4.30 所示，过交点作 x 轴的垂线，则所求面积成为两个曲边三角形面积之差，即取 x 为积分变量，积分区间为 $[0，1]$，所以

$$A=\int_0^1 (\sqrt{x}-x^2)\mathrm{d}x=\frac{1}{6}.$$

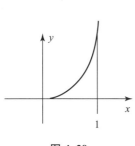

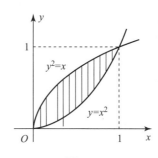

图 4.29　　　　　　　　　　　　　　　　图 4.30

例题 3　求由曲线 $y^2=2x$ 与 $y=4-x$ 所围图形的面积.

解　画草图如图 4.31 所示.

确定积分变量为 y，解方程组 $\begin{cases} y^2=2x \\ y=4-x \end{cases}$ 得交点 $(2，2)$，$(8，-4)$，于是得积分区间为 $[-4，2]$.

定积分的应用（例题 3）

所以所求图形面积为

$$A=\int_{-4}^2 \left(4-y-\frac{y^2}{2}\right)\mathrm{d}y=\left(4y-\frac{1}{2}y^2-\frac{1}{6}y^3\right)\Big|_{-4}^2=18.$$

例题 4　求由 $y=x$，$y=2x$，$x+y=6$ 所围图形的面积.

解　如图 4.32 所示，解方程组

$$\begin{cases} y=2x \\ x+y=6 \end{cases} \text{和} \begin{cases} y=x \\ x+y=6 \end{cases}$$

得交点（2，4）和（3，3）．

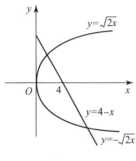

图 4.31

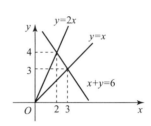

图 4.32

积分变量为 x，则积分区间分别为 $[0,2]$，$[2,3]$，所求图形的面积为

$$A=\int_0^2 (2x-x)\mathrm{d}x+\int_2^3 (6-x-x)\mathrm{d}x=\left(\frac{1}{2}x^2\right)\Big|_0^2+(6x-x^2)\Big|_2^3=3.$$

该题也可以取 y 为积分变量，此时积分区间为 $[0,3]$，$[3,4]$，所求图形的面积为

$$A=\int_0^3 \left(y-\frac{y}{2}\right)\mathrm{d}y+\int_3^4 \left(6-y-\frac{y}{2}\right)\mathrm{d}y=\frac{y^2}{4}\Big|_0^3+\left(6y-\frac{3y^2}{4}\right)\Big|_3^4=3.$$

说明：用定积分求几何图形的面积，既可选取 x 为积分变量，也可选取 y 为积分变量．但积分变量的选取，决定了图形用不用分块，即表示面积的定积分是用一个表达式还是用几个表达式．一般情况下，选取积分变量的原则是，尽量使图形不分块（用一个定积分表示）和少分块（必须分块时）．

归纳出解题步骤：

（1）画草图；

（2）由图选取积分变量，求出积分区间；

（3）写出面积公式：

①选 x 为积分变量，确定 x 的范围 $[a,b]$，$S=\int_a^b (\text{上}-\text{下})\mathrm{d}x$；

②选 y 为积分变量，确定 y 的范围 $[c,d]$，$S=\int_c^d (\text{右}-\text{左})\mathrm{d}y$．

三、求旋转体的体积

（1）旋转体的**定义**：一平面图形绕平面内一定直线旋转一周所成的立体．

如：圆柱体、圆锥体、球体等都是旋转体．

（2）旋转体体积的**计算**：（用微元法或公式法求解）

现求曲线 $y=f(x)$、直线 $x=a$，$x=b$ 及 x 轴所围成的曲边梯形绕 x 轴旋转所成旋转体的体积，如图 4.33 所示．

求旋转体的体积

由微元法知，取 x 为积分变量，在区间 $[a, b]$ 上取任一小区间 $[x, x+\mathrm{d}x]$，此时，旋转体的体积微元 $\mathrm{d}V = \pi f^2(x)\mathrm{d}x$. 所以旋转体的体积为：$V_x = \int_a^b \pi f^2(x)\mathrm{d}x$.

同理得曲线 $x=g(y)$、直线 $y=c$，$y=d$ 及 y 轴所围成的曲边梯形绕 y 轴旋转所成旋转体的体积为 $V_y = \int_c^d \pi g^2(y)\mathrm{d}y$，如图 4.34 所示.

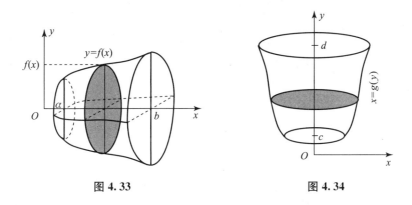

图 4.33　　　　　　　　　　图 4.34

例题 5　求直线 $y=x$，$x=1$，$y=0$ 所围成图形绕 x 轴旋转所得立体的体积.

解　如图 4.35 所示，取 x 为积分变量，积分区间为 $[0, 1]$，则

$$V_x = \int_0^1 \pi x^2 \mathrm{d}x = \frac{1}{3}\pi.$$

例题 6　求曲线 $y=\sin x(0 \leqslant x \leqslant \pi)$，绕 x 轴旋转一周所得的旋转体体积 V_x，如图 4.36 所示.

解　$V_x = \pi \int_a^b [f(x)]^2 \mathrm{d}x = \pi \int_0^\pi (\sin x)^2 \mathrm{d}x$

$$= \frac{\pi}{2} \int_0^\pi (1-\cos 2x)\mathrm{d}x = \frac{\pi}{2}\left(x - \frac{\sin 2x}{2}\right)\Big|_0^\pi = \frac{\pi^2}{2}.$$

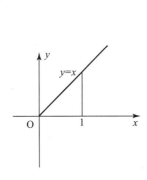

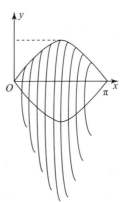

图 4.35　　　　　　　　　　图 4.36

四、定积分在物理和经济上的应用

由物理学知道，物体在常力 F 的作用下，沿力的方向做直线运动．当物体发生了位移 S 时，力 F 对物体所做的功是 $W=FS$．但在实际问题中，物体在发生位移的过程中所受到的力常常是变化的，这就需要考虑变力做功的问题．由于所求的功是一个整体量，且对于区间具有可加性，所以可以用微元法来求这个量．

设物体在变力 $F=f(x)$ 的作用下，沿 x 轴由点 a 移动到点 b，如图4.37所示，且变力方向与 x 轴方向一致．取 x 为积分变量，$x\in[a,b]$．在区间 $[a,b]$ 上任取一小区间 $[x,x+\mathrm{d}x]$，该区间上各点处的力可以用点 x 处的力 $F(x)$ 近似代替．

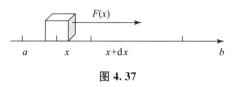

图 4.37

因此，功的微元为 $\mathrm{d}W=F(x)\mathrm{d}x$．从 a 到 b 这一段位移上变力 $F(x)$ 所做的功为 $W=\int_a^b F(x)\mathrm{d}x$．

例题 7　弹簧在拉伸过程中，所需要的力与弹簧的伸长量成正比，即 $F=kx$，（k 为比例系数）．已知弹簧拉长 0.01 m 时，需要的力为 10 N，计算要使弹簧伸长 0.05 m，外力所做的功．

解　由题设知，$x=0.01$ m 时，$F=10$ N．代入 $F=kx$，得 $k=1\,000$ N/m．从而变力为 $F=1\,000x$，由上述公式所求的功为

$$W=\int_0^{0.05} 1\,000x\mathrm{d}x=500x^2\Big|_0^{0.05}=1.25 \text{ J.}$$

例题 8　修建一道梯形闸门，它的两条底边各长 6 m 和 4 m，高为 6 m，较长的底边与水面平齐，计算闸门一侧所受水的压力．

解　由题设知．建立如图4.38所示的坐标系，AB 的方程为

$$y=-\frac{1}{6}x+3.$$

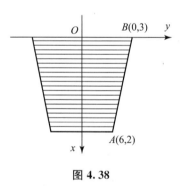

图 4.38

取 x 为积分变量，$x\in[0,6]$，压力微元为

$$\mathrm{d}F=2\rho gxy\mathrm{d}x=2\times9.8\times10^3 x\left(-\frac{1}{6}x+3\right)\mathrm{d}x,$$

从而所求的压力为

$$F=\int_0^6 9.8\times10^3\left(-\frac{1}{3}x^2+6x\right)\mathrm{d}x=9.8\times10^3\left[-\frac{1}{9}x^3+3x^2\right]_0^6\approx8.23\times10^5 \text{ (N).}$$

说明　定积分在物理学中有着广泛的应用，不仅应用于上面介绍的这两种情况，还要在其他方面灵活应用，比如引力、平均功率等方面．

例题 9　生产某产品的边际成本为 $C'(x)=150-0.2x$，当产量由 200 增加到 300 时，需增加成本多少？

解　需增加成本为

$$C = \int_{200}^{300} C'(x)\mathrm{d}x = \int_{200}^{300} (150 - 0.2x)\mathrm{d}x$$

$$= [150x - 0.1x^2]_{200}^{300} = 10\ 000.$$

例题 10 在某地区当消费者个人收入为 x 元时，消费支出 $W(x)$ 的变化率 $W'(x) = \dfrac{15}{\sqrt{x}}$，当个人收入由 900 元增加到 1 600 元时，消费支出增加多少?

解 消费支出增加

$$W = \int_{900}^{1\ 600} W'(x)\mathrm{d}x = \int_{900}^{1\ 600} \frac{15}{\sqrt{x}}\mathrm{d}x = [30\sqrt{x}]_{900}^{1\ 600} = 300\ (\text{元}).$$

例题 11 已知某产品总产量的变化率是时间 t（单位：年）的函数 $f(t) = 2t + 5(t \geqslant 0)$，求第一个五年和第二个五年的总产量各为多少.

解 $Q_1 = \int_0^5 (2t + 5)\mathrm{d}t = 50, Q_2 = \int_5^{10} (2t + 5)\mathrm{d}t = 100.$

习题 4 - 5

本节习题答案

1. 求由下列曲线所围的图形的面积：

(1) $y = \dfrac{1}{x}$ 及直线 $y = x$，$x = 2$ 所围图形的面积；

(2) $y = \dfrac{x^2}{2}$ 分割 $x^2 + y^2 \leqslant 8$ 成两部分图形的各自面积；

(3) $y = \mathrm{e}^x$，$y = \mathrm{e}^{-x}$ 与直线 $x = 1$ 所围图形的面积；

(4) $y = \ln x$，y 轴与直线 $y = \ln a$，$y = \ln b (b > a > 0)$ 所围图形的面积.

2. 求下列旋转体的体积：

(1) 由曲线 $y = x^2$ 和 $x = y^2$ 所围成的图形绕 y 轴旋转后所得旋转体体积；

定积分的应用
（习题 2）

(2) 由 $y = x^3$，$x = 2$，$y = 0$ 所围成的图形，绕 x 轴及 y 轴旋转所得的两个不同的旋转体的体积.

3. 在 x 轴上做直线运动的质点，在任意点 x 处所受的力为 $F(x) = 1 - \mathrm{e}^{-x}$，试求质点从 $x = 0$ 运动到 $x = 1$ 处所做的功.

第六节 定积分及其应用测试题

1. 判断题：

(1) 定积分的几何意义是相应各曲边梯形的面积之和. （　　）

(2) $\displaystyle\int_{-\pi}^{\pi} x^2 \sin 2x \mathrm{d}x = 2\int_0^{\pi} x^2 \sin 2x \mathrm{d}x.$ （　　）

(3) 定积分的值是一个确定的常数. （　　）

(4) 若 $f(x)$ 在 $[a, b]$ 上可积，则 $f(x)$ 在 $[a, b]$ 上有界. （　　）

(5) $\int_{-1}^{1} \dfrac{1}{x^2} \mathrm{d}x = -\dfrac{1}{x}\bigg|_{-1}^{1} = -2$　　　　　　　　（　　）

(6) $\int_{0}^{2\pi} \sqrt{1+\cos 2x}\,\mathrm{d}x = \sqrt{2}\int_{0}^{2\pi} \cos x\,\mathrm{d}x = 0.$　　　（　　）

(7) $\int_{-2}^{-1} \dfrac{1}{x} \mathrm{d}x = \ln x \big|_{-2}^{-1} = \ln(-2) - \ln(-1).$　　　（　　）

(8) 若被积函数是连续的奇函数，积分区间关于原点对称，则定积分值必为零. （　　）

2. 填空题：

(1) 比较下列定积分的大小（填写不等号）：

① $\int_{1}^{2} \ln x\,\mathrm{d}x$ ＿＿＿＿＿ $\int_{1}^{2} (\ln x)^2\,\mathrm{d}x$；② $\int_{0}^{1} x\,\mathrm{d}x$ ＿＿＿＿＿ $\int_{0}^{1} \ln(1+x)\,\mathrm{d}x$.

(2) 利用定积分的几何意义，填写下列积分值.

① $\int_{0}^{2} x\,\mathrm{d}x = $＿＿＿＿＿；② $\int_{-a}^{a} \sqrt{a^2-x^2}\,\mathrm{d}x = $＿＿＿＿＿.

(3) $\dfrac{\mathrm{d}}{\mathrm{d}x} \int_{a}^{b} \mathrm{e}^{at} \sin bt\,\mathrm{d}t = $＿＿＿＿＿.

(4) 由曲线 $y = x^2 + 1$ 与直线 $x = 1$，$x = 2$ 及 x 轴所围成的曲边梯形的面积用定积分表示为＿＿＿＿＿.

(5) 定积分的值只与＿＿＿＿＿及＿＿＿＿＿有关，而与积分变量的符号无关.

(6) 设 $f(x)$ 为连续函数，则 $\int_{-a}^{a} x^2 [f(x) - f(-x)]\,\mathrm{d}x = $＿＿＿＿＿.

3. 选择题：

(1) 下列等式中正确的是（　　）.

A. $\dfrac{\mathrm{d}}{\mathrm{d}x} \int_{a}^{b} f(x)\,\mathrm{d}x = f(x)$　　　　　　B. $\dfrac{\mathrm{d}}{\mathrm{d}x} \int f(x)\,\mathrm{d}x = f(x)$

C. $\dfrac{\mathrm{d}}{\mathrm{d}x} \int_{a}^{x} f(x)\,\mathrm{d}x = f(x) - f(a)$　　　D. $\int f'(x)\,\mathrm{d}x = f(x)$

(2) 下列说法中正确的是（　　）.

A. $f(x)$ 在 $[a,b]$ 上有界，则 $f(x)$ 在 $[a,b]$ 上可积

B. $f(x)$ 在 $[a,b]$ 上连续，则 $f(x)$ 在 $[a,b]$ 上可积

C. $f(x)$ 在 $[a,b]$ 上可积，则 $f(x)$ 在 $[a,b]$ 上连续

D. 以上说法都不正确

(3) 设 $f(x) = \begin{cases} 2, & x \leqslant 1, \\ 2x, & x > 1, \end{cases}$ 则 $\Phi(x) = \int_{0}^{x} f(t)\,\mathrm{d}t$ 在上的表达式为（　　）.

A. $\Phi(x) = \begin{cases} 2x, & 0 \leqslant x \leqslant 1 \\ x^2 + 1, & 1 < x \leqslant 2 \end{cases}$　　　　　B. $\Phi(x) = \begin{cases} 2x, & 0 \leqslant x \leqslant 1 \\ x^2, & 1 < x \leqslant 2 \end{cases}$

C. $2x$　　　　　　　　　　　　　D. x^2

(4) 设连续函数 $f(x)$ 满足：$f(x) = x + x^2 \int_{0}^{1} f(x)\,\mathrm{d}x$，则 $f(x) = ($　　$)$.

A. $\dfrac{3}{4}x + x^2$　　　B. $x + \dfrac{3}{4}x^2$　　　C. $\dfrac{3}{2}x + x^2$　　　D. $x + \dfrac{3}{2}x^2$

（5）设 $f(u)$ 连续，且 $\int_0^2 x f(x)\mathrm{d}x \neq 0$，若 $k\int_0^1 x f(2x)\mathrm{d}x = \int_0^2 x f(x)\mathrm{d}x$，则 $k=$（　）.

A. $\dfrac{1}{4}$ 　　　　　B. 1 　　　　　C. 2 　　　　　D. 4

4. 求下列积分：

（1）$\displaystyle\int_{-1}^1 \frac{\tan x}{\sin^2 x + 1}\mathrm{d}x$；

（2）$\displaystyle\int_0^1 \sqrt{2x - x^2}\,\mathrm{d}x$；

（3）$\displaystyle\int_0^2 x^2 \sqrt{4 - x^2}\,\mathrm{d}x$；

（4）$\displaystyle\int_0^{\ln 2} \sqrt{\mathrm{e}^x - 1}\,\mathrm{d}x$；

（5）$\displaystyle\int_0^1 \frac{x^2}{(1 + x^2)^2}\mathrm{d}x$；

（6）$\displaystyle\int_1^2 \frac{\sqrt{x^2 - 1}}{x}\mathrm{d}x$；

（7）$\displaystyle\int_0^1 x^2 \mathrm{e}^{-x}\mathrm{d}x$；

（8）$\displaystyle\int_1^{\mathrm{e}} (\ln x)^2 \mathrm{d}x$；

（9）$\displaystyle\int_0^{\frac{\pi}{4}} \frac{x}{1 + \cos 2x}\mathrm{d}x$；

（10）$\displaystyle\int_0^{\frac{\pi}{2}} \mathrm{e}^{-x} \cos x\,\mathrm{d}x$；

（11）$\displaystyle\int_0^{\frac{\pi}{2}} \frac{x + \sin x}{1 + \cos x}\mathrm{d}x$；

（12）$\displaystyle\int_0^{\frac{\pi}{4}} \ln(1 + \tan x)\mathrm{d}x$.

5. 解答题：

（1）设 $f(x)$ 在 $[a, b]$ 上连续，且 $\int_a^b f(x)\mathrm{d}x = 1$，求 $\int_a^b f(a + b - x)\mathrm{d}x$；

（2）求 $y = x^2 - 2$，$y = 2x + 1$ 围成的面积；

（3）计算 $y = \mathrm{e}^{-x}$ 与直线 $y = 0$ 之间位于第一象限内的平面图形绕 x 轴旋转一周所得的旋转体的体积.

【数学文化之积分结果的本质】

第一天

小明在课堂上学习了定积分. 老师告诉他，定积分的几何意义是曲边梯形的面积，如图 4.39 所示.

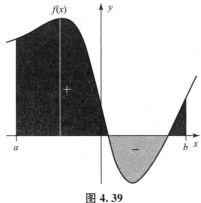

图 4.39

小明很失望：定积分就只能算个面积吗？而且还只是这种特殊的形状．他把这个疑问告诉了他的好朋友数模君．数模君笑着说：“明天旅行的时候跟你讲吧！”带着这个问题和对旅行的憧憬，小明进入了梦乡．

第二天

小明兴高采烈地和几个哥们坐上了大巴车，几个小时之后，他们到达了目的地．这时数模君问小明：“你知道我们的汽车行驶了多远吗？”

“知道啊，我记得西安到青海是××公里……”“不对！那是直线距离．我问你怎么计算汽车行驶的路程．”“……不知道．”

“哈哈，当然是定积分了．”数模君得意地说，“不妨设我们是 A 时刻出发，B 时刻到达，A 到 B 之间汽车每一时刻的速度记为一个函数，这个函数在 A 到 B 上的定积分就是路程啊！”

“原来定积分还可以算路程！”小明惊讶地说．

下了车，小明拉着旅行箱跟着大部队往宾馆走去，这时数模君又说话了：“你知道你拉箱子做了多少功吗？”

“看我晚饭吃多少呗．晚饭吃得多，说明我做的功多．”小明疲惫地说．“你这孩子！”数模君气乐了．“你在每个位置拉箱子都有一个力，这个力和底面还有一个夹角．我们假设车站到宾馆近似为直线，车站的位置为 a，宾馆的位置为 b，那么你做的功就是在 a 到 b 上的定积分．”“哦哦”小明附和了两声，就沉沉地睡去了，因为他确实做了不少功．

第三天

大部队早早地出发，去参观青海湖．这时有一个年龄比较小的孩子问了一句：“哥哥姐姐们，你们知道青海湖有多大啊？”

“4 500 多 km^2”一个学地质的学生脱口而出．

“好厉害！”小孩和几个女生都发出了惊呼，这时一个戴眼镜的男生又发问了：“那是你知道．我问你，随便在地上画一个湖的图形，你会算它的面积吗？”

“我会算，定积分！”小明抢着说道．

“定积分算的是曲边梯形的面积，我这样的图形你怎么算？”男生很快随手画了一个不是曲边梯形的图形，如图 4.40 所示．

“这个这个这个这个这个……”小明结巴了．好在这时，数模君走出来替小明解围了．“这个当然可以用定积分做，只是不是一般直角坐标系的定积分，而是极坐标系的定积分．”数模君耐心地解释道，“我们建立一个极坐标系，极点就是这个红色的点，极轴就是极点向右的这条射线．这样这个图形与原点连线和极轴的夹角范围就是……而每个角度对应的图形上的点到极点的距离就是……”

“我知道了！”小明做出一副恍然大悟的样子，“开始的角度是 0，结束的角度是……所以这个面积就是在这个区间上的定积分，对不对？”

“对什么呀！”一个瘦高的男生走了出来，“这是利用极坐标计算面积，要对在整个角度范围内积分才行．”小明为自己又长了知识而高兴．

第四天

旅行结束了，五一假期也结束了．回来的路上，小明问数模君：“定积分确实不止可以算面积，好像还可以干很多事．可是它到底能解决什么问题呢？”

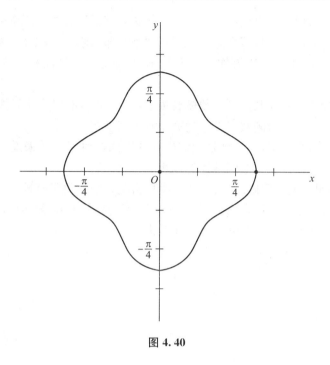

图 4.40

数模君想了一下说："你记着定积分的定义是什么吗?""曲边梯形的面积……啊不是. 老师好像说了个四部曲:分割、取点、求和和取极限."

"对,定积分就是无限细分和无限求和. 把区间等分为 n 份,认为每一个小区间都是不变的,这样每一个区间内的面积就可以看成一个矩形了. 用矩形的面积和来近似曲边梯形面积,再让最大区间长度的极限为 0,就可以准确地计算面积了."

"说来说去还是算面积啊?"小明扣着鼻子问.

"这是从函数图像上说的面积,但事实未必是面积. 比如说你画一个速度和时间的图像,那么所谓的面积就是路程;你画一个力和位置的图像,如果力和运动方向一致的话,面积就是做的功;你画一个线密度和位置的图像,面积就是质量……"

"好厉害啊! 可是如何知道定积分表达的意义呢?"赞叹之余,小明又抛出了一个问题.

"刚才说的又忘了"数模君无奈地说,"定积分其实就是无限细分和无限求和,它求的还是一个乘积. 比如说初中时候学的,匀速直线运动的路程等于时间乘以速度,那么速度与时间的函数对时间做积分,本质上是把时间分成非常多的区间,认为每一段上都是匀速直线运动,然后套公式,最后把每一段的路程加起来. 其他你能想到的与乘积有关的公式,定积分都有类似的意义."

"我懂了!"小明的思路也打开了,"比如说我喜欢小芳. 我每时每刻对她的好,如果用一个函数表示,那么自我喜欢她以来对她的好的总和就是这个函数在这段时间上的定积分,对吧?"

"对"虽然对这个例子有些无语,但是数模君还是点了点头.

"还有我被胖虎打,如果他对我的伤害和时间的关系用一个函数表示,那么他对我的伤害就是这个函数在打我的时候的定积分……"

"停停停！"数模君怕他举出更奇葩的例子，赶紧转移话题："你好像知道二重积分可以算体积，那我问你三重积分算啥？""算质量啊！""哦？那为啥二重积分不能算质量？"

"也可以算，"小明说，"如果你把函数值看成高度，就是面积；看成面密度，就是质量。"

"挺聪明啊，你都回答俩问题了！"数模君赞道，"可是三重积分就只能看成密度，不能看成高度吗？""别逗了，空间满共三维，到哪还有个高度？"

"2333333"数模君笑惨了，"三维是我们生存的空间，对于数学来说，几维空间都是可以的，三重积分完全可以得到一个四维体的体积。"

"原来如此"小明瞪大了眼睛。"看来积分很厉害啊，数学也很奇妙。"

"是啊，"数模君开始总结了，"数学是抽象的，不受我们所在空间的局限。而积分的意义无论是在工程实践还是在纯数学领域都有非常大的作用，要讲的话三天三夜也讲不了十分之一。总之你只要知道，积分的意义远远不止算面积那么简单就是了。你跟我说了我可以耐心地跟你讲，你要放到知乎上去问估计会被鄙视的。"

"是是是，我知道了。"小明赶紧说。

——摘自《超级数学建模》

第五模块 微分方程

**学习目标**

理解微分方程的基本概念，熟练掌握可分离变量微分方程、齐次微分方程、一阶线性微分方程的解法，了解微分方程的简单应用.

在科学技术和经济管理的许多问题中，往往需要求出涉及变量之间的函数关系. 根据问题所提供的信息，可以列出含有要求的函数及其导数的关系式，这样的关系式叫微分方程，通过求解微分方程可确定该函数关系. 微分方程的理论已经成为数学学科的一个重要分支，在理工、经济中有着重要的应用.

本章介绍微分方程的一些基本概念；讲述可分离变量的一阶微分方程和一阶线性微分方程的解法；最后讲述微分方程的一些简单应用.

第一节 微分方程的基本概念

学习内容：微分方程的概念.

目的要求：理解微分方程、常微分方程、微分方程的阶、微分方程的解、通解、特解及微分方程的初始条件和微分方程的初值问题等概念，学会验证简单微分方程的解.

重点难点：微分方程的解、通解、特解，微分方程的初始条件、初值问题.

微分方程的基本
概念（案例）

下面我们通过两个具体例题来说明微分方程的基本概念.

案例 1 一曲线通过点 $(1，2)$，且在该曲线上任一点 $M(x，y)$ 处的切线的斜率为 $2x$，求该曲线的方程.

解 设所求的曲线方程为 $y＝y(x)$，则根据导数的几何意义可知，未知函数 $y＝y(x)$ 应满足下面的关系：

$$\frac{\mathrm{d}y}{\mathrm{d}x}＝2x, \tag{5.1.1}$$

且当 $x＝1$ 时，$y＝2$. 即

$$y(1)＝2. \tag{5.1.2}$$

对式（5.1.1）的 $\dfrac{\mathrm{d}y}{\mathrm{d}x}＝2x$ 两端积分，得

$$y＝\int 2x\mathrm{d}x＝x^2＋C, \tag{5.1.3}$$

其中 C 是任意常数.

将 $y(1)=2$ 代入，得 $C=1$. 代入式（5.1.3），即得所求曲线方程

$$y=x^2+1. \tag{5.1.4}$$

案例 2   一质量为 m 的质点，从高 h 处，只受重力作用从静止状态自由下落，试求其运动方程.

解   在中学阶段就已经知道，从高度为 h 处下落的自由落体，离地面高度 s 的变化规律为 $s=h-\dfrac{1}{2}gt^2$，其中 g 为重力加速度. 这个规律是怎么得到的呢？下面我们给出推导过程.

取质点下落的铅垂线为 s 轴，它与地面的交点为原点，并规定正向朝上. 设质点在时刻 t 的位置在 $s(t)$（见图 5.1）处. 因为质点只受方向向下的重力的作用（空气阻力忽略不计），所以由牛顿第二定律 $F=ma$，得

$$m\frac{\mathrm{d}^2 s(t)}{\mathrm{d}t^2}=-mg,$$

即

$$\frac{\mathrm{d}^2 s(t)}{\mathrm{d}t^2}=-g. \tag{5.1.5}$$

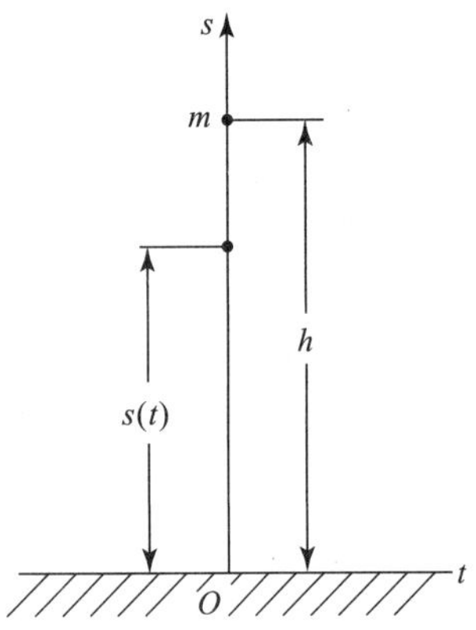

图 5.1

根据质点由静止状态自由下降的假设，初始速度为 0，所以 $s=s(t)$ 还应满足下列条件

$$s\Big|_{t=0}=h,\quad \frac{\mathrm{d}s}{\mathrm{d}t}\Big|_{t=0}=0, \tag{5.1.6}$$

对式（5.1.5）两边积分，得

$$\frac{\mathrm{d}s(t)}{\mathrm{d}t}=-gt+c_1, \tag{5.1.7}$$

两边再积分，得

$$s(t)=\int (-gt+c_1)\mathrm{d}t=-\frac{1}{2}gt^2+c_1 t+c_2, \tag{5.1.8}$$

其中 c_1，c_2 均为任意常数.

将条件方程（5.1.6）代入方程（5.1.7）和方程式（5.1.8），得 $c_1=0$，$c_2=h$. 于是所求的运动方程为

$$s(t)=-\frac{1}{2}gt^2+h. \tag{5.1.9}$$

上述两个例子中的关系方程（5.1.1）和方程（5.1.5）中，都含有未知函数的导数，它们都是微分方程.

定义 1   凡表示未知函数、未知函数的导数与自变量之间的关系的方程，均叫作**微分方程**. 微分方程中出现的未知函数的最高阶导数的阶数，称为**微分方程的阶**.

例如，案例 1 中方程（5.1.1）$\dfrac{\mathrm{d}y}{\mathrm{d}x}=2x$ 是一阶微分方程；案例 2 中方程（5.1.5）$\dfrac{\mathrm{d}^2 s(t)}{\mathrm{d}t^2}=-g$ 是二阶微分方程.

微分方程的基本概念

微分方程的解

定义 2 如果把一个函数及其导数代入微分方程后，能使微分方程成为恒等式，则称此函数为该微分方程的**解**.

例如，案例 1 中的方程（5.1.3）$y=x^2+C$ 和方程（5.1.4）$y=x^2+1$ 都是微分方程 $\dfrac{\mathrm{d}y}{\mathrm{d}x}=2x$ 的解；案例 2 中方程（5.1.8）$s(t)=-\dfrac{1}{2}gt^2+c_1t+c_2$ 和方程（5.1.9）$s(t)=-\dfrac{1}{2}gt^2+h$ 都是微分方程 $\dfrac{\mathrm{d}^2s(t)}{\mathrm{d}t^2}=-g$ 的解.

定义 3 如果微分方程的解中含有任意常数，且任意独立常数的个数与微分方程的阶数相同，则这样的解叫作微分方程的**通解**.

例如，案例 1 中方程（5.1.1）$\dfrac{\mathrm{d}y}{\mathrm{d}x}=2x$ 是一阶微分方程，它的通解 $y=x^2+C$ 中含有一个任意常数；案例 2 中方程（5.1.5）$\dfrac{\mathrm{d}^2s(t)}{\mathrm{d}t^2}=-g$ 是二阶微分方程，它的通解 $s(t)=-\dfrac{1}{2}gt^2+c_1t+c_2$ 中恰好含有两个独立的任意常数.

用以确定通解中任意常数的条件通常称为**初始条件**.

一阶微分方程的初始条件是：

$$y(x_0)=y_0 \text{ 或 } y\big|_{x=x_0}=y_0.$$

二阶微分方程的初始条件是：

$$y(x_0)=y_0,\ y'(x_0)=y_0' \text{ 或 } y\big|_{x=x_0}=y_0,\ y'\big|_{x=x_0}=y_0'.$$

定义 4 满足初始条件的解称为微分方程的**特解**.

例如，案例 1 中方程 $y=x^2+1$ 就是微分方程 $\dfrac{\mathrm{d}y}{\mathrm{d}x}=2x$ 满足初始条件 $y(1)=2$ 的特解；案例 2 中 $s(t)=-\dfrac{1}{2}gt^2+h$ 就是微分方程 $\dfrac{\mathrm{d}^2s(t)}{\mathrm{d}t^2}=-g$ 满足初始条件 $s(0)=h$，$s'(0)=0$ 的特解.

例题 1 验证：函数 $x=C_1\cos kt+C_2\sin kt$ 是微分方程 $\dfrac{\mathrm{d}^2x}{\mathrm{d}t^2}+k^2x=0$ 的通解.

解 首先，求所给函数的导数：

$$\frac{\mathrm{d}x}{\mathrm{d}t}=-kC_1\sin kt+kC_2\cos kt,$$

微分方程的基本
概念（例题）

$$\frac{\mathrm{d}^2 x}{\mathrm{d}t^2} = -k^2 C_1 \cos kt - k^2 C_2 \sin kt = -k^2(C_1 \cos kt + C_2 \sin kt).$$

将 $\dfrac{\mathrm{d}^2 x}{\mathrm{d}t^2}$ 及 x 的表达式代入所给方程，得 $-k^2(C_1 \cos kt + C_2 \sin kt) + k^2(C_1 \cos kt + C_2 \sin kt) = 0.$

这表明函数 $x = C_1 \cos kt + C_2 \sin kt$ 满足方程 $\dfrac{\mathrm{d}^2 x}{\mathrm{d}t^2} + k^2 x = 0$，因此它是所给方程的通解.

例题 2　验证：函数 $y = 2\mathrm{e}^{x^2}$ 是微分方程 $y' = 2xy$ 满足初始条件 $y(0) = 2$ 的特解.

解　首先，求所给函数的导数：

$$y' = 2\mathrm{e}^{x^2}(x^2)' = 2\mathrm{e}^{x^2} 2x = 2xy,$$

这表明函数 $y = 2\mathrm{e}^{x^2}$ 是 $y' = 2xy$ 的解.

又 $2\mathrm{e}^{0^2} = 2$，

所以 $y = 2\mathrm{e}^{x^2}$ 是 $y' = 2xy$ 满足初始条件 $y(0) = 2$ 的特解.

习题 5 - 1

1. 讨论下列微分方程的阶数：

(1) $x^2 y' + y + 1 = 0$，____阶；

(2) $\dfrac{\mathrm{d}^3 y}{\mathrm{d}x^3} + 2\cos x \dfrac{\mathrm{d}^2 y}{\mathrm{d}x^2} + \sin y = 0$，____阶；

(3) $y'' + y \cdot y' + 4 = 0$，____阶；

(4) $y = xy' + \dfrac{2}{3}(y')^{\frac{2}{3}}$，____阶.

本节习题答案

2. 验证下列各题中的函数是否为所给微分方程的解：

(1) $\dfrac{\mathrm{d}y}{\mathrm{d}x} = y$，$y = C\mathrm{e}^x$；

(2) $xy' = 2y$，$y = 5x^2$；

(3) $y'' + y = 0$，$y = 3\sin x - 4\cos x$；

(4) $y'' - 2y' + y = 0$，$y = x^2 \mathrm{e}^x$；

(5) $y'' - (\lambda_1 + \lambda_2)y' + \lambda_1 \lambda_2 y = 0$，$y = C_1 \mathrm{e}^{\lambda_1 x} + C_2 \mathrm{e}^{\lambda_2 x}$.

3. 确定满足所给初始条件的下列函数关系式中的参数：

(1) $x^2 - y^2 = C$，$y\big|_{x=0} = 5$；

(2) $y = (C_1 + C_2 x)\mathrm{e}^{2x}$，$y\big|_{x=0} = 0$，$y'\big|_{x=0} = 1$.

第二节　一阶微分方程

学习内容：一阶微分方程.

目的要求：理解三种一阶微分方程的概念；熟练掌握三种形式的一阶微分方程的解法.

重点难点：一阶微分方程的概念，三种一阶微分方程的解法.

一阶微分方程的一般形式：

$$F(x,\ y,\ y') = 0 \quad \text{或} \quad y' = f(x,\ y).$$

本节主要介绍两种常见的一阶微分方程，分别是可分离变量的微分方程、齐次微分方程和一阶线性微分方程.

一、可分离变量的微分方程

定义 1 形如

$$\frac{\mathrm{d}y}{\mathrm{d}x} = f(x) \cdot g(y) \tag{5.2.1}$$

的微分方程称为**可分离变量的微分方程**.

例如，下列方程都是可分离变量的微分方程：

$$\frac{\mathrm{d}y}{\mathrm{d}x} = -\mathrm{e}^x \cdot \mathrm{e}^y, \frac{\mathrm{d}y}{\mathrm{d}x} = \frac{\mathrm{e}^x}{y(1+\mathrm{e}^x)}.$$

这种方程可以用分离变量法求解.

若 $g(y) \neq 0$，则可将（5.2.1）式写成如下形式

$$\frac{\mathrm{d}y}{g(y)} = f(x)\mathrm{d}x. \tag{5.2.2}$$

可分离变量的
微分方程定义

若 $f(x)$，$g(y)$ 为连续函数，将（5.2.2）式两端分别积分，它们的原函数只相差一个常数，便有 $\int \frac{1}{g(y)}\mathrm{d}y = \int f(x)\mathrm{d}x + C$，其中 $\int \frac{1}{g(y)}\mathrm{d}y$，$\int f(x)\mathrm{d}x$ 分别表示函数 $\frac{1}{g(y)}$，$f(x)$ 的一个原函数，C 是任意常数，称为积分常数. 这就得到了 x 与 y 之间的函数关系.

分离变量法

$\int \frac{1}{g(y)}\mathrm{d}y = \int f(x)\mathrm{d}x + C$ 是微分方程 $\frac{\mathrm{d}y}{\mathrm{d}x} = f(x) \cdot g(y)$ 的通解.

可分离变量的微分方程也可以写成如下形式

$$M_1(x)M_2(y)\mathrm{d}x + N_1(x)N_2(y)\mathrm{d}y = 0,$$

分离变量，得

$$\frac{N_2(y)}{M_2(y)}\mathrm{d}y = -\frac{M_1(x)}{N_1(x)}\mathrm{d}x,$$

这就是(5.2.2)式的形式.

例题 1 求微分方程 $\frac{\mathrm{d}y}{\mathrm{d}x} = 2xy$ 的通解.

解 此方程是可分离变量的微分方程,分离变量后得

$$\frac{\mathrm{d}y}{y} = 2x\mathrm{d}x,$$

分离变量法
（例题 1）

两端积分 $\qquad \int \frac{\mathrm{d}y}{y} = \int 2x\mathrm{d}x + C_1,$

得 $\qquad\qquad\qquad \ln|y| = x^2 + C_1,$

从而 $\qquad\qquad\qquad y = \pm \mathrm{e}^{x^2 + C_1} = \pm \mathrm{e}^{C_1} \mathrm{e}^{x^2}.$

又 $\pm \mathrm{e}^{C_1}$ 仍是任意非零常数,把它记作 C,则得

$$y = Ce^{x^2} \ (C \neq 0).$$

注意到 $y=0$ 也是原方程的解，所以 C 实际上也可以取零. 这样就得到原方程的通解为 $y=Ce^{x^2}$（C 为任意常数）.

从例题 1 解的过程可以看出，以后凡遇到方程左端积分后是对数的形式，为使解法过程简便起见，都可做如下简化处理. 以上述例题 1 为例示范如下：

分离变量后得

$$\frac{\mathrm{d}y}{y} = 2x\mathrm{d}x,$$

两边积分得

$$\ln|y| = x^2 + \ln C_2 \quad (\text{把 } C_1 \text{ 直接写成 } \ln C, \ C_2 > 0),$$

通解为

$$y = Ce^{x^2} \quad (C \text{ 为任意常数}).$$

例题 2　求微分方程 $\dfrac{\mathrm{d}y}{\mathrm{d}x} = 1 + x + y^2 + xy^2$ 的通解.

解　原方程可化为

$$\frac{\mathrm{d}y}{\mathrm{d}x} = (1+x)(1+y^2),$$

分离变量得

$$\frac{1}{1+y^2}\mathrm{d}y = (1+x)\mathrm{d}x,$$

两边积分得

$$\int \frac{1}{1+y^2}\mathrm{d}y = \int (1+x)\mathrm{d}x + C, \quad \text{即 } \arctan y = \frac{1}{2}x^2 + x + C.$$

于是原方程的通解为

$$y = \tan\left(\frac{1}{2}x^2 + x + C\right).$$

例题 3　求微分方程 $xy' - y\ln y = 0$ 的通解，并求满足初始条件 $y|_{x=1} = e$ 的特解.

解　这是可分离变量的微分方程，分离变量得

$$\frac{1}{y\ln y}\mathrm{d}y = \frac{1}{x}\mathrm{d}x,$$

对上面等式两边积分

$$\int \frac{1}{y\ln y}\mathrm{d}y = \int \frac{1}{x}\mathrm{d}x + \ln|C|$$

得　　　　　　　　$\ln|\ln y| = \ln|x| + \ln C = \ln|Cx|$

去掉对数符号，得通解为　　　　　　　$y = e^{Cx}.$

将 $x=1$，$y=e$ 代入通解，得

$$e = e^C,$$

所以 $C=1$. 所求特解为

$$y = e^x.$$

二、齐次微分方程

定义 2 形如

$$\frac{\mathrm{d}y}{\mathrm{d}x}=\varphi\left(\frac{y}{x}\right) \tag{5.2.3}$$

的一阶微分方程称为齐次微分方程.

这种方程通过变量替换可化为可分离变量的微分方程.

即令 $u=\dfrac{y}{x}$（u 是关于 x 的函数），得 $y=xu$，将 $y=xu$ 两端对 x 求导，得

$$\frac{\mathrm{d}y}{\mathrm{d}x}=x\frac{\mathrm{d}u}{\mathrm{d}x}+u,$$

齐次微分方程定义

将 $u=\dfrac{y}{x}$ 及上式代入 (5.2.3) 式，得

$$x\frac{\mathrm{d}u}{\mathrm{d}x}+u=\varphi(u),\text{整理得}\frac{\mathrm{d}u}{\mathrm{d}x}=\frac{\varphi(u)-u}{x},$$

这是可分离变量的微分方程，分离变量得

$$\frac{\mathrm{d}u}{\varphi(u)-u}=\frac{\mathrm{d}x}{x},$$

齐次微分方程解法

两端积分得

$$\int\frac{\mathrm{d}u}{\varphi(u)-u}=\int\frac{\mathrm{d}x}{x}+C,$$

求出积分后，再用 $\dfrac{y}{x}$ 代换 u，便得所给齐次微分方程的通解.

例题 4 解方程 $xy'=y(1+\ln y-\ln x)$.

解 原式可化为

$$\frac{\mathrm{d}y}{\mathrm{d}x}=\frac{y}{x}\left(1+\ln\frac{y}{x}\right),$$

令 $u=\dfrac{y}{x}$，则

$$\frac{\mathrm{d}y}{\mathrm{d}x}=x\frac{\mathrm{d}u}{\mathrm{d}x}+u,$$

于是

$$x\frac{\mathrm{d}u}{\mathrm{d}x}+u=u(1+\ln u),$$

齐次微分方程
（例题 4）

分离变量得

$$\frac{\mathrm{d}u}{u\ln u}=\frac{\mathrm{d}x}{x},$$

对上式两端积分得 $\qquad\ln\ln u=\ln x+\ln C=\ln Cx,$

去掉对数符号，得 $\qquad u=\mathrm{e}^{Cx}.$

故方程通解为 $\qquad y=x\mathrm{e}^{Cx}.$

例题 5   求解微分方程 $y^2 + x^2 \dfrac{\mathrm{d}y}{\mathrm{d}x} = xy \dfrac{\mathrm{d}y}{\mathrm{d}x}$ 的通解.

解   原方程可写成

$$\frac{\mathrm{d}y}{\mathrm{d}x} = \frac{y^2}{xy - x^2} = \frac{\left(\dfrac{y}{x}\right)^2}{\dfrac{y}{x} - 1},$$

因此它是齐次微分方程. 令 $\dfrac{y}{x} = u$，则 $y = ux$，$\dfrac{\mathrm{d}y}{\mathrm{d}x} = u + x\dfrac{\mathrm{d}u}{\mathrm{d}x}$，

于是原方程变为

$$u + x\frac{\mathrm{d}u}{\mathrm{d}x} = \frac{u^2}{u - 1},$$

即

$$x\frac{\mathrm{d}u}{\mathrm{d}x} = \frac{u}{u - 1}.$$

分离变量，得

$$\left(1 - \frac{1}{u}\right)\mathrm{d}u = \frac{\mathrm{d}x}{x}.$$

两边积分，可得 $u - \ln|u| + C = \ln|x|$，

或写成 $\ln|xu| = u + C.$

将 $u = \dfrac{y}{x}$ 代入上式，便得所给方程的通解

$$\ln|y| = \frac{y}{x} + C.$$

三、一阶线性微分方程

定义 3   形如

$$\frac{\mathrm{d}y}{\mathrm{d}x} + P(x)y = Q(x) \tag{5.2.4}$$

的微分方程，称为**一阶线性微分方程**. 其中，$P(x)$ 与 $Q(x)$ 都是已知的连续函数，$Q(x)$ 称为自由项. 微分方程中所含未知函数 y 及其导数 y' 是一次的，且不含 y 与 y' 的乘积.

一阶线性微分
方程定义

当 $Q(x) \neq 0$ 时，（5.2.4）式称为**一阶线性非齐次微分方程**. 当 $Q(x) \equiv 0$ 时，即

$$\frac{\mathrm{d}y}{\mathrm{d}x} + P(x)y = 0 \tag{5.2.5}$$

称为与一阶线性非齐次微分方程（5.2.4）式相对应的**一阶线性齐次微分方程**.

对于形如（5.2.4）式的一阶线性非齐次微分方程可用如下的**常数变易法求解**.

首先，求一阶线性齐次微分方程（5.2.5）的通解. 方程（5.2.5）是可分离变量的微分方程. 分离变量，积分得

$$\frac{\mathrm{d}y}{y} = -P(x)\mathrm{d}x, \ln y = \int -P(x)\mathrm{d}x + \ln C,$$

由此得通解

$$y = Ce^{\int -P(x)dx} \quad (C \text{ 是任意常数}) \tag{5.2.6}$$

其次，求一阶线性非齐次微分方程（5.2.4）的通解．将一阶线性齐次微分方程（5.2.5）的通解中的常数 C 换成 x 的未知函数 $u(x)$，这里 $u(x)$ 是一个待定的函数，即设一阶线性非齐次微分方程（5.2.4）有如下形式的解

$$y = u(x)e^{-\int P(x)dx}.$$

将其代入非齐次线性微分方程（5.2.4），它应满足该微分方程，并可由此来确定 $u(x)$．

一阶线性微分
方程解法

把上式及其导数代入微分方程（5.2.4）可得

$$u'(x)e^{-\int P(x)dx} - u(x)e^{-\int P(x)dx}P(x) + P(x)u(x)e^{-\int P(x)dx} = Q(x),$$

化简得

$$u'(x) = Q(x)e^{\int P(x)dx},$$

两端积分得

$$u(x) = \int Q(x)e^{\int P(x)dx}dx + C,$$

于是，一阶线性非齐次微分方程（5.2.4）的通解为

$$y = e^{-\int P(x)dx}\left[\int Q(x)e^{\int P(x)dx}dx + C\right], \tag{5.2.7}$$

或

$$y = Ce^{-\int P(x)dx} + e^{-\int P(x)dx}\int Q(x)e^{\int P(x)dx}dx. \tag{5.2.8}$$

在（5.2.8）中，第一项是齐次微分方程（5.2.5）的通解；第二项是非齐次微分方程（5.2.4）的一个特解．若将（5.2.8）式的第一项记做 y_C；第二项记做 $y*$，则非齐次微分方程（5.2.4）的通解为 $y = y_C + y*$．

例题 6　求方程 $\dfrac{dy}{dx} - \dfrac{2y}{x+1} = (x+1)^{\frac{5}{2}}$ 的通解.

解　这里 $P(x) = -\dfrac{2}{x+1}$，$Q(x) = (x+1)^{\frac{5}{2}}$，

一阶线性微分方程

因为

$$\int P(x)dx = \int\left(-\frac{2}{x+1}\right)dx = -2\ln(x+1),$$

$$e^{-\int P(x)dx} = e^{2\ln(x+1)} = (x+1)^2,$$

$$\int Q(x)e^{\int P(x)dx}dx = \int (x+1)^{\frac{5}{2}}(x+1)^{-2}dx = \int (x+1)^{\frac{1}{2}}dx = \frac{2}{3}(x+1)^{\frac{3}{2}},$$

所以通解为

$$y = e^{-\int P(x)dx}\left[\int Q(x)e^{\int P(x)dx}dx + C\right] = (x+1)^2\left[\frac{2}{3}(x+1)^{\frac{3}{2}} + C\right].$$

例题 7　求微分方程 $\dfrac{dy}{dx} + 2xy = 2xe^{-x^2}$ 的通解.

解　这是一阶线性非齐次微分方程，其中

$$P(x) = 2x, \quad Q(x) = 2xe^{-x^2}.$$

首先，求与所给方程相对应的齐次线性微分方程 $\dfrac{dy}{dx} + 2xy = 0$ 的通解．分离变量，积

分得

$$\frac{\mathrm{d}y}{y}=-2x\mathrm{d}x,\quad \ln y=-x^2+\ln C,$$

由此可得通解 $y=C\mathrm{e}^{-x^2}$ （C 是任意常数）.

其次，求所给非齐次微分方程的通解. 设其通解具有如下形式

$$y=u(x)\mathrm{e}^{-x^2},$$

求导，得 $y'=u'(x)\mathrm{e}^{-x^2}-2xu(x)\mathrm{e}^{-x^2},$

将 y 和 y' 的表达式代入方程 $\dfrac{\mathrm{d}y}{\mathrm{d}x}+2xy=2x\mathrm{e}^{-x^2}$，可得

$$u'(x)\mathrm{e}^{-x^2}-2xu(x)\mathrm{e}^{-x^2}+2xu(x)\mathrm{e}^{-x^2}=2x\mathrm{e}^{-x^2},$$

化简得 $u'(x)=2x,$

两端积分得 $u(x)=x^2+C,$

于是，原微分方程的通解为

$$y=(x^2+C)\mathrm{e}^{-x^2}.$$

习题 5 - 2

1. 求方程 $(1+y^2)\mathrm{d}x=x\mathrm{d}y$ 的通解.

2. 求微分方程 $\dfrac{\mathrm{d}y}{\mathrm{d}x}+yx^2=0$ 满足初始条件 $y\big|_{x=0}=1$ 的特解.

3. 求方程 $x^2\mathrm{d}x+(x^3+5)\mathrm{d}y=0$ 的通解.

4. 求方程 $(x+2y)\mathrm{d}x-x\mathrm{d}y=0$ 的通解.

5. 求微分方程 $3xy^2\mathrm{d}y=(2y^3-x^3)\mathrm{d}x$ 满足初始条件 $y\big|_{x=1}=0$ 的特解.

6. 求方程 $y'+3y=2$ 的通解.

本节习题答案

第三节   微分方程的应用举例

学习内容：微分方程的应用举例.

目的要求：会将实际问题抽象简化为数学模型（如微分方程）；熟练求解微分方程；能够利用所得结果分析实际问题.

重点难点：微分方程的求解，实际问题抽象简化为数学模型（如微分方程）.

微分方程在各个领域中有着广泛的应用，许多问题的研究往往可归结为微分方程的求解.

应用微分方程解决实际问题的一般步骤为：

（1）分析问题，建立微分方程，找出相应的初始条件，这是最关键的一步；

（2）求出此微分的通解，根据初始条件确定所需特解；

微分方程应用的
一般步骤

（3）根据问题的需要，用所得的解对实际问题做出解释.

一、几何应用问题

例题 1 已知曲线 $y=f(x)$ 上任一点的切线斜率为 $\cos x$，求该曲线 $y=f(x)$ 的方程.

微分方程的几何
应用（例题 1）

解 设 $P(x,y)$ 是曲线上任意点，由题意得

$$y'=\cos x,$$

即

$$\frac{\mathrm{d}y}{\mathrm{d}x}=\cos x,$$

分离变量得

$$\mathrm{d}y=\cos x\mathrm{d}x,$$

两边积分得

$$y=\sin x+C.$$

这就是所求曲线 $y=f(x)$ 的方程.

例题 2 一曲线通过点（2，3），且在两坐标轴间的任意切线段被切点平分，求此曲线方程.

解 （1）建立微分方程并确定初始条件.

设所求曲线方程为 $y=f(x)$，点 $P(x,y)$ 为切线上任意一点，按导数几何意义，过点 $P(x,y)$ 处作曲线的切线，则切线斜率为 $y'=f'(x)$，于是过点 $P(x,y)$ 处的切线方程为

$$Y-y=y'(X-x),$$

其中（X，Y）为切线上的动点坐标.

在切线方程中，令 $Y=0$，得 $X=x-\dfrac{y}{y'}$，即切线与 x 轴的交点为 $A\left(x-\dfrac{y}{y'},\ 0\right)$. 由于点 P 平分线段 AB，所以点 P 的横坐标等于点 A 的横坐标的一半，即有

$$x=\frac{1}{2}\left(x-\frac{y}{y'}\right),$$

由此，得到曲线 $y=f(x)$ 满足的微分方程

$$xy'+y=0,$$

依题意，得初始条件为 $y\big|_{x=2}=3$.

（2）解微分方程.

$xy'+y=0$ 是可分离变量的微分方程，分离变量、积分，得

$$\ln y=-\ln x+\ln C \text{ 或 } xy=C.$$

将 $y\big|_{x=2}=3$ 代入上式通解中，有 $2\times 3=C$，即 $C=6$，于是，所求曲线方程为 $y=\dfrac{6}{x}$.

由所得曲线方程知，这是等轴双曲线在第一象限内的分支.

二、物理应用问题

例题 3 设跳伞员从跳伞塔起跳开始下落，在离开跳伞塔时，跳伞员的速度为 0；在下落过程中所受空气阻力与速度成正比，求跳伞员在下落过程中速度和时间的函数关系.

解 （1）建立微分方程并确定初始条件.

设下落过程中速度 v 与时间 t 的函数关系为 $v=v(t)$.

跳伞员在离开跳伞塔时，下落速度为 0. 他之所以能下落是受重力的作用，重力的大小为 mg，方向与速度 v 方向一致，其中 m 是跳伞员的质量，g 是重力加速度. 跳伞员在下落过程中受到空气的阻力，按题设，阻力的大小为 kv（k 为比例系数），方向与 v 的方向相反. 从而跳伞员在下落过程中所受的外力为

微分方程的物理
应用问题（例题 3）

$$F=mg-kv,$$

由牛顿第二定律

$$F=ma,$$

其中 a 为加速度，即 $a=\dfrac{\mathrm{d}v}{\mathrm{d}t}$. 于是，跳伞员在下落过程中，速度 $v(t)$ 所满足的微分方程为

$$m\frac{\mathrm{d}v}{\mathrm{d}t}=mg-kv.$$

依题设，初始条件是 $v\big|_{t=0}=0$.

（2）解微分方程.

这是一个可分离变量的微分方程，分离变量得

$$\frac{\mathrm{d}v}{mg-kv}=\frac{1}{m}\mathrm{d}t,$$

两端积分，得

$$-\frac{1}{k}\ln(mg-kv)=\frac{t}{m}+\ln C_1,$$

即

$$v=\frac{mg}{k}+Ce^{-\frac{k}{m}t}.$$

将初始条件 $v\big|_{t=0}=0$ 代入上式，得 $C=-\dfrac{mg}{k}$. 于是，所求的速度 v 与时间 t 的函数关系式为

$$v=\frac{mg}{k}(1-e^{-\frac{k}{m}t}).$$

（3）对所得到的解做出解释.

由于 $k>0$，$m>0$，所以 $e^{-\frac{k}{m}t}$ 是 t 的减函数，且当 $t\to+\infty$ 时，$e^{-\frac{k}{m}t}\to 0$. 由关系式

$$v=\frac{mg}{k}(1-e^{-\frac{k}{m}t})$$

可知，跳伞员离开跳伞塔下落后做加速运动，但随时间 t 的延续，他所受的阻力越来越大，故在下落过程中，速度 v 逐渐接近于等速（$v=mg/k$）运动.

习题 5 - 3

1. 设一机械设备在任意时刻 t 以常数比率贬值. 若设备全新时价值 10 000 元，5 年后价值 6 000 元，求该设备在出厂 20 年后的价值.

2. 如果国民生产总值每年的递增率是 10%，问：多少年后国民生产总值翻两番？

本节习题答案

3. 若净利润 L 是广告费 x 的函数，并且它们之间的关系满足方程 $\dfrac{\mathrm{d}L}{\mathrm{d}x}=k-a(L+x)$，其中 a，k 为常数. 设初始条件 $L(0)=L_0$，求 $L(x)$.

第四节　微分方程测试题

1. 填空题：

(1) 下列方程中，不是微分方程的是 (　　　).

A. $\left(\dfrac{\mathrm{d}y}{\mathrm{d}x}\right)^2-3y=0$　　B. $\mathrm{d}y+\dfrac{1}{x}\mathrm{d}x=0$　　C. $y'=\mathrm{e}^{x-y}$　　　　D. $x^2-y^2=k$

(2) 下列函数中 (　　) 是微分方程 $y'-y=2\sin x$ 的解.

A. $y=\sin x+\cos x$　　　　　　　　B. $y=\sin x-\cos x$

C. $y=-\sin x+\cos x$　　　　　　　D. $y=-\sin x-\cos x$

(3) 微分方程 $y'-\dfrac{1}{x}=0$ (　　　).

A. 不是可分离变量的微分方程　　　　B. 是一阶齐次微分方程

C. 是一阶线性非齐次微分方程　　　　D. 是一阶线性齐次微分方程

2. 求下列微分方程的通解或在给定条件下的特解：

(1) $\dfrac{\mathrm{d}y}{\mathrm{d}x}=\dfrac{y^2-1}{2}$，$y\big|_{x=0}=0$；　　　　(2) $\mathrm{e}^y y'=x$；

(3) $y^2+x^2 y'=xyy'$；　　　　　　(4) $y'=\dfrac{x}{y}+\dfrac{y}{x}$，$y\big|_{x=-1}=2$；

(5) $y'+2xy=\mathrm{e}^{-x^2}$；　　　　　　(6) $x^2+xy'=y$，$y\big|_{x=1}=0$.

3. 验证由方程 $x^2-xy+y^2=c$ 所确定的函数为微分方程 $(x-2y)y'=2x-y$ 的解.

4. 应用题：

(1) 已知曲线 $y=f(x)$ 在任意一点 x 处的切线斜率都比该点横坐标的立方根少 1：

① 求出该曲线方程的所有可能形式；

② 若已知该曲线经过 (1，1) 点，求该曲线的方程.

(2) 设商品的需求函数与供给函数分别为

$$Q_d=a-bP,\ (a,\ b>0),\ Q_s=-c+\mathrm{d}P(c,\ d>0).$$

又价格 p 由市场调节：视价格 p 随时间 t 变化，且在任意时刻价格的变化率与当时的过剩需求成正比. 若商品的初始价格为 P_0，试确定价格 p 与时间 t 的函数关系.

【数学文化之陈景润与他的数学梦】

陈景润（1933—1996 年），汉族，福建省福州市人，中国著名数学家，厦门大学数学系毕业．1966 年发表"表达偶数为一个素数及一个不超过两个素数的乘积之和"（简称"1＋2"），成为哥德巴赫猜想研究上的里程碑．而他所发表的成果也被称为陈氏定理．这项工作还使他与王元、潘承洞在 1978 年共同获得中国自然科学奖一等奖．

这曾是一个举世震惊的奇迹：一位屈居于 6 m² 小屋的数学家，借一盏昏暗的煤油灯，伏在床板上，用一支笔，耗去了 6 麻袋的草稿纸，攻克了世界著名数学难题"哥德巴赫猜想"中的"1＋2"，创造了距摘取这颗数论皇冠上的明珠"1＋1"只有一步之遥的辉煌．

创造这个奇迹的正是我国著名数学家陈景润．

陈景润从小是个瘦弱、内向的孩子，却独独爱上了数学．演算数学题占去了他大部分的时间，他对工整的代数方程式充满了亲切感．1953 年，陈景润毕业于厦门大学数学系，由于对数论中一系列问题的出色研究，他受到华罗庚的重视，被调到中国科学院数学研究所工作．

20 世纪 50 年代，陈景润对高斯圆内格点问题、球内格点问题、塔里问题与华林问题的以往结果，做出了重要改进．20 世纪 60 年代后，他又对筛法及其有关重要问题进行了广泛深入的研究．

"哥德巴赫猜想"这二百多年悬而未决的世界级数学难题，曾吸引了各国成千上万位数学家的注意，而真正能对这一难题提出挑战的人却很少．陈景润在高中时代就听老师极富哲理地讲：自然科学的皇后是数学，数学的皇冠是数论，"哥德巴赫猜想"则是皇冠上的明珠．这一至关重要的启迪之言，成了他一生为之呕心沥血、始终不渝的奋斗目标．

为证明"哥德巴赫猜想"，摘取这颗世界瞩目的数学明珠，陈景润以惊人的毅力，在数学领域里艰苦卓绝地跋涉．辛勤的汗水换来了丰硕的成果．1965 年，陈景润终于找到了一条简单的证明"哥德巴赫猜想"的道路，当他的成果发表后，立刻轰动世界．其中"1＋2"被命名为"陈氏定理"，同时被誉为筛法的"光辉的顶点"．华罗庚等老一辈数学家对陈景润的论文给予了高度评价．世界各国的数学家也纷纷发表文章，赞扬陈景润的研究成果是"当前世界上研究'哥德巴赫猜想'最好的一个成果"．

陈景润研究"哥德巴赫猜想"和其他数论问题的成就，至今仍然在世界上遥遥领先．1978 年和 1982 年，陈景润两次受到国际数学家大会做 45 分钟报告的邀请．

陈景润在国内外也享有很高的声誉，然而他毫不自满，说："在科学的道路上我只是翻过了一个小山包，真正的高峰还没有攀上去，还要继续努力．"

1996 年 3 月 19 日，陈景润在患视力衰竭症 12 年之后，终因抢救无效逝世，终年63 岁．

第六模块　线性代数

学习目标

　　理解行列式和矩阵的概念，掌握行列式和矩阵的运算方法以及矩阵的初等变换，会使用克莱姆法则、矩阵的初等变换求解线性方程组，会利用矩阵的初等变换求逆矩阵、矩阵的秩，掌握线性方程组解的判定及结构，理解线性方程组在计算机技术与经济等方面的应用.

　　线性代数属于近代数学."线性"一词源于平面解析几何中"一次方程是直线的方程"，在这里意指数学变量之间的关系是以一次形式来表达的. 线性代数起初用于处理线性关系问题，是数学的一个分支，虽形成于 20 世纪，但历史却非常久远，部分内容在东汉初年成书的《九章算术》里已有雏形论述. 18—19 世纪，随着研究线性方程组和变量线性变换问题的深入，先后产生了行列式和矩阵的概念，为处理线性问题提供了强有力的理论工具，并推动了线性代数的发展.

　　线性代数是讨论有限维空间线性理论的学科. 由于线性问题广泛存在于自然科学和技术科学的各个领域，且某些非线性问题在一定条件下也可转化为线性问题来处理，因此线性代数知识应用广泛.

第一节　行列式的概念

　　学习内容：二阶行列式、三阶行列式、n 阶行列式、特殊行列式的概念以及计算.

　　目的要求：理解行列式相关概念，熟练掌握二阶行列式、三阶行列式和 n 阶行列式的计算.

　　重点难点：行列式相关概念的理解，n 阶行列式、特殊行列式的计算.

　　案例　行列式的研究起源于对线性方程组的研究. 在中学我们学过用代入消元法和加减消元法解二元一次方程组和三元一次方程组.

　　例如　用消元法解二元一次方程组 $\begin{cases} a_{11}x_1 + a_{12}x_2 = b_1, \\ a_{21}x_1 + a_{22}x_2 = b_2. \end{cases}$　　　　　　(6.1.1)
(6.1.2)

　　解　由 $a_{22} \times$ 方程 (6.1.1) $-a_{12} \times$ 方程 (6.1.2)，消去未知量 x_2，得

$$(a_{11}a_{22} - a_{12}a_{21})x_1 = a_{22}b_1 - a_{12}b_2.$$

由 $a_{11} \times$ 方程 (6.1.2) $-a_{21} \times$ 方程 (6.1.1)，消去未知量 x_1，得

$$(a_{11}a_{22} - a_{12}a_{21})x_2 = a_{11}b_2 - a_{21}b_1.$$

当 $a_{11}a_{22} - a_{12}a_{21} \neq 0$ 时，得原方程组的唯一解：

$$x_1 = \frac{b_1 a_{22} - b_2 a_{12}}{a_{11} a_{22} - a_{12} a_{21}}, \quad x_2 = \frac{b_2 a_{11} - b_1 a_{21}}{a_{11} a_{22} - a_{12} a_{21}}.$$

为了便于记忆，我们引入记号

$$D = \begin{vmatrix} a_{11} & a_{12} \\ a_{21} & a_{22} \end{vmatrix} = a_{11} a_{22} - a_{12} a_{21} \text{（或 } D_2 \text{）}.$$

类似地，也可将解中的另外两个代数和用这种记号表示出来，即

$$D_x = \begin{vmatrix} b_1 & a_{12} \\ b_2 & a_{22} \end{vmatrix} = b_1 a_{22} - b_2 a_{12}, \quad D_y = \begin{vmatrix} a_{11} & b_1 \\ a_{21} & b_2 \end{vmatrix} = a_{11} b_2 - a_{21} b_1.$$

于是，当 $D = \begin{vmatrix} a_{11} & a_{12} \\ a_{21} & a_{22} \end{vmatrix} \neq 0$ 时，原方程组的解就可表示为

$$x = \frac{D_x}{D}, \quad x = \frac{D_y}{D}.$$

一、二阶行列式

形如记号 $\begin{vmatrix} a_{11} & a_{12} \\ a_{21} & a_{22} \end{vmatrix}$ 称为一个**二阶行列式**. 它是由两行两列 4 个数排成的，横排称为**行**，竖排称为**列**，数 $a_{ij}(i=1, 2; j=1, 2)$ 称为行列式的**元素**，元素 a_{ij} 的第一个下标 i 称为**行标**，表明该元素位于第 i 行；第二个下标 j 称为**列标**，表明该元素位于第 j 列. $a_{11} a_{22} - a_{12} a_{21}$ 称为二阶行列式的展开式，展开式中项的个数为 2! 个. 于是得到

$$\begin{vmatrix} a_{11} & a_{12} \\ a_{21} & a_{22} \end{vmatrix} = a_{11} a_{22} - a_{12} a_{21}.$$

二阶行列式展开可以按照下列对角线法则来计算

$$\begin{vmatrix} a_{11} & a_{12} \\ a_{21} & a_{22} \end{vmatrix} = a_{11} a_{22} - a_{12} a_{21}.$$

把 a_{11} 到 a_{22} 的实连线称为**主对角线**，把 a_{12} 到 a_{21} 的虚连线称为**副对角线**，于是二阶行列式便是主对角线上两元素之积与副对角线上两元素之积的差.

例题 1 计算 $\begin{vmatrix} 4 & 3 \\ 6 & -4 \end{vmatrix}$, $\begin{vmatrix} 5 & 9 \\ 4 & 6 \end{vmatrix}$.

解 $\begin{vmatrix} 4 & 3 \\ 6 & -4 \end{vmatrix} = 4 \times (-4) - 3 \times 6 = -34$, $\begin{vmatrix} 5 & 9 \\ 4 & 6 \end{vmatrix} = 5 \times 6 - 4 \times 9 = -6$.

例题 2 解方程 $\begin{vmatrix} x-2 & 5 \\ x-2 & x+2 \end{vmatrix} = 0$.

解 因为 $\begin{vmatrix} x-2 & 5 \\ x-2 & x+2 \end{vmatrix} = (x-2)(x+2) - 5(x-2) = (x-2)(x+2-5) = 0$,

所以 $x=2$ 或 $x=3$.

二、三阶行列式

在讨论三元一次方程组 $\begin{cases} a_{11}x_1+a_{12}x_2+a_{13}x_3=b_1 \\ a_{21}x_1+a_{22}x_2+a_{23}x_3=b_2 \\ a_{31}x_1+a_{32}x_2+a_{33}x_3=b_3 \end{cases}$ 时，引入三阶行列式这一工具.

1. 三阶行列式定义

将 3^2 个数 a_{11}，a_{12}，a_{13}，a_{21}，a_{22}，a_{23}，a_{31}，a_{32}，a_{33} 排成的一个三行三列的方块，两边再各加上一条竖线所构成的记号

$$\begin{vmatrix} a_{11} & a_{12} & a_{13} \\ a_{21} & a_{22} & a_{23} \\ a_{31} & a_{32} & a_{33} \end{vmatrix},$$

称为一个**三阶行列式**. 它的展开式是 $3!=6$ 项乘积的代数和

$$a_{11}a_{22}a_{33}+a_{12}a_{23}a_{31}+a_{13}a_{21}a_{32}-a_{13}a_{22}a_{31}-a_{11}a_{23}a_{32}-a_{12}a_{21}a_{33}.$$

当 $D=\begin{vmatrix} a_{11} & a_{12} & a_{13} \\ a_{21} & a_{22} & a_{23} \\ a_{31} & a_{32} & a_{33} \end{vmatrix}\neq 0$ 时，三元一次方程组的解可用三阶行列式表示

$$x=\frac{D_x}{D},\ y=\frac{D_y}{D},\ z=\frac{D_z}{D}.$$

其中，D_x、D_y 和 D_z 是系数行列式 D 中 x、y 和 z 的系数依次换成方程组右端的常数项而成的行列式，即

$$D_x=\begin{vmatrix} b_1 & a_{12} & a_{13} \\ b_2 & a_{22} & a_{23} \\ b_3 & a_{32} & a_{33} \end{vmatrix},\ D_y=\begin{vmatrix} a_{11} & b_1 & a_{13} \\ a_{21} & b_2 & a_{23} \\ a_{31} & b_3 & a_{33} \end{vmatrix},\ D_z=\begin{vmatrix} a_{11} & a_{12} & b_1 \\ a_{21} & a_{22} & b_2 \\ a_{31} & a_{32} & b_3 \end{vmatrix}.$$

2. 三阶行列式计算

为了便于记忆我们用对角线法则表示，即

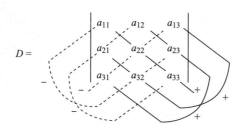

对角线法则

$$D=a_{11}a_{22}a_{33}+a_{12}a_{23}a_{31}+a_{13}a_{21}a_{32}-a_{13}a_{22}a_{31}-a_{11}a_{23}a_{32}-a_{12}a_{21}a_{33}.$$

例题 3 计算行列式 $\begin{vmatrix} 2 & 1 & 3 \\ 4 & 0 & 0 \\ 0 & 2 & 9 \end{vmatrix}$ 的值.

解　$\begin{vmatrix} 2 & 1 & 3 \\ 4 & 0 & 0 \\ 0 & 2 & 9 \end{vmatrix} = 2\times0\times9+1\times0\times0+3\times4\times2-3\times0\times0-1\times4\times9-2\times0\times2=-12.$

三、n 阶行列式

三阶行列式可以按第一行展开成三个二阶行列式的代数和，同样可用三阶行列式来定义四阶行列式．以此类推，按照这一规律在定义了 $n-1$ 阶行列式的基础上，便可得到 n 阶行列式的定义．

n 阶行列式定义：由 n^2 个数排成 n 行 n 列的正方形数表，两边再各加上一条竖线所构成的记号

$$D=\begin{vmatrix} a_{11} & a_{12} & \cdots & a_{1n} \\ a_{21} & a_{22} & \cdots & a_{2n} \\ \vdots & \vdots & & \vdots \\ a_{n1} & a_{n2} & \cdots & a_{nn} \end{vmatrix},$$

称为 n **阶行列式**，其中 a_{ij}（$i, j=1, 2, \cdots, n$）称为 n 阶行列式的**元素**，通常把 n 阶行列式简记为大写字母 D 或 D_n．n 阶行列式从左上角到右下角的元素 a_{11}，a_{22}，$\cdots$，a_{nn} 的连线称为**主对角线**，从右上角到左下角的元素 a_{1n}，$a_{2,n-1}$，$\cdots$，a_{n1} 的连线称为**副对角线**．

n 阶行列式是一个数，其值为

$$D = \begin{vmatrix} a_{11} & a_{12} & \cdots & a_{1n} \\ a_{21} & a_{22} & \cdots & a_{2n} \\ \vdots & \vdots & & \vdots \\ a_{n1} & a_{n2} & \cdots & a_{nn} \end{vmatrix} = a_{11}(-1)^{1+1}M_{11}+a_{12}(-1)^{1+2}M_{12}+\cdots+a_{1n}(-1)^{1+n}M_{1n}$$

$$= a_{11}A_{11}+a_{12}A_{12}+\cdots+a_{1n}A_{1n} = \sum_{k=1}^{n} a_{1k}A_{1k}.$$

其中，M_{ij} 表示在 n 阶行列式中，把元素 $a_{ij}(i, j=1, 2, \cdots, n)$ 所在的第 i 行和第 j 列划去后，剩下的元素按原来的次序组成的 $n-1$ 阶行列式，称为元素 a_{ij} 的**余子式**．而 $A_{ij}=(-1)^{i+j}M_{ij}$，称 A_{ij} 为元素 a_{ij} 的**代数余子式**．

余子式和代数
余子式

注意　（1）为了方便，定义一阶行列式 $|a_{11}|=a_{11}$．

（2）n 阶行列式的展开式中共有 $n!$ 项．

（3）以上 n 阶行列式的定义式，是利用行列式的第一行元素来定义行列式的，这个式子通常称为行列式**按第一行元素的展开式**．行列式也可按第一列元素展开，即

$$D = \begin{vmatrix} a_{11} & a_{12} & \cdots & a_{1n} \\ a_{21} & a_{22} & \cdots & a_{2n} \\ \vdots & \vdots & & \vdots \\ a_{n1} & a_{n2} & \cdots & a_{nn} \end{vmatrix} = a_{11}A_{11}+a_{21}A_{21}+\cdots+a_{n1}A_{n1} = \sum_{k=1}^{n} a_{k1}A_{k1}.$$

（4）n 阶行列式应尽量选取零元素居多的行或列展开．

例题 4　计算行列式 $\begin{vmatrix} 2 & 0 & 0 & -3 \\ 1 & 0 & 3 & 0 \\ 2 & -3 & 6 & 1 \\ 1 & 6 & 2 & -3 \end{vmatrix}$ 的值.

行列式按行展开（例题 4）

解　$\begin{vmatrix} 2 & 0 & 0 & -3 \\ 1 & 0 & 3 & 0 \\ 2 & -3 & 6 & 1 \\ 1 & 6 & 2 & -3 \end{vmatrix} = 2 \times (-1)^{1+1} \begin{vmatrix} 0 & 3 & 0 \\ -3 & 6 & 1 \\ 6 & 2 & -3 \end{vmatrix} + (-3) \times (-1)^{1+4} \begin{vmatrix} 1 & 0 & 3 \\ 2 & -3 & 6 \\ 1 & 6 & 2 \end{vmatrix}$

$= 2 \times 3 \times (-1)^{1+2} \begin{vmatrix} -3 & 1 \\ 6 & -3 \end{vmatrix} + 3 \times \left[1 \times (-1)^{1+1} \begin{vmatrix} -3 & 6 \\ 6 & 2 \end{vmatrix} + 3 \times (-1)^{1+3} \begin{vmatrix} 2 & -3 \\ 1 & 6 \end{vmatrix} \right]$

$= -6 \times 3 + 3 \times 3 = -9.$

四、特殊行列式

1. 对角行列式

除对角线元素外其余元素为零的行列式称为**对角行列式**.

例如 $\begin{vmatrix} 3 & 0 & 0 \\ 0 & -2 & 0 \\ 0 & 0 & 1 \end{vmatrix}$, $\begin{vmatrix} 3 & 0 & 0 & 0 \\ 0 & 0 & 0 & 0 \\ 0 & 0 & -3 & 0 \\ 0 & 0 & 0 & -2 \end{vmatrix}$, $\begin{vmatrix} a_{11} & & & & \\ & a_{22} & & & \\ & & \ddots & & \\ & & & a_{n-1,n-1} & \\ & & & & a_{nn} \end{vmatrix}$,

$\begin{vmatrix} & & & & \lambda_1 \\ & & & \lambda_2 & \\ & & \ddots & & \\ & \lambda_{n-1,n-1} & & & \\ \lambda_{nn} & & & & \end{vmatrix}.$

例题 5　计算行列式 $\begin{vmatrix} \lambda_1 & & & & \\ & \lambda_2 & & & \\ & & \ddots & & \\ & & & \lambda_{n-1} & \\ & & & & \lambda_n \end{vmatrix}$ 的值.

解　$\begin{vmatrix} \lambda_1 & & & & \\ & \lambda_2 & & & \\ & & \ddots & & \\ & & & \lambda_{n-1} & \\ & & & & \lambda_n \end{vmatrix} = \lambda_1 \begin{vmatrix} \lambda_2 & & & \\ & \lambda_3 & & \\ & & \ddots & \\ & & & \lambda_{n-1} \\ & & & & \lambda_n \end{vmatrix}$

$$=\lambda_1\lambda_2\begin{vmatrix}\lambda_3\\&\lambda_4\\&&\ddots\\&&&\lambda_{n-1}\\&&&&\lambda_n\end{vmatrix}=\cdots=\lambda_1\lambda_2\cdots\lambda_n.$$

例题 6 计算行列式 $\begin{vmatrix}&&&\lambda_1\\&&\lambda_2\\&\iddots\\&\lambda_{n-1,n-1}\\\lambda_{m}\end{vmatrix}$ 的值.

特殊行列式（例题 6）

解

$$\begin{vmatrix}&&&\lambda_1\\&&\lambda_2\\&\iddots\\\lambda_{n-1,n-1}\\\lambda_{m}\end{vmatrix}=\lambda_1(-1)^{1+n}\begin{vmatrix}&&&\lambda_2\\&&\lambda_3\\&\iddots\\\lambda_{n-1,n-1}\\\lambda_{m}\end{vmatrix}$$

$$=\lambda_1(-1)^{1+n}\lambda_2(-1)^{1+n-1}\begin{vmatrix}&&&\lambda_3\\&&\lambda_4\\&\iddots\\&\lambda_{n-1,n-1}\\\lambda_{m}\end{vmatrix}$$

$$=(-1)^{1+n}(-1)^{1+(n-1)}\cdots(-1)^{1+2}(-1)^{1+1}\lambda_1\lambda_2\cdots\lambda_n$$

$$=(-1)^{\frac{n(n+3)}{2}}\lambda_1\lambda_2\cdots\lambda_n.$$

2. 上（下）三角行列式

对角线以下（上）的元素全为零的行列式称为上（下）三角行列式.

例如 $\begin{vmatrix}a_{11}&a_{12}&\cdots&a_{1n}\\&a_{22}&\cdots&a_{2n}\\&&\ddots&\vdots\\&&&a_{m}\end{vmatrix}$, $\begin{vmatrix}a_{11}\\a_{21}&a_{22}\\\vdots&\vdots&\ddots\\a_{n1}&a_{n2}&\cdots&a_{m}\end{vmatrix}$, $\begin{vmatrix}1&1&\cdots&1\\&2&\cdots&2\\&&\ddots&\vdots\\&&&n\end{vmatrix}$, $\begin{vmatrix}1\\-3&0\\74&81&-2\\4&0&6&7\end{vmatrix}$.

例题 7 计算行列式 $\begin{vmatrix}a_{11}\\a_{21}&a_{22}\\\vdots&\vdots&\ddots\\a_{n1}&a_{n2}&\cdots&a_{m}\end{vmatrix}$, $\begin{vmatrix}a_{11}&a_{12}&\cdots&a_{1n}\\&a_{22}&\cdots&a_{2n}\\&&\ddots&\vdots\\&&&a_{m}\end{vmatrix}$ 的值.

解 $\begin{vmatrix}a_{11}\\a_{21}&a_{22}\\\vdots&\vdots&\ddots\\a_{n1}&a_{n2}&\cdots&a_{m}\end{vmatrix}=a_{11}\begin{vmatrix}a_{22}\\a_{32}&a_{33}\\\vdots&\vdots&\ddots\\a_{n2}&a_{n3}&\cdots&a_{m}\end{vmatrix}=\cdots=a_{11}a_{22}\cdots a_{m};$

$$\begin{vmatrix} a_{11} & a_{12} & \cdots & a_{1n} \\ & a_{22} & \cdots & a_{2n} \\ & & \ddots & \vdots \\ & & & a_{nn} \end{vmatrix} = a_{11} \begin{vmatrix} a_{22} & a_{23} & \cdots & a_{2n} \\ & a_{33} & \cdots & a_{3n} \\ & & \ddots & \vdots \\ & & & a_{nn} \end{vmatrix} = \cdots = a_{11} a_{22} \cdots a_{nn}.$$

习题 6 - 1

本节习题答案

1. 计算下列行列式的值：

(1) $\begin{vmatrix} 2 & 3 \\ 5 & -4 \end{vmatrix}$;

(2) $\begin{vmatrix} 1 & 2 \\ 3 & 4 \end{vmatrix}$;

(3) $\begin{vmatrix} 2 & 3 & 4 \\ 0 & 5 & 6 \\ 0 & 0 & 1 \end{vmatrix}$;

(4) $\begin{vmatrix} 1 & 2 & -4 \\ -2 & 2 & 1 \\ -3 & 4 & -2 \end{vmatrix}$;

(5) $\begin{vmatrix} 2 & 1 & -1 \\ 0 & 2 & 1 \\ -1 & 3 & 5 \end{vmatrix}$;

(6) $\begin{vmatrix} 10 & 8 & 2 \\ 15 & 12 & 3 \\ 20 & 32 & 12 \end{vmatrix}$;

(7) $\begin{vmatrix} 2 & 1 & 0 & 0 \\ 0 & -3 & 0 & 2 \\ 1 & 0 & -2 & 0 \\ 0 & 0 & 3 & 1 \end{vmatrix}$;

(8) $\begin{vmatrix} 1 & 2 & 3 & -1 \\ 1 & -1 & 0 & 2 \\ 0 & 1 & 0 & 1 \\ 0 & 0 & -1 & 2 \end{vmatrix}$;

(9) $\begin{vmatrix} 1 & & & & \\ & 2 & & & \\ & & \ddots & & \\ & & & n-1 & \\ & & & & n \end{vmatrix}$;

(10) $\begin{vmatrix} 0 & 1 & & & \\ & 0 & 2 & & \\ & & \ddots & \ddots & \\ & & & 0 & n-1 \\ n & & & & 0 \end{vmatrix}$;

特殊行列式（习题 1 (10)）

(11) $\begin{vmatrix} 1 & 1 & \cdots & 1 \\ & 2 & \cdots & 2 \\ & & \ddots & \vdots \\ & & & n \end{vmatrix}$;

(12) $\begin{vmatrix} 1 & 0 & 0 & 0 \\ -3 & -3 & 0 & 0 \\ 74 & 81 & -2 & 0 \\ 4 & 0 & 6 & 7 \end{vmatrix}$.

2. 解方程：

(1) $\begin{vmatrix} 1 & 1 \\ x & x^2 \end{vmatrix} = 0$;
(2) $\begin{vmatrix} x & 3 & 4 \\ -1 & x & 0 \\ 0 & x & 1 \end{vmatrix} = 0$;
(3) $\begin{vmatrix} x-1 & 2 & 3 & -1 \\ 0 & x+1 & 0 & 2 \\ 0 & 0 & x-2 & 1 \\ 0 & 0 & 0 & x+2 \end{vmatrix} = 0$.

3. 解方程组：

(1) $\begin{cases} 3a - 2b = 12, \\ 2a + b = 1; \end{cases}$

(2) $\begin{cases} 2a + b = 3, \\ b - 3c = 1, \\ a + 2c = -1. \end{cases}$

第二节　行列式的性质

学习内容：行列式的性质.

目的要求：理解行列式的六大性质；熟练掌握使用行列式的性质计算行列式.

重点难点：行列式的性质及推论，利用性质计算行列式.

案例　计算行列式 $\begin{vmatrix} -ab & ac & ae \\ bd & -cd & de \\ bf & cf & -ef \end{vmatrix}$，$\begin{vmatrix} 4 & 427 & 327 \\ 5 & 543 & 443 \\ 7 & 721 & 621 \end{vmatrix}$ 的值.

从行列式的定义出发直接计算行列式是比较麻烦的，为了简化行列式的计算，下面我们给出行列式的一些基本性质.

将行列式 D 的对应行、列互换后，得到新的行列式 D^T，D^T 称为 D 的**转置行列式**. 即如果 $D = \begin{vmatrix} a_{11} & a_{12} & \cdots & a_{1n} \\ a_{21} & a_{22} & \cdots & a_{2n} \\ \vdots & \vdots & & \vdots \\ a_{n1} & a_{n2} & \cdots & a_{nn} \end{vmatrix}$，则 $D^T = \begin{vmatrix} a_{11} & a_{21} & \cdots & a_{n1} \\ a_{12} & a_{22} & \cdots & a_{n2} \\ \vdots & \vdots & & \vdots \\ a_{1n} & a_{2n} & \cdots & a_{nn} \end{vmatrix}$.

性质 1　行列式与它的转置行列式相等，即 $D = D^T$.

说明　性质 1 说明行列式中行与列的地位是平等的，对行列式中行成立的性质，对列也同样成立，反过来也是对的，正因为如此，下面以行为例对行列式进行讨论.

例如上三角形行列式 $D = \begin{vmatrix} a_{11} & a_{12} & a_{13} & \cdots & a_{1n} \\ 0 & a_{22} & a_{23} & \cdots & a_{2n} \\ 0 & 0 & a_{33} & \cdots & a_{3n} \\ \vdots & \vdots & \vdots & & \vdots \\ 0 & 0 & 0 & \cdots & a_{nn} \end{vmatrix} = a_{11}a_{22}\cdots a_{nn}$，其转置行列式为

$$D^T = \begin{vmatrix} a_{11} & 0 & 0 & \cdots & 0 \\ a_{12} & a_{22} & 0 & \cdots & 0 \\ a_{13} & a_{23} & a_{33} & \cdots & 0 \\ \vdots & \vdots & \vdots & & \vdots \\ a_{1n} & a_{2n} & a_{3n} & \cdots & a_{nn} \end{vmatrix} = a_{11}a_{22}\cdots a_{nn},$$

显然，$D = D^T$.

性质 2　互换行列式的两行（或两列），行列式变号.

例如　交换三阶行列式的第一行与第三行，由性质 2 有

$$\begin{vmatrix} a_{11} & a_{12} & a_{13} \\ a_{21} & a_{22} & a_{23} \\ a_{31} & a_{32} & a_{33} \end{vmatrix} = - \begin{vmatrix} a_{31} & a_{32} & a_{33} \\ a_{21} & a_{22} & a_{23} \\ a_{11} & a_{12} & a_{13} \end{vmatrix}.$$

推论 1　如果行列式有两行（或两列）的对应元素相同，则这个行列式等于零.

例如 $\begin{vmatrix} 3 & 12 & 15 & 5 \\ 1 & 3 & 7 & 8 \\ 6 & 16 & 23 & 31 \\ 3 & 12 & 15 & 5 \end{vmatrix}=0$, $\begin{vmatrix} 7 & 5 & 7 \\ 8 & 61 & 8 \\ 21 & 76 & 21 \end{vmatrix}=0$.

性质 3　n 阶行列式等于它的任一行（或任一列）的每个元素与其对应的代数余子式的乘积之和. 即

$$D=\begin{vmatrix} a_{11} & a_{12} & \cdots & a_{1n} \\ a_{21} & a_{22} & \cdots & a_{2n} \\ \vdots & \vdots & & \vdots \\ a_{n1} & a_{n2} & \cdots & a_{nn} \end{vmatrix}=a_{i1}A_{i1}+a_{i2}A_{i2}+\cdots+a_{in}A_{in}=\sum_{k=1}^{n}a_{ik}A_{ik}\ (i=1,\ 2,\ \cdots,\ n);$$

$$D=\begin{vmatrix} a_{11} & a_{12} & \cdots & a_{1n} \\ a_{21} & a_{22} & \cdots & a_{2n} \\ \vdots & \vdots & & \vdots \\ a_{n1} & a_{n2} & \cdots & a_{nn} \end{vmatrix}=a_{1j}A_{1j}+a_{2j}A_{2j}+\cdots+a_{nj}A_{nj}=\sum_{k=1}^{n}a_{kj}A_{kj}\ (j=1,\ 2,\ \cdots,\ n).$$

性质 3 说明了行列式可按任一行（或列）展开. 在具体计算时，只要行列式的某一行（列）的零元素多，我们就按该行（列）来展开，这样就降低了行列式的阶数，从而简化运算.

例题 1　计算行列式

$$D=\begin{vmatrix} 2 & -3 & 1 & 0 \\ 4 & -1 & 6 & 2 \\ 0 & 4 & 0 & 1 \\ 0 & 1 & -1 & 0 \end{vmatrix}.$$

解　按第一列展开，得

$$D=2\times(-1)^{1+1}\begin{vmatrix} -1 & 6 & 2 \\ 4 & 0 & 1 \\ 1 & -1 & 0 \end{vmatrix}+4\times(-1)^{2+1}\begin{vmatrix} -3 & 1 & 0 \\ 4 & 0 & 1 \\ 1 & -1 & 0 \end{vmatrix}=2\times(-3)-4\times(-2)=2.$$

性质 4　行列式的某一行（或列）的所有元素都乘以同一个数 k，等于用 k 乘以该行列式，即

$$\begin{vmatrix} a_{11} & a_{12} & \cdots & a_{1n} \\ \vdots & \vdots & & \vdots \\ ka_{i1} & ka_{i2} & \cdots & ka_{in} \\ \vdots & \vdots & & \vdots \\ a_{n1} & a_{n2} & \cdots & a_{nn} \end{vmatrix}=k\begin{vmatrix} a_{11} & a_{12} & \cdots & a_{1n} \\ \vdots & \vdots & & \vdots \\ a_{i1} & a_{i2} & \cdots & a_{in} \\ \vdots & \vdots & & \vdots \\ a_{n1} & a_{n2} & \cdots & a_{nn} \end{vmatrix}.$$

这个性质也可叙述为：行列式中某一行（或列）所有元素的公因子可以提到行列式符号的外边. 由此性质，容易得到如下推论.

推论 2　如果行列式有两行（或列）元素对应成比例，则行列式等于零.

例题 2 计算行列式 $\begin{vmatrix} 2 & 5 & 5 \\ 6 & 4 & 10 \\ 3 & 6 & 15 \end{vmatrix}$.

行列式的性质
（例题 2）

解 $\begin{vmatrix} 2 & 5 & 5 \\ 6 & 4 & 10 \\ 3 & 6 & 15 \end{vmatrix} = 2 \times 3 \times \begin{vmatrix} 2 & 5 & 5 \\ 3 & 2 & 5 \\ 1 & 2 & 5 \end{vmatrix} = 2 \times 3 \times 5 \times \begin{vmatrix} 2 & 5 & 1 \\ 3 & 2 & 1 \\ 1 & 2 & 1 \end{vmatrix}$

$= 30(4 + 6 + 5 - 2 - 4 - 15) = -180.$

性质 5 如果行列式某一行（或列）的元素都可表示为两数之和，那么这个行列式等于两个行列式之和，这两个行列式除该行（或列）的元素分别为这两数之一外，其余各行（或列）的元素都与原来行列式的对应行（或列）相同，即

$$\begin{vmatrix} a_{11} & a_{12} & \cdots & a_{1n} \\ \vdots & \vdots & & \vdots \\ b_1+c_1 & b_2+c_2 & \cdots & b_n+c_n \\ \vdots & \vdots & & \vdots \\ a_{n1} & a_{n2} & \cdots & a_{nn} \end{vmatrix} = \begin{vmatrix} a_{11} & a_{12} & \cdots & a_{1n} \\ \vdots & \vdots & & \vdots \\ b_1 & b_2 & \cdots & b_n \\ \vdots & \vdots & & \vdots \\ a_{n1} & a_{n2} & \cdots & a_{nn} \end{vmatrix} + \begin{vmatrix} a_{11} & a_{12} & \cdots & a_{1n} \\ \vdots & \vdots & & \vdots \\ c_1 & c_2 & \cdots & c_n \\ \vdots & \vdots & & \vdots \\ a_{n1} & a_{n2} & \cdots & a_{nn} \end{vmatrix}.$$

例题 3 计算行列式 $\begin{vmatrix} 4 & 427 & 327 \\ 5 & 543 & 443 \\ 7 & 721 & 621 \end{vmatrix}$.

行列式的性质
（例题 3）

$$\begin{vmatrix} 4 & 427 & 327 \\ 5 & 543 & 443 \\ 7 & 721 & 621 \end{vmatrix} = \begin{vmatrix} 4 & 400+27 & 300+27 \\ 5 & 500+43 & 400+43 \\ 7 & 700+21 & 600+21 \end{vmatrix} = \begin{vmatrix} 4 & 400 & 300+27 \\ 5 & 500 & 400+43 \\ 7 & 700 & 600+21 \end{vmatrix} +$$

$$\begin{vmatrix} 4 & 27 & 300+27 \\ 5 & 43 & 400+43 \\ 7 & 21 & 600+21 \end{vmatrix} = \begin{vmatrix} 4 & 400 & 300 \\ 5 & 500 & 400 \\ 7 & 700 & 600 \end{vmatrix} + \begin{vmatrix} 4 & 400 & 27 \\ 5 & 500 & 43 \\ 7 & 700 & 21 \end{vmatrix} + \begin{vmatrix} 4 & 27 & 300 \\ 5 & 43 & 400 \\ 7 & 21 & 600 \end{vmatrix} +$$

$$\begin{vmatrix} 4 & 27 & 27 \\ 5 & 43 & 43 \\ 7 & 21 & 21 \end{vmatrix} = 100 \begin{vmatrix} 4 & 27 & 3 \\ 5 & 43 & 4 \\ 7 & 21 & 6 \end{vmatrix} = 5\,400.$$

性质 6 将行列式的某一行（或列）的元素都乘以同一个常数 k 后，再加到另一行（或列）的对应元素上，行列式的值不变，即

$$\begin{vmatrix} a_{11} & a_{12} & \cdots & a_{1n} \\ \vdots & \vdots & & \vdots \\ a_{i1} & a_{i2} & \cdots & a_{in} \\ \vdots & \vdots & & \vdots \\ a_{s1} & a_{s2} & \cdots & a_{sn} \\ \vdots & \vdots & & \vdots \\ a_{n1} & a_{n2} & \cdots & a_{nn} \end{vmatrix} = \begin{vmatrix} a_{11} & a_{12} & \cdots & a_{1n} \\ \vdots & \vdots & & \vdots \\ a_{i1} & a_{i2} & \cdots & a_{in} \\ \vdots & \vdots & & \vdots \\ a_{s1}+ka_{i1} & a_{s2}+ka_{i2} & \cdots & a_{sn}+ka_{in} \\ \vdots & \vdots & & \vdots \\ a_{n1} & a_{n2} & \cdots & a_{nn} \end{vmatrix}.$$

利用行列式的性质，可以简化行列式的计算，特别是利用性质 2 和性质 6，总可将一个 n 阶行列式化为容易计算的上三角行列式. 当然在化简行列式的过程中，注意综合运用行列

式的其他性质，以方便计算行列式.

本节习题答案

习题 6-2

1. 计算下列行列式的值：

(1) $D=\begin{vmatrix} -1 & 0 & 3 & 4 & 7 \\ 3 & 0 & 1 & -2 & 0 \\ 5 & 2 & 7 & 8 & 10 \\ 4 & 0 & -1 & -6 & 0 \\ 0 & 0 & 6 & 0 & 0 \end{vmatrix}$；

(2) $\begin{vmatrix} -ab & ac & ae \\ bd & -cd & de \\ bf & cf & -ef \end{vmatrix}$；

(3) $\begin{vmatrix} a^2c & ac & ab \\ ab & b & c \\ ad & d & a \end{vmatrix}$；

(4) $\begin{vmatrix} a^2 & ab & b^2 \\ 1 & 1 & 1 \\ 2a & a+b & 2b \end{vmatrix}$.

行列式的性质
（习题 1（4））

2. 利用行列式的性质证明：

(1) $\begin{vmatrix} a_1+tb_1 & a_2+tb_2 & a_3+tb_3 \\ b_1+c_1 & b_2+c_2 & b_3+c_3 \\ c_1 & c_2 & c_3 \end{vmatrix} = \begin{vmatrix} a_1 & a_2 & a_3 \\ b_1 & b_2 & b_3 \\ c_1 & c_2 & c_3 \end{vmatrix}$；

(2) $\begin{vmatrix} b+c & c+a & a+b \\ q+r & r+p & p+q \\ y+z & z+x & x+y \end{vmatrix} = 2\begin{vmatrix} a & b & c \\ p & q & r \\ x & y & z \end{vmatrix}$.

第三节 行列式的计算

学习内容：利用行列式的性质计算行列式.

目的要求：理解并熟练掌握行列式的性质、降阶法及三角法求解行列式.

重点难点：降阶法及三角法求解行列式，利用行列式的性质计算行列式.

案例 计算行列式 $\begin{vmatrix} 3 & 1 & -1 & 2 \\ -5 & 1 & 3 & 4 \\ 2 & 0 & 1 & -1 \\ 1 & -5 & 3 & -3 \end{vmatrix}$，$\begin{vmatrix} 3 & 1 & 1 & 1 \\ 1 & 3 & 1 & 1 \\ 1 & 1 & 3 & 1 \\ 1 & 1 & 1 & 3 \end{vmatrix}$ 的值.

行列式的计算方法主要有降阶法和三角法两种.

1. 降阶法

把行列式按选定的某一行或某一列展开，把行列式的阶数降低，再求出它的值. 通常是利用性质 6，在某一行或某一列中产生很多个零元素，再按包含零元素最多的行或列展开.

2. 三角法

主要是利用性质 2 和性质 6，把行列式化为容易计算的上三角（或下三角）行列式再求值.

下面将通过例题说明如何应用行列式性质计算行列式. 为使计算过程清楚，我们引入一些记号.

用 r_i 表示第 i 行，c_i 表示第 i 列.

(1) 交换 i，j 两行（或两列）：$r_i \leftrightarrow r_j (c_i \leftrightarrow c_j)$；

(2) 用数 k 乘以第 i 行（或列）：$kr_i(kc_i)$，$k \neq 0$；

(3) 用数 k 乘以第 j 行（或列）再加到第 i 行（或列）上：$kr_j + r_i(kc_j + c_i)$.

例题 1　计算行列式

$$D = \begin{vmatrix} 3 & 1 & -1 & 2 \\ -5 & 1 & 3 & -4 \\ 2 & 0 & 1 & -1 \\ 1 & -5 & 3 & -3 \end{vmatrix}.$$

行列式的计算（例题 1）

解法一（三角法）：

$$D \xrightarrow{c_1 \leftrightarrow c_2} - \begin{vmatrix} 1 & 3 & -1 & 2 \\ 1 & -5 & 3 & -4 \\ 0 & 2 & 1 & -1 \\ -5 & 1 & 3 & -3 \end{vmatrix} \xrightarrow[5r_1 + r_4]{-r_1 + r_2} - \begin{vmatrix} 1 & 3 & -1 & 2 \\ 0 & -8 & 4 & -6 \\ 0 & 2 & 1 & -1 \\ 0 & 16 & -2 & 7 \end{vmatrix} \xrightarrow{r_2 \leftrightarrow r_3} \begin{vmatrix} 1 & 3 & -1 & 2 \\ 0 & 2 & 1 & -1 \\ 0 & -8 & 4 & -6 \\ 0 & 16 & -2 & 7 \end{vmatrix}$$

$$\xrightarrow[-8r_2 + r_4]{4r_2 + r_3} \begin{vmatrix} 1 & 3 & -1 & 2 \\ 0 & 2 & 1 & -1 \\ 0 & 0 & 8 & -10 \\ 0 & 0 & -10 & 15 \end{vmatrix} \xrightarrow{\frac{5}{4}r_3 + r_4} \begin{vmatrix} 1 & 3 & -1 & 2 \\ 0 & 2 & 1 & -1 \\ 0 & 0 & 8 & -10 \\ 0 & 0 & 0 & \frac{5}{2} \end{vmatrix} = 40.$$

解法二（降阶法）：

$$D \xrightarrow{c_1 \leftrightarrow c_2} - \begin{vmatrix} 1 & 3 & -1 & 2 \\ 1 & -5 & 3 & -4 \\ 0 & 2 & 1 & -1 \\ -5 & 1 & 3 & -3 \end{vmatrix} \xrightarrow[5r_1 + r_4]{-r_1 + r_2} - \begin{vmatrix} 1 & 3 & -1 & 2 \\ 0 & -8 & 4 & -6 \\ 0 & 2 & 1 & -1 \\ 0 & 16 & -2 & 7 \end{vmatrix}$$

$$= - \begin{vmatrix} -8 & 4 & -6 \\ 2 & 1 & -1 \\ 16 & -2 & 7 \end{vmatrix} \xrightarrow[-8r_1 + r_3]{4r_2 + r_1} - \begin{vmatrix} 0 & 8 & -10 \\ 2 & 1 & -1 \\ 0 & -10 & 15 \end{vmatrix}$$

$$= 2 \begin{vmatrix} 8 & -10 \\ -10 & 15 \end{vmatrix} = 40.$$

例题 2 求解方程

$$\begin{vmatrix} x & 2 & 2 & 2 \\ 2 & x & 2 & 2 \\ 2 & 2 & x & 2 \\ 2 & 2 & 2 & x \end{vmatrix}=0.$$

行列式的计算
（例题 2）

解

$$\begin{vmatrix} x & 2 & 2 & 2 \\ 2 & x & 2 & 2 \\ 2 & 2 & x & 2 \\ 2 & 2 & 2 & x \end{vmatrix}=\begin{vmatrix} x+6 & x+6 & x+6 & x+6 \\ 2 & x & 2 & 2 \\ 2 & 2 & x & 2 \\ 2 & 2 & 2 & x \end{vmatrix}=(x+6)\begin{vmatrix} 1 & 1 & 1 & 1 \\ 2 & x & 2 & 2 \\ 2 & 2 & x & 2 \\ 2 & 2 & 2 & x \end{vmatrix}$$

$$=(x+6)\begin{vmatrix} 1 & 0 & 0 & 0 \\ 2 & x-2 & 0 & 0 \\ 2 & 0 & x-2 & 0 \\ 2 & 0 & 0 & x-2 \end{vmatrix}=(x+6)(x-2)^3=0,$$

解得 $x_1=-6$，$x_2=x_3=x_4=2$.

例题 3 计算行列式：

$$D=\begin{vmatrix} a & b & c & d \\ a & a+b & a+b+c & a+b+c+d \\ a & 2a+b & 3a+2b+c & 4a+3b+2c+d \\ a & 3a+b & 6a+3b+c & 10a+6b+3c+d \end{vmatrix}.$$

行列式的计算
（例题 3）

解

$$D\xlongequal{-r_3+r_4}\begin{vmatrix} a & b & c & d \\ a & a+b & a+b+c & a+b+c+d \\ a & 2a+b & 3a+2b+c & 4a+3b+2c+d \\ 0 & a & 3a+b & 6a+3b+c \end{vmatrix}\xlongequal{-r_2+r_3}\begin{vmatrix} a & b & c & d \\ a & a+b & a+b+c & a+b+c+d \\ 0 & a & 2a+b & 3a+2b+c \\ 0 & a & 3a+b & 6a+3b+c \end{vmatrix}$$

$$\xlongequal{-r_1+r_2}\begin{vmatrix} a & b & c & d \\ 0 & a & a+b & a+b+c \\ 0 & a & 2a+b & 3a+2b+c \\ 0 & a & 3a+b & 6a+3b+c \end{vmatrix}\xlongequal{-r_3+r_4}\begin{vmatrix} a & b & c & d \\ 0 & a & a+b & a+b+c \\ 0 & a & 2a+b & 3a+2b+c \\ 0 & 0 & a & 3a+b \end{vmatrix}$$

$$\xlongequal{-r_2+r_3}\begin{vmatrix} a & b & c & d \\ 0 & a & a+b & a+b+c \\ 0 & 0 & a & 2a+b \\ 0 & 0 & a & 3a+b \end{vmatrix}\xlongequal{-r_3+r_4}\begin{vmatrix} a & b & c & d \\ 0 & a & a+b & a+b+c \\ 0 & 0 & a & 2a+b \\ 0 & 0 & 0 & a \end{vmatrix}=a^4.$$

习题 6 - 3

本节习题答案

计算行列式:

(1) $D=\begin{vmatrix} -2 & 1 & 3 & 1 \\ 1 & 0 & -1 & 2 \\ 1 & 3 & 4 & -2 \\ 0 & 1 & 0 & -1 \end{vmatrix};$

(2) $D=\begin{vmatrix} 1 & 2 & 3 & 4 \\ 4 & 3 & 2 & 1 \\ 0 & 1 & 0 & -1 \\ 3 & 2 & 4 & 1 \end{vmatrix};$

(3) $D=\begin{vmatrix} 1 & 2 & 3 & -1 \\ 1 & -1 & 0 & 2 \\ 0 & 1 & 0 & 1 \\ 0 & 0 & -1 & 3 \end{vmatrix};$

(4) $D_n=\begin{vmatrix} x & a & \cdots & a \\ a & x & \cdots & a \\ \vdots & \vdots & & \vdots \\ a & a & \cdots & x \end{vmatrix}.$

第四节 克莱姆法则

学习内容：克莱姆法则.

目的要求：理解并掌握使用克莱姆法则判断齐次线性方程组解的情况，熟练掌握使用克莱姆法则解线性方程组.

重点难点：利用克莱姆法判断齐次线性方程组解的情况，利用克莱姆法则解线性方程组.

案例 利用行列式解 n 元线性方程组 $\begin{cases} a_{11}x_1+a_{12}x_2+\cdots+a_{1n}x_n=b_1, \\ a_{21}x_1+a_{22}x_2+\cdots+a_{2n}x_n=b_2, \\ \cdots \quad \cdots \quad \cdots \quad \cdots \\ a_{n1}x_1+a_{n2}x_2+\cdots+a_{nn}x_n=b_n. \end{cases}$

解 n 元一次方程组

$$\begin{cases} a_{11}x_1+a_{12}x_2+\cdots+a_{1n}x_n=b_1, \\ a_{21}x_1+a_{22}x_2+\cdots+a_{2n}x_n=b_2, \\ \cdots \quad \cdots \quad \cdots \quad \cdots \\ a_{n1}x_1+a_{n2}x_2+\cdots+a_{nn}x_n=b_n. \end{cases} \tag{6.4.1}$$

方程组中未知量前的系数组成的行列式称为**系数行列式**，记为

$$D=\begin{vmatrix} a_{11} & a_{12} & \cdots & a_{1n} \\ a_{21} & a_{22} & \cdots & a_{2n} \\ \vdots & \vdots & & \vdots \\ a_{n1} & a_{n2} & \cdots & a_{nn} \end{vmatrix}.$$

定理 1 （克莱姆法则）如果 n 个方程的 n 元线性方程组（6.4.1）的系数行列式 $D\neq0$，则方程组（6.4.1）必有唯一解：

$$x_j=\frac{D_j}{D}\ (j=1,\ 2,\ \cdots,\ n),$$

克莱姆法则意义

其中，$D_j=\begin{vmatrix} a_{11} & \cdots & a_{1,j-1} & b_1 & a_{1,j+1} & \cdots & a_{1n} \\ \vdots & & \vdots & \vdots & \vdots & & \vdots \\ a_{i1} & \cdots & a_{i,j-1} & b_i & a_{i,j+1} & \cdots & a_{in} \\ \vdots & & \vdots & \vdots & \vdots & & \vdots \\ a_{n1} & \cdots & a_{n,j-1} & b_n & a_{n,j+1} & \cdots & a_{nn} \end{vmatrix}\ (j=1,\ 2,\ \cdots,\ n)$

是将系数行列式 D 中第 j 列的元素 a_{1j}，a_{2j}，$\cdots$，a_{nj} 对应地换为方程组的常数项 b_1，b_2，$\cdots$，b_n 得到的行列式.

注意：用克莱姆法则解线性方程组必须满足两个条件：

①未知量的个数必须等于方程的个数；

②系数行列式不能等于零.

例题 1 解方程组 $\begin{cases} 3x-y=3, \\ x+2y=8. \end{cases}$

解 因为 $D=\begin{vmatrix} 3 & -1 \\ 1 & 2 \end{vmatrix}=7\neq0$，$D_1=\begin{vmatrix} 3 & -1 \\ 8 & 2 \end{vmatrix}=14$，$D_2=$

$\begin{vmatrix} 3 & 3 \\ 1 & 8 \end{vmatrix}=21$，

克莱姆法则（例题1）

所以 $x_1=\frac{D_1}{D}=\frac{14}{7}=2$，$x_2=\frac{D_2}{D}=\frac{21}{7}=3$.

例题 2 解方程组 $\begin{cases} x+2y-z=-3, \\ 2x-y+3z=9, \\ -x+y+4z=6. \end{cases}$

解 因为 $D=\begin{vmatrix} 1 & 2 & -1 \\ 2 & -1 & 3 \\ -1 & 1 & 4 \end{vmatrix}=-30\neq0$，

克莱姆法则（例题2）

$D_1=\begin{vmatrix} -3 & 2 & -1 \\ 9 & -1 & 3 \\ 6 & 1 & 4 \end{vmatrix}=-30$，$D_2=\begin{vmatrix} 1 & -3 & -1 \\ 2 & 9 & 3 \\ -1 & 6 & 4 \end{vmatrix}=30$，$D_3=\begin{vmatrix} 1 & 2 & -3 \\ 2 & -1 & 9 \\ -1 & 1 & 6 \end{vmatrix}=-60$，

所以 $x=\frac{D_1}{D}=\frac{-30}{-30}=1$，$y=\frac{D_2}{D}=\frac{30}{-30}=-1$，$z=\frac{D_3}{D}=\frac{-60}{-30}=2$.

例题 3　解线性方程组 $\begin{cases} x_1 + x_2 - x_3 - x_4 = 0, \\ x_1 - 2x_2 - x_3 + x_4 = 1, \\ x_1 + 2x_2 \qquad - 2x_4 = 1, \\ 7x_1 - 3x_2 + 5x_3 - 2x_4 = 38. \end{cases}$

解　因为

$$D = \begin{vmatrix} 1 & 1 & -1 & -1 \\ 1 & -2 & -1 & 1 \\ 1 & 2 & 0 & -2 \\ 7 & -3 & 5 & -2 \end{vmatrix} = -7,$$

$$D_1 = \begin{vmatrix} 0 & 1 & -1 & -1 \\ 1 & -2 & -1 & 1 \\ 1 & 2 & 0 & -2 \\ 38 & -3 & 5 & -2 \end{vmatrix} = -49, \quad D_2 = \begin{vmatrix} 1 & 0 & -1 & -1 \\ 1 & 1 & -1 & 1 \\ 1 & 1 & 0 & -2 \\ 7 & 38 & 5 & -2 \end{vmatrix} = -35,$$

$$D_3 = \begin{vmatrix} 1 & 1 & 0 & -1 \\ 1 & -2 & 1 & 1 \\ 1 & 2 & 1 & -2 \\ 7 & -3 & 38 & -2 \end{vmatrix} = -28, \quad D_4 = \begin{vmatrix} 1 & 1 & -1 & 0 \\ 1 & -2 & -1 & 1 \\ 1 & 2 & 0 & 1 \\ 7 & -3 & 5 & 38 \end{vmatrix} = -56,$$

所以
$$x_1 = \frac{D_1}{D} = \frac{-49}{-7} = 7, \quad x_2 = \frac{D_2}{D} = \frac{-35}{-7} = 5,$$

$$x_3 = \frac{D_3}{D} = \frac{-28}{-7} = 4, \quad x_4 = \frac{D_4}{D} = \frac{-56}{-7} = 8.$$

定义 1　如果线性方程组（6.4.1）的常数项全部为零，即

$$\begin{cases} a_{11}x_1 + a_{12}x_2 + \cdots + a_{1n}x_n = 0, \\ a_{21}x_1 + a_{22}x_2 + \cdots + a_{2n}x_n = 0, \\ \cdots \quad \cdots \quad \cdots \quad \cdots \\ a_{n1}x_1 + a_{n2}x_2 + \cdots + a_{nn}x_n = 0 \end{cases} \tag{6.4.2}$$

则称方程组（6.4.2）为**齐次线性方程组**，否则称为**非齐次线性方程组**.

由克莱姆法则可得以下结论：

定理 2　如果齐次线性方程组（6.4.2）的系数行列式不等于零，则方程组（6.4.2）只有唯一零解，即 $x_1 = x_2 = \cdots = x_n = 0$.

换句话说，如果齐次线性方程组（6.4.2）有非零解，则其系数行列式必等于零.

克莱姆法则
（定理2）

例题 4　λ 取何值时，齐次线性方程组 $\begin{cases} (1-\lambda)x_1 - \quad 2x_2 + \quad 4x_3 = 0, \\ 2x_1 + (3-\lambda)x_2 + \quad x_3 = 0, \\ x_1 + \quad x_2 + (1-\lambda)x_3 = 0 \end{cases}$ 有非零解？

解　当 $D = \begin{vmatrix} 1-\lambda & -2 & 4 \\ 2 & 3-\lambda & 1 \\ 1 & 1 & 1-\lambda \end{vmatrix} = 0$ 时，该齐次线性方程组有非零解，即

$$-\lambda(\lambda-2)(\lambda-3)=0,$$

解方程，得 $\lambda_1=0$，$\lambda_2=2$，$\lambda_3=3$.

习题 6 - 4

本节习题答案

1. 求解下列方程组：

(1) $\begin{cases} 2x_1+3x_2=7, \\ 5x_1-4x_2=6; \end{cases}$

(2) $\begin{cases} x+2y+z=0, \\ 2x-y+z=1, \\ x-y+2z=3; \end{cases}$

(3) $\begin{cases} x_1+\ x_2+2x_3+\ 3x_4=\ 4, \\ x_1+\ x_2+\ \ \ \ \ \ \ \ x_4=\ 4, \\ 3x_1+2x_2+5x_3+10x_4=12, \\ 4x_1+5x_2+9x_3+13x_4=18. \end{cases}$

2. λ 取何值时，齐次线性方程组 $\begin{cases} \lambda x+y+z=0 \\ x+\lambda y-z=0 \\ 2x-y+z=0 \end{cases}$ 只有零解？

3. 求一个二次多项式 $f(x)=ax^2+bx+c$，满足 $f(-1)=-6$，$f(1)=-2$，$f(2)=-3$.

第五节　行列式部分测试题

本节习题答案

1. 填空题

(1) 行列式 $\begin{vmatrix} a & b & c \\ 1 & -1 & 1 \\ 1 & 2 & 3 \end{vmatrix}=$＿＿.

(2) 已知 $\begin{vmatrix} a_1 & b_1 & c_1 \\ a_2 & b_2 & c_2 \\ a_3 & b_3 & c_3 \end{vmatrix}=m,$ $\begin{vmatrix} a_1 & b_1 & c_1 \\ a_2 & b_2 & c_2 \\ a_3^* & b_3^* & c_3^* \end{vmatrix}=n,$ 则 $\begin{vmatrix} 2a_1 & 2b_1 & 2c_1 \\ a_2 & b_2 & c_2 \\ -a_3-a_3^* & -b_3-b_3^* & -c_3-c_3^* \end{vmatrix}=$＿＿.

(3) 行列式 $\begin{vmatrix} 2 & 1 & -4 \\ 1 & 3 & 2 \\ -3 & 1 & 5 \end{vmatrix}$ 的代数余子式 $A_{31}=$＿＿；$A_{23}=$＿＿.

(4) 行列式 $\begin{vmatrix} -2 & 0 & 1 \\ 3 & 6 & 7 \\ 4 & 3 & 0 \end{vmatrix}$ 的代数余子式 $A_{23}=$＿＿.

(5) $\begin{vmatrix} 1 & 0 & 0 & 0 \\ 0 & 0 & 1 & -1 \\ 1 & 2 & 0 & 0 \\ 0 & 0 & 0 & 1 \end{vmatrix} = $_____.

(6) 当 $a=$ _____ 时，行列式 $\begin{vmatrix} 1 & 0 & a \\ -2 & 0 & 4 \\ 0 & 1 & 2 \end{vmatrix}$ 的值为 0.

(7) 线性方程组 $\begin{cases} ax_1 + bx_2 = m \\ cx_1 + dx_2 = n \end{cases}$ 的系数满足 _____ 时，方程组有唯一解.

2. 选择题

(1) 若 $\begin{vmatrix} 3 & 1 & -1 \\ 2 & 5 & x \\ 2 & 3 & 2 \end{vmatrix} = 2$，则 $x = ($ $)$.

A. 0   B. 30   C. $\dfrac{30}{7}$ D. 4

(2) $\begin{vmatrix} 0 & 0 & 0 & a \\ 0 & 0 & b & 0 \\ 0 & c & 0 & 0 \\ d & 0 & 0 & 2 \end{vmatrix} = ($ $)$.

A. $abcd$ B. $-abcd$ C. $2abcd$ D. $-2abcd$

(3) $\begin{vmatrix} 1 & 0 & 3 \\ -2 & 1 & 1 \\ 2 & 3 & -1 \end{vmatrix}$ 的第二行第二列的元素的代数余子式为 (   ).

A. $\begin{vmatrix} 1 & 0 \\ -2 & 1 \end{vmatrix}$ B. $\begin{vmatrix} 1 & 0 \\ 2 & 3 \end{vmatrix}$ C. $-\begin{vmatrix} 1 & 3 \\ 2 & -1 \end{vmatrix}$ D. $\begin{vmatrix} 1 & 3 \\ 2 & -1 \end{vmatrix}$

(4) 与 $\begin{vmatrix} 1 & 0 & 2 \\ -1 & 2 & 3 \\ 2 & -1 & 1 \end{vmatrix}$ 的值相等的行列式是 (   ).

A. $\begin{vmatrix} 1 & 0 & 2 \\ -2 & 4 & 6 \\ 2 & -1 & 1 \end{vmatrix}$ B. $\begin{vmatrix} 1 & 0 & 2 \\ -1 & 2 & 3 \\ 3 & -1 & 3 \end{vmatrix}$ C. $\begin{vmatrix} 1 & 0 & 1 \\ -2 & 4 & 6 \\ 2 & -1 & 1 \end{vmatrix}$ D. $\begin{vmatrix} 0 & 2 & 2 \\ -1 & 2 & 3 \\ 2 & -1 & 1 \end{vmatrix}$

(5) 与 $\begin{vmatrix} 2 & 1 & -1 \\ 0 & 2 & 1 \\ -1 & 3 & 5 \end{vmatrix}$ 的值正好相反的行列式是 (   ).

A. $\begin{vmatrix} 0 & 2 & 1 \\ -2 & -1 & 1 \\ -1 & 3 & 5 \end{vmatrix}$ B. $\begin{vmatrix} 1 & -1 & 2 \\ 2 & 1 & 0 \\ 3 & 5 & -1 \end{vmatrix}$ C. $\begin{vmatrix} 2 & 1 & -1 \\ -1 & 3 & 5 \\ 0 & 2 & 1 \end{vmatrix}$ D. $\begin{vmatrix} 0 & 2 & 1 \\ -1 & 3 & 5 \\ 2 & 1 & -1 \end{vmatrix}$

(6) 将行列式 A 的第一行乘以 2，再将得到的行列式的第一行加到第二行，得到行列式

B，则（ ）．

   A．B 的值与 A 的值相等   B．B 的值是 A 的值的 2 倍

   C．A 的值是 B 的值的 2 倍   D．B 的值与 A 的值相差一个符号

（7）将行列式 A 的第一列与第二列对换，再将得到的行列式的第二列乘以 -1，得到行列式 B，则（ ）．

   A．B 的值与 A 的值相等   B．B 的值是 A 的值的相反数

   C．B 的值是 A 的值的 2 倍   D．B 的值与 A 的值没有关系

（8）下列命题错误的是（ ）．

   A．n 阶行列式 A 与 B 相加等于将它们对应的元素相加所得到的行列式

   B．行列式 A 有两列元素相等，其值等于零

   C．将行列式 A 的第一行乘以 5，A 的值必扩大 5 倍

   D．行列式 A 与 A' 的值相等（A' 是 A 的转置行列式）

（9）下列命题正确的是（ ）．

   A．行列式 A 的值等于零的充分必要条件是 A 有一行元素全为零

   B．行列式按第一行展开所求得的值与按第一列展开所求得的值必相等

   C．交换行列式两列，其值不变

   D．将行列式的某一行乘以 -1 加到另一行上去，所得到的行列式的值是原行列式的值的相反数

（10）$\begin{vmatrix} 1 & a & ad \\ 2 & b & bd \\ 3 & c & cd \end{vmatrix}$ 的值等于（ ）．

A．$abcd$ B．d C．6   D．0

（11）下列命题正确的是（ ）．

A．代数余子式与相应的余子式正好互为相反数

B．若 n 个行列式、n 个方程的线性方程组中常数项全为零，则只有零解

C．将行列式的第一行元素乘以 c，加到第二行上，其值扩大 c 倍

D．行列式 A 的第二行是第一行的 2 倍，第三行是第一行的 3 倍，则 A 的值必等于零

（12）行列式 A 的第二行第三列元素的余子式为 M，则第二行第三列元素的代数余子式是（ ）．

A．M B．$-M$ C．$(-1)^{i+j}$ D．无法确定

3．计算题

（1）计算行列式 $\begin{vmatrix} 1 & 2 & 3 \\ -1 & 4 & 1 \\ 3 & 5 & 8 \end{vmatrix}$．

（2）解方程 $\begin{vmatrix} x-1 & 2 & 0 \\ 2 & x & 2 \\ 0 & 2 & x+1 \end{vmatrix} = 0$．

（3）计算行列式 $\begin{vmatrix} 1 & 2 & 0 & 1 \\ 1 & 3 & 2 & 9 \\ -1 & 1 & 5 & 6 \\ 2 & 3 & 1 & 2 \end{vmatrix}$.

（4）解方程 $\begin{vmatrix} 1 & 1 & 1 & 1 \\ -1 & x & 2 & 2 \\ 2 & 2 & x & 3 \\ 3 & 3 & 3 & x \end{vmatrix} = 0$.

（5）用克莱姆法则求解方程组 $\begin{cases} 3x_1 + 5x_2 + x_3 = 4, \\ 2x_1 - 3x_2 + 2x_3 = -3, \\ 5x_1 + 4x_2 - 2x_3 = 2. \end{cases}$

4. 证明题

（1）当 $\lambda \neq 1$，-2 时，线性方程组 $\begin{cases} \lambda x_1 + x_2 + x_3 = b_1, \\ x_1 + \lambda x_2 + x_3 = b_2, \\ x_1 + x_2 + \lambda x_3 = b_3 \end{cases}$ 对于任何实数 b_1，b_2，b_3 都有唯一解.

（2）当 $\lambda \neq 1$ 时，齐次线性方程组 $\begin{cases} \lambda x_1 + x_4 = 0, \\ x_1 + 2x_2 - x_4 = 0, \\ (\lambda + 2)x_1 - x_2 + 4x_4 = 0, \\ 2x_1 + x_2 + 3x_3 + \lambda x_4 = 0 \end{cases}$ 只有零解.

第六节　矩阵的概念与运算

学习内容：矩阵的概念，矩阵的运算（相等、线性运算、矩阵的乘法、矩阵的转置等）.
目的要求：理解矩阵的概念，熟练掌握矩阵的相等、线性运算、乘法运算等.
重点难点：矩阵的概念，矩阵的乘法、方阵行列式的计算.

案例（货物的运价）设甲、乙、丙三个樱桃产地与四个樱桃销售市场之间的距离（单位 km）用如下矩阵表示

$$A = \begin{bmatrix} 82 & 90 & 86 & 91 \\ 93 & 89 & 92 & 80 \\ 85 & 82 & 90 & 94 \end{bmatrix}.$$

如果运送樱桃每吨需要花费 20 元，将这三个产地与四个销售市场之间每运 1 t 樱桃的运价用矩阵表示.

一、矩阵的概念

1. 矩阵的概念定义

由 $m \times n$ 个元素 $a_{ij} (i = 1, 2, \cdots, m; j = 1, 2, \cdots, n)$ 排成的 m 行 n 列的数表

$$\begin{bmatrix} a_{11} & a_{12} & \cdots & a_{1n} \\ a_{21} & a_{22} & \cdots & a_{2n} \\ \vdots & \vdots & & \vdots \\ a_{m1} & a_{m2} & \cdots & a_{mn} \end{bmatrix}$$

称为 m 行 n 列矩阵，简称 $m \times n$ 矩阵，其中 $a_{ij}(i=1, 2, \cdots, m; j=1, 2, \cdots, n)$ 称为矩阵的第 i 行第 j 列元素.

根据元素的特点，矩阵可分为实矩阵（元素都是实数）与复矩阵. 本书中的数与矩阵除特别说明外，都指实数与实矩阵.

通常用大写字母 $\boldsymbol{A}$，$\boldsymbol{B}$，$\cdots$ 表示矩阵. 例如，记

$$\boldsymbol{A} = \begin{bmatrix} a_{11} & a_{12} & \cdots & a_{1n} \\ a_{21} & a_{22} & \cdots & a_{2n} \\ \vdots & \vdots & & \vdots \\ a_{m1} & a_{m2} & \cdots & a_{mn} \end{bmatrix},$$

有时也简记为 $\boldsymbol{A} = (a_{ij})_{m \times n}$ 或 $\boldsymbol{A} = (a_{ij})$.

例题 1　北京、天津、南京、上海四个城市中，北京到天津 137 km，北京到上海 1 460 km，北京到南京 1 250 km，天津到上海 1 320 km，天津到南京 1 080 km，南京到上海 220 km，试写出表示这四个城市里程的矩阵.

解　可记作矩阵：
$$\begin{array}{cccc} \text{北京} & \text{天津} & \text{上海} & \text{南京} \end{array}$$
$$\begin{bmatrix} 0 & 137 & 1\,460 & 1\,250 \\ 137 & 0 & 1\,320 & 1\,080 \\ 1\,460 & 1\,320 & 0 & 220 \\ 1\,250 & 1\,080 & 220 & 0 \end{bmatrix} \begin{matrix} \text{北京} \\ \text{天津} \\ \text{上海} \\ \text{南京} \end{matrix}.$$

其中，矩阵的第一行表示北京到北京、天津、上海、南京四个城市的里程，第二行、第三行、第四行分别表示天津、上海、南京到北京、天津、上海、南京四个城市的里程.

2. 特殊矩阵

下面给出一些特殊矩阵：

1）零矩阵

元素全为零的矩阵称为零矩阵，例如 $\boldsymbol{A} = (0)_{m \times n}$，记作 $\boldsymbol{O}_{m \times n}$ 或 $\boldsymbol{O}$.

2）行矩阵、列矩阵

只有一行的矩阵称为**行矩阵**，此时 $m=1$，例如 $\boldsymbol{A} = (a_1, a_2, \cdots, a_n)_{1 \times n}$ 或 $\boldsymbol{A} = [a_1, a_2, \cdots, a_n]$；

特殊矩阵

只有一列的矩阵称为**列矩阵**，此时 $n=1$，例如 $\boldsymbol{B} = \begin{bmatrix} b_1 \\ b_2 \\ \vdots \\ b_m \end{bmatrix}_{m \times 1}$ 或

$$B = \begin{bmatrix} b_1 \\ b_2 \\ \vdots \\ b_m \end{bmatrix};$$

3）方阵

当 $m = n$ 时，$m \times n$ 矩阵称为 n **阶方阵**，用 A_n 表示，即 $A_n = (a_{ij})_{n \times n}$，方阵 A_n 中，左上角到右下角的连线称为**主对角线**，其上的元素 a_{11}，a_{22}，$\cdots$，a_{nn} 称为**主对角线上的元素**.

一阶方阵相当于一个数，如 $(a) = a$.

4）对角矩阵

主对角线以外的元素都是零的方阵称为**对角矩阵**，

例如 $\begin{bmatrix} \lambda_1 & 0 & \cdots & 0 \\ 0 & \lambda_2 & \cdots & 0 \\ \vdots & \vdots & & \vdots \\ 0 & 0 & \cdots & \lambda_n \end{bmatrix}$，简记为 $\begin{bmatrix} \lambda_1 & & & \\ & \lambda_2 & & \\ & & \ddots & \\ & & & \lambda_n \end{bmatrix}$ （未写出元素都是零）.

5）单位矩阵

主对角线上的元素都是 1 的 n 阶对角矩阵称为 n **阶单位矩阵**，记为 E_n（n 为单位阵的阶数），在阶数不致混淆时，简记为 E，即

$$E = \begin{bmatrix} 1 & & & \\ & 1 & & \\ & & \ddots & \\ & & & 1 \end{bmatrix}.$$

6）三角矩阵

主对角线下方的元素全为零的方阵称为**上三角矩阵**，一般形式为

$$\begin{bmatrix} a_{11} & a_{12} & \cdots & a_{1n} \\ 0 & a_{22} & \cdots & a_{2n} \\ \vdots & \vdots & & \vdots \\ 0 & 0 & \cdots & a_{nn} \end{bmatrix};$$

主对角线上方的元素全为零的方阵称为**下三角矩阵**，一般形式为

$$\begin{bmatrix} a_{11} & 0 & \cdots & 0 \\ a_{21} & a_{22} & \cdots & 0 \\ \vdots & \vdots & & \vdots \\ a_{n1} & a_{n2} & \cdots & a_{nn} \end{bmatrix}.$$

7）对称矩阵

满足条件 $a_{ij} = a_{ji}(i, j = 1, 2, \cdots, n)$ 的方阵 $(a_{ij})_{n \times n}$ 称为**对称矩阵**. 对称矩阵的特点是，它的元素以主对角线为对称轴对应相等，例如：

$$\begin{bmatrix} 1 & 2 & 4 & 7 \\ 2 & -1 & -3 & 1 \\ 4 & -3 & 2 & 0 \\ 7 & 1 & 0 & 3 \end{bmatrix}.$$

二、矩阵的运算

1. 矩阵的相等

如果 $\boldsymbol{A}=(a_{ij})$ 与 $\boldsymbol{B}=(b_{ij})$ 都是 $m \times n$ 矩阵，并且它们的对应元素相等，即

$$a_{ij}=b_{ij} \ (i=1, 2, \cdots, m; j=1, 2, \cdots, n),$$

则称矩阵 $\boldsymbol{A}$ 与矩阵 $\boldsymbol{B}$ 相等，记作 $\boldsymbol{A}=\boldsymbol{B}$.

注意：①矩阵相等的前提是两个矩阵是同型矩阵，即两个矩阵行数相同、列数也相同；

矩阵相等与行列式相等的区别

②矩阵相等与行列式相等有本质的区别，例如 $\begin{bmatrix} 1 & 0 \\ 0 & 1 \end{bmatrix} \neq \begin{bmatrix} 1 & 2 \\ 0 & 1 \end{bmatrix}$，而 $\begin{vmatrix} 1 & 0 \\ 0 & 1 \end{vmatrix} = \begin{vmatrix} 1 & 2 \\ 0 & 1 \end{vmatrix} = 1.$

例题 2 设 $\begin{bmatrix} 9 & 0 \\ x & 6 \end{bmatrix} = \begin{bmatrix} 9 & 0 \\ -5 & y \end{bmatrix}$，求 x, y.

解 由矩阵相等的定义得 $x=-5, y=6$.

2. 矩阵的转置

设矩阵

$$\boldsymbol{A} = \begin{bmatrix} a_{11} & a_{12} & \cdots & a_{1n} \\ a_{21} & a_{22} & \cdots & a_{2n} \\ \vdots & \vdots & & \vdots \\ a_{m1} & a_{m2} & \cdots & a_{mn} \end{bmatrix}.$$

把 $m \times n$ 矩阵 $\boldsymbol{A}$ 的各行均换成同序数的列，所得到的 $n \times m$ 矩阵称为 $\boldsymbol{A}$ 的**转置矩阵**，记作 $\boldsymbol{A}^{\mathrm{T}}$（或 $\boldsymbol{A}'$）. 即

$$\boldsymbol{A}^{\mathrm{T}} = \begin{bmatrix} a_{11} & a_{21} & \cdots & a_{m1} \\ a_{12} & a_{22} & \cdots & a_{m2} \\ \vdots & \vdots & & \vdots \\ a_{1n} & a_{2n} & \cdots & a_{mn} \end{bmatrix}.$$

例如：$\boldsymbol{A} = \begin{bmatrix} 2 & 0 & -1 \\ 1 & 3 & 2 \end{bmatrix}$，$\boldsymbol{A}^{\mathrm{T}} = \begin{bmatrix} 2 & 1 \\ 0 & 3 \\ -1 & 2 \end{bmatrix}.$

显然：（1）$(\boldsymbol{A}^{\mathrm{T}})^{\mathrm{T}}=\boldsymbol{A}$；

（2）方阵 $\boldsymbol{A}$ 是对称矩阵的充要条件是 $\boldsymbol{A}=\boldsymbol{A}^{\mathrm{T}}$.

一般地，矩阵转置满足以下运算律：

① $(\boldsymbol{A}^{\mathrm{T}})^{\mathrm{T}}=\boldsymbol{A}$；

② $(\boldsymbol{A}+\boldsymbol{B})^{\mathrm{T}}=\boldsymbol{A}^{\mathrm{T}}+\boldsymbol{B}^{\mathrm{T}}$；

③ $(k\boldsymbol{A})^{\mathrm{T}}=k\boldsymbol{A}^{\mathrm{T}}$；

④ $(\boldsymbol{AB})^{\mathrm{T}}=\boldsymbol{B}^{\mathrm{T}}\boldsymbol{A}^{\mathrm{T}}$.

3. 矩阵的线性运算

1）矩阵的加减法

矩阵的线性运算

两个矩阵 $\boldsymbol{A}=(a_{ij})_{m\times n}$，$\boldsymbol{B}=(b_{ij})_{m\times n}$ 的对应元素相加（或相减）得到的 $m\times n$ 矩阵，称为矩阵 $\boldsymbol{A}$ 与 $\boldsymbol{B}$ 的和或差，记为 $\boldsymbol{A}\pm\boldsymbol{B}$，即 $\boldsymbol{A}\pm\boldsymbol{B}=(a_{ij})_{m\times n}\pm(b_{ij})_{m\times n}=(a_{ij}\pm b_{ij})_{m\times n}$.

例题 3   设 $\boldsymbol{A}=\begin{bmatrix}1 & 2 & 3 & 4 \\ 5 & 6 & 7 & 8\end{bmatrix}$，$\boldsymbol{B}=\begin{bmatrix}0 & 1 & 4 & 5 \\ 2 & 3 & 0 & 8\end{bmatrix}$，求 $\boldsymbol{A}+\boldsymbol{B}$，$\boldsymbol{A}-\boldsymbol{B}$.

解 $\boldsymbol{A}+\boldsymbol{B}=\begin{bmatrix}1+0 & 2+1 & 3+4 & 4+5 \\ 5+2 & 6+3 & 7+0 & 8+8\end{bmatrix}=\begin{bmatrix}1 & 3 & 7 & 9 \\ 7 & 9 & 7 & 16\end{bmatrix}$；

$\boldsymbol{A}-\boldsymbol{B}=\begin{bmatrix}1-0 & 2-1 & 3-4 & 4-5 \\ 5-2 & 6-3 & 7-0 & 8-8\end{bmatrix}=\begin{bmatrix}1 & 1 & -1 & -1 \\ 3 & 3 & 7 & 0\end{bmatrix}$.

注意：只有同型矩阵才能进行加、减运算.

矩阵的加法满足下列运算律（设 $\boldsymbol{A}$，$\boldsymbol{B}$，$\boldsymbol{C}$，$\boldsymbol{O}$ 都是 $m\times n$ 矩阵）：

（1）$\boldsymbol{A}+\boldsymbol{B}=\boldsymbol{B}+\boldsymbol{A}$（加法交换律）；

（2）$(\boldsymbol{A}+\boldsymbol{B})+\boldsymbol{C}=\boldsymbol{A}+(\boldsymbol{B}+\boldsymbol{C})$（加法结合律）；

（3）$\boldsymbol{A}+\boldsymbol{O}=\boldsymbol{A}$.

2）矩阵的数乘

用数 λ 与矩阵 $\boldsymbol{A}=(a_{ij})_{m\times n}$ 的每一个元素相乘所得的矩阵，称为 λ 与矩阵 $\boldsymbol{A}$ 的**数乘矩阵**，记为 $\lambda\boldsymbol{A}$，即

$$\lambda\boldsymbol{A}=\lambda\begin{bmatrix}a_{11} & a_{12} & \cdots & a_{1n} \\ a_{21} & a_{22} & \cdots & a_{2n} \\ \vdots & \vdots & & \vdots \\ a_{m1} & a_{m2} & \cdots & a_{mn}\end{bmatrix}=\begin{bmatrix}\lambda a_{11} & \lambda a_{12} & \cdots & \lambda a_{1n} \\ \lambda a_{21} & \lambda a_{22} & \cdots & \lambda a_{2n} \\ \vdots & \vdots & & \vdots \\ \lambda a_{m1} & \lambda a_{m2} & \cdots & \lambda a_{mn}\end{bmatrix}=(\lambda a_{ij})_{m\times n}\ (\lambda\ 为常数).$$

特别地，当 $\lambda=-1$ 时，可得 $\boldsymbol{A}$ 的负矩阵 $-\boldsymbol{A}$，则有 $\boldsymbol{A}-\boldsymbol{B}=\boldsymbol{A}+(-\boldsymbol{B})$.

例题 4   设甲、乙、丙三个樱桃产地与四个樱桃销售市场之间的距离（单位 km）用如下矩阵表示：

$$\boldsymbol{A}=\begin{bmatrix}82 & 90 & 86 & 91 \\ 93 & 89 & 92 & 80 \\ 85 & 82 & 90 & 94\end{bmatrix}$$

如果运送樱桃每吨需要花费 20 元，将这三个产地与四个销售市场之间每运 1 t 樱桃的运价用矩阵表示.

解   由题意 $20\boldsymbol{A}=20\begin{bmatrix}82 & 90 & 86 & 91 \\ 93 & 89 & 92 & 80 \\ 85 & 82 & 90 & 94\end{bmatrix}=\begin{bmatrix}1\ 640 & 1\ 800 & 1\ 720 & 1\ 820 \\ 1\ 860 & 1\ 780 & 1\ 840 & 1\ 600 \\ 1\ 700 & 1\ 640 & 1\ 800 & 1\ 880\end{bmatrix}$.

矩阵的数乘满足下列运算律（设 A，B 都是 $m\times n$ 矩阵，λ，μ 是任意实数）：

（1）结合律 $(\lambda\mu)A=\lambda(\mu A)$；

（2）分配率 $(\lambda+\mu)A=\lambda A+\mu A$；$\lambda(A+B)=\lambda A+\lambda B$.

注意：矩阵的加减与数乘统称为矩阵的线性运算.

4. 矩阵的乘法运算

1）矩阵乘法定义

设 $A=(a_{ij})_{m\times s}$，$B=(b_{ij})_{s\times n}$，则规定 A 与 B 的**乘积**是一个 $m\times n$ 矩阵 $C=(c_{ij})_{m\times n}$，其中

$$c_{ij}=a_{i1}b_{1j}+a_{i2}b_{2j}+\cdots+a_{is}b_{sj}$$

$$=\sum_{k=1}^{s}a_{ik}b_{kj}\quad(i=1,2,\cdots,m;\ j=1,2,\cdots,n),$$

记作：$C=AB.$

注意：（1）一行与一列相乘

$$(a_{i1},\ a_{i2},\ \cdots,\ a_{is})\begin{pmatrix}b_{1j}\\b_{2j}\\\vdots\\b_{sj}\end{pmatrix}=\sum_{k=1}^{s}a_{ik}b_{kj}=c_{ij}.$$

故 $AB=C$ 的第 i 行第 j 列位置上的元素 c_{ij} 就是 A 的第 i 行与 B 的第 j 列的乘积.

（2）只有 A 的列数等于 B 的行数时，AB 才有意义（乘法可行）.

例题 5　设 $A=\begin{bmatrix}3&-1&1\\-2&0&2\end{bmatrix}$，$B=\begin{bmatrix}1&0&0&0\\1&2&0&0\\2&1&3&4\end{bmatrix}$，求 AB.

矩阵的乘法
（例题 5）

解

$$c_{11}=(3\quad-1\quad1)\begin{pmatrix}1\\1\\2\end{pmatrix}=3\times1+(-1)\times1+1\times2=4,$$

$$c_{12}=(3\quad-1\quad1)\begin{pmatrix}0\\2\\1\end{pmatrix}=3\times0+(-1)\times2+1\times1=-1,$$

$$c_{13}=(3\quad-1\quad1)\begin{pmatrix}0\\0\\3\end{pmatrix}=3\times0+(-1)\times0+1\times3=3,$$

$$c_{14}=(3\quad-1\quad1)\begin{pmatrix}0\\0\\4\end{pmatrix}=3\times0+(-1)\times0+1\times4=4.$$

同理可得：$c_{21}=2$，$c_{22}=2$，$c_{23}=6$，$c_{24}=8$.

即

$$AB=\begin{bmatrix}4&-1&3&4\\2&2&6&8\end{bmatrix}.$$

注意：BA 乘法不可行.

例题 6 设 $A=\begin{bmatrix} 4 & -2 \\ -2 & 1 \end{bmatrix}$，$B=\begin{bmatrix} 3 & 6 \\ -2 & -4 \end{bmatrix}$，求 AB 及 BA．

解 $AB=\begin{bmatrix} 4 & -2 \\ -2 & 1 \end{bmatrix}\begin{bmatrix} 3 & 6 \\ -2 & -4 \end{bmatrix}=\begin{bmatrix} 16 & 32 \\ -8 & -16 \end{bmatrix}$，$BA=\begin{bmatrix} 3 & 6 \\ -2 & -4 \end{bmatrix}\begin{bmatrix} 4 & -2 \\ -2 & 1 \end{bmatrix}=\begin{bmatrix} 0 & 0 \\ 0 & 0 \end{bmatrix}$．

由此发现：（1）$AB \neq BA$，（不满足交换律）；

（2）$A \neq O$，$B \neq O$，但却有 $BA=O$．

2）矩阵乘法的运算律（假定运算是可行的）：

（1）$(AB)C=A(BC)$（乘法结合律）；

（2）$A(B+C)=AB+AC$（左乘分配律）；$(A+B)C=AC+BC$（右乘分配律）；

（3）$\lambda(AB)=(\lambda A)B=A(\lambda B)$（数乘分配率）；

（4）$EA=A$，$BE=B$（单位矩阵的意义所在）．

3）矩阵方程

学习了矩阵的乘法，我们可以把线性方程组写成矩阵形式：

$$\begin{cases} a_{11}x_1+a_{12}x_2+\cdots+a_{1n}x_n=b_1, \\ a_{21}x_1+a_{22}x_2+\cdots+a_{2n}x_n=b_2, \\ \cdots \quad \cdots \quad \cdots \quad \cdots \\ a_{m1}x_1+a_{m2}x_2+\cdots+a_{mn}x_n=b_m. \end{cases}$$

令 $A=\begin{bmatrix} a_{11} & a_{12} & \cdots & a_{1n} \\ a_{21} & a_{22} & \cdots & a_{2n} \\ \vdots & \vdots & & \vdots \\ a_{m1} & a_{m2} & \cdots & a_{mn} \end{bmatrix}$，$X=\begin{bmatrix} x_1 \\ x_2 \\ \vdots \\ x_n \end{bmatrix}$，$B=\begin{bmatrix} b_1 \\ b_2 \\ \vdots \\ b_m \end{bmatrix}$，

则该方程组的矩阵形式为 $AX=B$，这种形式的方程称为**矩阵方程**．

例题 7 已知 $A=\begin{bmatrix} 2 & 1 & 4 & 0 \\ 1 & -1 & 3 & 4 \end{bmatrix}$，$B=\begin{bmatrix} 1 & 3 & 1 \\ 0 & -1 & 2 \\ 1 & -3 & 1 \\ 4 & 0 & -2 \end{bmatrix}$，求 $(AB)^T$，A^T，B^T，$B^T A^T$．

解 因为 $AB=\begin{bmatrix} 2 & 1 & 4 & 0 \\ 1 & -1 & 3 & 4 \end{bmatrix}\begin{bmatrix} 1 & 3 & 1 \\ 0 & -1 & 2 \\ 1 & -3 & 1 \\ 4 & 0 & -2 \end{bmatrix}=\begin{bmatrix} 6 & -7 & 8 \\ 20 & -5 & -6 \end{bmatrix}$，所以

$$(AB)^T=\begin{bmatrix} 6 & 20 \\ -7 & -5 \\ 8 & -6 \end{bmatrix}; \quad A^T=\begin{bmatrix} 2 & 1 \\ 1 & -1 \\ 4 & 3 \\ 0 & 4 \end{bmatrix},$$

$$B^T=\begin{bmatrix} 1 & 0 & 1 & 4 \\ 3 & -1 & -3 & 0 \\ 1 & 2 & 1 & -2 \end{bmatrix}, \quad B^T A^T=\begin{bmatrix} 1 & 0 & 1 & 4 \\ 3 & -1 & -3 & 0 \\ 1 & 2 & 1 & -2 \end{bmatrix}\begin{bmatrix} 2 & 1 \\ 1 & -1 \\ 4 & 3 \\ 0 & 4 \end{bmatrix}=\begin{bmatrix} 6 & 20 \\ -7 & -5 \\ 8 & -6 \end{bmatrix},$$

且有 $(AB)^{\mathrm{T}} = B^{\mathrm{T}}A^{\mathrm{T}}$.

5. 方阵的行列式

由 n 阶方阵 A 的元素所构成的 n 阶行列式（各元素的位置不变），称为**方阵 A 的行列式**，记作 $|A|$ 或 $\det A$（determinant）. 即若

$$A = \begin{bmatrix} a_{11} & a_{12} & \cdots & a_{1n} \\ a_{21} & a_{22} & \cdots & a_{2n} \\ \vdots & \vdots & & \vdots \\ a_{n1} & a_{n2} & \cdots & a_{nn} \end{bmatrix},$$

方阵的行列式

则

$$|A| = \begin{vmatrix} a_{11} & a_{12} & \cdots & a_{1n} \\ a_{21} & a_{22} & \cdots & a_{2n} \\ \vdots & \vdots & & \vdots \\ a_{n1} & a_{n2} & \cdots & a_{nn} \end{vmatrix}.$$

注意：方阵与其行列式不同，前者为数表，后者为一个数.

方阵的行列式满足下列运算律：

(1) $|A^{\mathrm{T}}| = |A|$；

(2) $|kA| = k^n|A| \ (A_{n \times n})$；

(3) $|AB| = |A| \, |B|$.

式（3）表明，对于同阶方阵 A，B，虽然一般 $AB \neq BA$，但 $|AB| = |BA|$.

例题 8 设 $A = \begin{bmatrix} 1 & 2 \\ 3 & 3 \end{bmatrix}$，$B = \begin{bmatrix} 1 & 2 \\ -1 & 3 \end{bmatrix}$，求 $|AB|$.

解法一：因为 $AB = \begin{bmatrix} -1 & 8 \\ 0 & 15 \end{bmatrix}$，所以 $|AB| = \begin{vmatrix} -1 & 8 \\ 0 & 15 \end{vmatrix} = -15$；

解法二：因为 $|AB| = |A| \, |B| = \begin{vmatrix} 1 & 2 \\ 3 & 3 \end{vmatrix} \begin{vmatrix} 1 & 2 \\ -1 & 3 \end{vmatrix} = (-3) \times 5 = -15$.

习题 6－5

本节习题答案

1. 按要求做题：

(1) 设 $\begin{bmatrix} x & y \\ 2 & x-y \end{bmatrix} = \begin{bmatrix} 3 & -1 \\ 2 & z \end{bmatrix}$，求 x，y，z.

(2) 设 $A = \begin{bmatrix} 2 & -1 & 4 \\ 0 & 3 & 2 \end{bmatrix}$，$B = \begin{bmatrix} 7 & 4 & 0 \\ -1 & 3 & 2 \end{bmatrix}$，求 $2A+3B$，$2A-3B$.

(3) 设 $A = \begin{bmatrix} -1 & 2 & 3 & 1 \\ 0 & 2 & -1 & 3 \\ 4 & 2 & 0 & 5 \end{bmatrix}$，$B = \begin{bmatrix} 1 & 2 & -1 & 0 \\ 4 & -3 & 1 & 1 \\ 1 & 0 & 2 & 5 \end{bmatrix}$，求 $2A+3B$，$2A-3B$.

(4) 设矩阵 X 满足 $\begin{bmatrix} -1 & 2 & 5 \\ 0 & 1 & 2 \end{bmatrix} + 2X = 3\begin{bmatrix} 5 & 0 & -1 \\ 3 & 7 & 2 \end{bmatrix}$，求 X.

（5）已知 $A=\begin{bmatrix} 3 & 0 & -1 & 2 \\ 2 & 8 & 3 & 1 \end{bmatrix}$，$B=\begin{bmatrix} 5 & 6 & 3 & 2 \\ 2 & 4 & 7 & -1 \end{bmatrix}$，且 $A+2X=B$，求 X.

2. 应用题：

（1）设从某地四个地区到另外三个地区的距离（单位：km）为：

$$B=\begin{bmatrix} 40 & 60 & 105 \\ 175 & 130 & 190 \\ 120 & 70 & 135 \\ 80 & 55 & 100 \end{bmatrix}.$$

已知货物每吨的运费为 2.40 元/km，各地区之间每吨货物的运费用矩阵怎样表示？

（2）某地有 A、B 两个工厂，生产甲、乙、丙三种产品，用表 6-1 表示一年中各个工厂生产的各种产品的数量，用表 6-2 表示各种产品的单位价格（元）及单位利润（元）. 用表 6-3 表示各个工厂的总收入和总利润. 试将上述三个表用矩阵表示出来.

表 6-1   单位：件

	甲	乙	丙
A	3 000	3 500	5 000
B	4 000	3 000	3 500

表 6-2   单位：元

	单位价格	单位利润
甲	200	20
乙	400	42
丙	300	31

表 6-3   单位：元

	总收入	总利润
A	3 000×200＋3 500×400＋5 000×300	3 000×20＋3 500×42＋5 000×31
B	4 000×200＋3 000×400＋3 500×300	4 000×20＋3 000×42＋3 500×31

第七节   矩阵的初等变换与矩阵的秩

学习内容：矩阵的初等变换，矩阵的秩.

目的要求：掌握矩阵的初等变换和矩阵秩的概念；会用定义及初等变换法求矩阵的秩.

重点难点：矩阵的初等变换，初等变换法求矩阵的秩.

案例　求矩阵 $A=\begin{bmatrix} 1 & 1 & 2 & 2 & 1 \\ 0 & 2 & 1 & 5 & -1 \\ 2 & 0 & 3 & -1 & 3 \\ 1 & 1 & 0 & 4 & -1 \end{bmatrix}$ 的秩.

一、矩阵的初等变换

1. 矩阵的三种初等变换

（1）串位变换：任意交换矩阵的两行（列），用 $r_i \leftrightarrow r_j (c_i \leftrightarrow c_j)$ 表示第 i 行（列）和第 j 行（列）互换；

（2）数乘变换：以一个非零的数 k 乘以矩阵的某一行（列），用 kr_i（或 kc_i）表示用 $k(k \neq 0)$ 乘以第 i 行（列）；

（3）消元变换：把矩阵的某一行（列）的 k 倍加于另一行（列）上，用 $kr_i + r_j$（或 $kc_i + c_j$）表示第 i 行（列）的 k 倍加到第 j 行（列）上.

只对行进行的初等变换称为**初等行变换**（以下讨论中只对矩阵的行进行变换）.

2. 阶梯形矩阵

满足以下条件的矩阵称为**阶梯形矩阵**：

（1）矩阵的所有零行（若存在的话）在矩阵的最下方；

（2）各个非零行的首个非零元素的列标随着行标递增而严格增大.

例如：$\begin{bmatrix} 0 & 3 & 2 & 0 \\ 0 & 0 & -2 & 3 \\ 0 & 0 & 0 & 0 \end{bmatrix}$，$\begin{bmatrix} 1 & 3 & 2 & 4 \\ 0 & 2 & 1 & 1 \\ 0 & 0 & 0 & 5 \end{bmatrix}$，$\begin{bmatrix} 2 & 1 & 0 & 6 & 3 \\ 0 & 1 & 3 & 0 & 0 \\ 0 & 0 & 0 & 2 & 1 \\ 0 & 0 & 0 & 0 & 0 \end{bmatrix}$.

阶梯形矩阵和行
最简阶梯形矩阵

3. 行最简阶梯形矩阵

满足以下条件的阶梯形矩阵称为**行最简阶梯形矩阵**：

（1）非零行的首个非零元素都是 1；

（2）首个非零元素所在列的其余元素都为 0.

例如：$\begin{bmatrix} 1 & 0 & 2 & 0 & 3 \\ 0 & 1 & 3 & 0 & 0 \\ 0 & 0 & 0 & 1 & 1 \\ 0 & 0 & 0 & 0 & 0 \end{bmatrix}$，$\begin{bmatrix} 1 & 2 & 0 & 0 & 0 & -7 \\ 0 & 0 & 1 & 1 & 0 & 6 \\ 0 & 0 & 0 & 0 & 1 & 1 \\ 0 & 0 & 0 & 0 & 0 & 0 \end{bmatrix}$.

定理 1　任一矩阵经过若干次初等行变换都可化成阶梯形矩阵，进而化为行最简阶梯形矩阵.

例题 1　用初等行变换把矩阵 $\begin{bmatrix} 2 & 0 & -1 & 3 \\ 1 & 2 & -2 & 4 \\ 0 & 1 & 3 & -1 \end{bmatrix}$ 化为行最简阶梯形矩阵.

初等行变换化阶梯
型矩阵（例题 1）

解 $\begin{bmatrix} 2 & 0 & -1 & 3 \\ 1 & 2 & -2 & 4 \\ 0 & 1 & 3 & -1 \end{bmatrix} \xrightarrow{r_1 \leftrightarrow r_2} \begin{bmatrix} 1 & 2 & -2 & 4 \\ 2 & 0 & -1 & 3 \\ 0 & 1 & 3 & -1 \end{bmatrix} \xrightarrow{-2r_1 + r_2} \begin{bmatrix} 1 & 2 & -2 & 4 \\ 0 & -4 & 3 & -5 \\ 0 & 1 & 3 & -1 \end{bmatrix} \xrightarrow{r_2 \leftrightarrow r_3}$

$\begin{bmatrix} 1 & 2 & -2 & 4 \\ 0 & 1 & 3 & -1 \\ 0 & -4 & 3 & -5 \end{bmatrix} \xrightarrow{4r_2 + r_3} \begin{bmatrix} 1 & 2 & -2 & 4 \\ 0 & 1 & 3 & -1 \\ 0 & 0 & 15 & -9 \end{bmatrix}$ （阶梯型矩阵） $\xrightarrow{\frac{1}{15}r_3} \begin{bmatrix} 1 & 2 & -2 & 4 \\ 0 & 1 & 3 & -1 \\ 0 & 0 & 1 & -\frac{3}{5} \end{bmatrix} \to$

$\begin{bmatrix} 1 & 2 & 0 & \frac{14}{5} \\ 0 & 1 & 0 & \frac{4}{5} \\ 0 & 0 & 1 & -\frac{3}{5} \end{bmatrix} \xrightarrow{-2r_2 + r_1} \begin{bmatrix} 1 & 0 & 0 & \frac{8}{5} \\ 0 & 1 & 0 & \frac{4}{5} \\ 0 & 0 & 1 & -\frac{3}{5} \end{bmatrix}$ （行最简阶梯型矩阵）.

二、矩阵的秩

矩阵的秩是一个很重要的概念，在研究线性方程组的解等方面起着非常重要的作用.

1. k 阶子式定义

在矩阵 $\boldsymbol{A}_{m \times n}$ 中任取 k 行 k 列（$1 \leqslant k \leqslant \min(m, n)$），由位于这些行、列相交处的元素按原来的次序构成的 k 阶行列式，称为 $\boldsymbol{A}$ 的一个 k **阶子式**，记作 $D_k(\boldsymbol{A})$.

$D_k(\boldsymbol{A})$ 共有 $C_m^k \cdot C_n^k$ 个.

例如 $\boldsymbol{A}_{3 \times 4} = \begin{bmatrix} a_{11} & a_{12} & a_{13} & a_{14} \\ a_{21} & a_{22} & a_{23} & a_{24} \\ a_{31} & a_{32} & a_{33} & a_{34} \end{bmatrix}$ 有 4 个三阶子式、18 个二阶子式.

2. 矩阵秩的定义

若矩阵 $\boldsymbol{A}$ 中不为零的子式的最高阶数是 r，则称 r 为矩阵 $\boldsymbol{A}$ 的**秩**，记作

$$r(\boldsymbol{A}) = r.$$

结论：

矩阵秩的概念

（1）$r(\boldsymbol{A}) = 0 \Leftrightarrow \boldsymbol{A} = \boldsymbol{O}$；

（2）对于 $\boldsymbol{A}_{m \times n}$，有 $0 \leqslant r(\boldsymbol{A}) \leqslant \min(m, n)$；

（3）若 $r(\boldsymbol{A}) = r$，则 $\boldsymbol{A}$ 中至少有一个 $D_r(\boldsymbol{A}) \neq 0$，而所有的 $D_{r+1}(\boldsymbol{A}) = 0$.

注意：设 $\boldsymbol{A}_{n \times n}$，若 $r(\boldsymbol{A}) = n$，则称 $\boldsymbol{A}$ 为**满秩方阵**；若 $r(\boldsymbol{A}) < n$，则称 $\boldsymbol{A}$ 为**降秩方阵**.

例题 2 求下列矩阵的秩.

$$\boldsymbol{A} = \begin{bmatrix} 1 & 1 & 0 & 0 \\ 1 & 0 & 1 & 1 \\ 2 & -1 & 3 & 3 \end{bmatrix}, \quad \boldsymbol{B} = \begin{bmatrix} 1 & 0 & 1 & 0 \\ 2 & 1 & -1 & -3 \\ 1 & 0 & -3 & -1 \\ 0 & 2 & -6 & 3 \end{bmatrix}.$$

解 $\boldsymbol{A}$ 的所有三阶子式（4个）

$$\begin{vmatrix} 1 & 1 & 0 \\ 1 & 0 & 1 \\ 2 & -1 & 3 \end{vmatrix}=0, \quad \begin{vmatrix} 1 & 1 & 0 \\ 1 & 0 & 1 \\ 2 & -1 & 3 \end{vmatrix}=0, \quad \begin{vmatrix} 1 & 0 & 0 \\ 1 & 1 & 1 \\ 2 & 3 & 3 \end{vmatrix}=0, \quad \begin{vmatrix} 1 & 0 & 0 \\ 0 & 1 & 1 \\ -1 & 3 & 3 \end{vmatrix}=0.$$

而 $D_2(\boldsymbol{A})=\begin{vmatrix} 1 & 1 \\ 1 & 0 \end{vmatrix}=-1\neq 0$，所以 $r(\boldsymbol{A})=2$.

因为

$$|\boldsymbol{B}|=\begin{vmatrix} 1 & 0 & 1 & 0 \\ 2 & 1 & -1 & -3 \\ 1 & 0 & -3 & -1 \\ 0 & 2 & -6 & 3 \end{vmatrix}\xrightarrow{-c_1+c_3}\begin{vmatrix} 1 & 0 & 0 & 0 \\ 2 & 1 & -3 & -3 \\ 1 & 0 & -4 & -1 \\ 0 & 2 & -6 & 3 \end{vmatrix}=\begin{vmatrix} 1 & -3 & -3 \\ 0 & -4 & -1 \\ 2 & -6 & 3 \end{vmatrix}$$

$$\xrightarrow{-2r_1+r_3}\begin{vmatrix} 1 & -3 & -3 \\ 0 & -4 & -1 \\ 0 & 0 & 9 \end{vmatrix}=-36\neq 0,$$

所以 $r(\boldsymbol{B})=4$.

三、利用初等变换求矩阵的秩

定理 2　矩阵的初等变换不改变矩阵的秩（证明略）.

若矩阵 $\boldsymbol{A}$ 经过有限次初等行变换化为阶梯形矩阵，则该阶梯形矩阵非零行的个数 r 称为矩阵 $\boldsymbol{A}$ 的秩，记为 $r(\boldsymbol{A})$，即 $r(\boldsymbol{A})=r$.

初等行变换求矩阵秩

例题 3　求 $r(\boldsymbol{A})$，其中 $\boldsymbol{A}=\begin{bmatrix} 1 & 1 & 2 & 2 & 1 \\ 0 & 2 & 1 & 5 & -1 \\ 2 & 0 & 3 & -1 & 3 \\ 1 & 1 & 0 & 4 & -1 \end{bmatrix}$.

解　$\boldsymbol{A}\xrightarrow[-r_1+r_4]{-2r_1+r_3}\begin{bmatrix} 1 & 1 & 2 & 2 & 1 \\ 0 & 2 & 1 & 5 & -1 \\ 0 & -2 & -1 & -5 & 1 \\ 0 & 0 & -2 & 2 & -2 \end{bmatrix}\xrightarrow{r_2+r_3}\begin{bmatrix} 1 & 1 & 2 & 2 & 1 \\ 0 & 2 & 1 & 5 & -1 \\ 0 & 0 & 0 & 0 & 0 \\ 0 & 0 & -2 & 2 & -2 \end{bmatrix}\xrightarrow{r_3\leftrightarrow r_4}$

$\begin{bmatrix} 1 & 1 & 2 & 2 & 1 \\ 0 & 2 & 1 & 5 & -1 \\ 0 & 0 & -2 & 2 & -2 \\ 0 & 0 & 0 & 0 & 0 \end{bmatrix}$（阶梯型矩阵）.

由此可看出 $r(\boldsymbol{A})=3$.

注意：在具体的解题过程中，如果 $\boldsymbol{A}$ 经过几次初等变换后即可看出 $r(\boldsymbol{A})$ 的秩，就不必再继续将 $\boldsymbol{A}$ 化为阶梯形.

习题 6-6

本节习题答案

1. 用初等行变换将下列矩阵化为行最简形阶梯矩阵，并求矩阵的秩.

(1) $\boldsymbol{A} = \begin{bmatrix} 3 & 2 & 1 & 1 \\ 1 & 2 & -3 & 2 \\ 4 & 4 & -2 & 3 \end{bmatrix}$;

(2) $\boldsymbol{A} = \begin{bmatrix} 1 & -1 & 2 \\ 2 & -2 & 4 \\ 3 & 0 & 6 \\ 2 & 1 & 4 \end{bmatrix}$.

2. 用初等行变换求下列矩阵的秩：

(1) $\boldsymbol{A} = \begin{bmatrix} 1 & 2 & -3 \\ -1 & -3 & 4 \\ 1 & 1 & -2 \end{bmatrix}$;

(2) $\boldsymbol{A} = \begin{bmatrix} 1 & 2 & 2 & 11 \\ 1 & -3 & -3 & -14 \\ 3 & 1 & 1 & 8 \end{bmatrix}$;

(3) $\boldsymbol{A} = \begin{bmatrix} 1 & 2 & 2 & 11 \\ 1 & 2 & -3 & -14 \\ 3 & 1 & 1 & 3 \\ 2 & 5 & 5 & 28 \end{bmatrix}$;

(4) $\boldsymbol{A} = \begin{bmatrix} 1 & 0 & -1 & -1 & 2 \\ 0 & -1 & 2 & 3 & 1 \\ 1 & -1 & 1 & 2 & 3 \\ 1 & 2 & -5 & -7 & 0 \end{bmatrix}$.

第八节　逆矩阵

学习内容：逆矩阵的概念与求解.

目的要求：掌握逆矩阵的概念、性质；熟练掌握逆矩阵存在的条件；学会使用伴随矩阵求逆矩阵及用初等行变换求逆矩阵.

重点难点：矩阵的概念、性质、存在的条件，用伴随矩阵求逆矩阵及用初等行变换求逆矩阵.

案例　求矩阵 $\boldsymbol{A} = \begin{bmatrix} 1 & 2 & 3 \\ 2 & 2 & 1 \\ 3 & 4 & 3 \end{bmatrix}$ 的逆矩阵.

一、逆矩阵的概念与性质

1. 逆矩阵的概念

设 $\boldsymbol{A}$ 为 n 阶方阵，若存在一个 n 阶方阵 $\boldsymbol{B}$，使得 $\boldsymbol{AB} = \boldsymbol{BA} = \boldsymbol{E}$，则称方阵 $\boldsymbol{A}$ **可逆**，并称方阵 $\boldsymbol{B}$ 为 $\boldsymbol{A}$ 的**逆矩阵**或**逆阵**，记为 $\boldsymbol{B} = \boldsymbol{A}^{-1}$.

注意：（1）逆阵是对方阵而言的；

（2）由定义可知此时 $\boldsymbol{AB} = \boldsymbol{BA}$（$\boldsymbol{A}$ 与 $\boldsymbol{B}$ 可交换）；

（3）若 $\boldsymbol{A}$ 的逆矩阵存在，则必唯一.

2. 逆矩阵的性质

性质 1　若 $\boldsymbol{A}$ 可逆，则 $\boldsymbol{A}^{-1}$ 亦可逆，且 $(\boldsymbol{A}^{-1})^{-1} = \boldsymbol{A}$.

证　因为 $\boldsymbol{A}$ 可逆，所以有 $\boldsymbol{A}\boldsymbol{A}^{-1} = \boldsymbol{A}^{-1}\boldsymbol{A} = \boldsymbol{E}$，从而 $\boldsymbol{A}^{-1}$ 也可逆，且 $\boldsymbol{A}^{-1}$ 的逆阵就是 $\boldsymbol{A}$，即 $(\boldsymbol{A}^{-1})^{-1} = \boldsymbol{A}$.

性质 2　若 $\boldsymbol{A}$ 可逆，数 $k \neq 0$，则 $k\boldsymbol{A}$ 也可逆，且 $(k\boldsymbol{A})^{-1} = \dfrac{1}{k}\boldsymbol{A}^{-1}$.

证 因为 $(k\boldsymbol{A})\left(\dfrac{1}{k}\boldsymbol{A}^{-1}\right)=\left(k\cdot\dfrac{1}{k}\right)\boldsymbol{A}\boldsymbol{A}^{-1}=\boldsymbol{E}=\left(\dfrac{1}{k}\cdot k\right)\boldsymbol{A}^{-1}\boldsymbol{A}=\left(\dfrac{1}{k}\boldsymbol{A}^{-1}\right)(k\boldsymbol{A})$,

所以 $k\boldsymbol{A}$ 也可逆, 且

$$(k\boldsymbol{A})^{-1}=\frac{1}{k}\boldsymbol{A}^{-1}.$$

性质 3 若 $\boldsymbol{A}$ 可逆, 则 $\boldsymbol{A}^{\mathrm{T}}$ 亦可逆, 且 $(\boldsymbol{A}^{\mathrm{T}})^{-1}=(\boldsymbol{A}^{-1})^{\mathrm{T}}$.

证 因为 $\boldsymbol{A}^{-1}\boldsymbol{A}=\boldsymbol{A}\boldsymbol{A}^{-1}=\boldsymbol{E}$, 所以 $(\boldsymbol{A}^{-1}\boldsymbol{A})^{\mathrm{T}}=(\boldsymbol{A}\boldsymbol{A}^{-1})^{\mathrm{T}}=\boldsymbol{E}^{\mathrm{T}}$, 从而 $\boldsymbol{A}^{\mathrm{T}}(\boldsymbol{A}^{-1})^{\mathrm{T}}=(\boldsymbol{A}^{-1})^{\mathrm{T}}\boldsymbol{A}^{\mathrm{T}}=\boldsymbol{E}$, 于是 $\boldsymbol{A}^{\mathrm{T}}$ 亦可逆, 且

$$(\boldsymbol{A}^{\mathrm{T}})^{-1}=(\boldsymbol{A}^{-1})^{\mathrm{T}}.$$

性质 4 若同阶方阵 $\boldsymbol{A}$, $\boldsymbol{B}$ 都可逆, 则 $\boldsymbol{AB}$ 也可逆, 且 $(\boldsymbol{AB})^{-1}=\boldsymbol{B}^{-1}\boldsymbol{A}^{-1}$.

证 因为 $(\boldsymbol{AB})(\boldsymbol{B}^{-1}\boldsymbol{A}^{-1})=\boldsymbol{A}(\boldsymbol{BB}^{-1})\boldsymbol{A}^{-1}=\boldsymbol{A}\boldsymbol{E}\boldsymbol{A}^{-1}=\boldsymbol{A}\boldsymbol{A}^{-1}=\boldsymbol{E}$,

$$(\boldsymbol{B}^{-1}\boldsymbol{A}^{-1})(\boldsymbol{AB})=\boldsymbol{B}^{-1}(\boldsymbol{A}^{-1}\boldsymbol{A})\boldsymbol{B}=\boldsymbol{B}^{-1}\boldsymbol{E}\boldsymbol{B}=\boldsymbol{B}^{-1}\boldsymbol{B}=\boldsymbol{E},$$

所以 $\boldsymbol{AB}$ 可逆, 且

$$(\boldsymbol{AB})^{-1}=\boldsymbol{B}^{-1}\boldsymbol{A}^{-1}.$$

二、逆矩阵存在的条件及求法（利用伴随矩阵求逆矩阵）

设 A_{ij} 是方阵 $\boldsymbol{A}=(a_{ij})_{n\times n}$ 的行列式 $|\boldsymbol{A}|=\begin{vmatrix} a_{11} & a_{12} & \cdots & a_{1n} \\ a_{21} & a_{22} & \cdots & a_{2n} \\ \vdots & \vdots & & \vdots \\ a_{n1} & a_{n2} & \cdots & a_{nn} \end{vmatrix}$ 中元素 a_{ij} 的代数余子式,

称方阵 $\begin{bmatrix} A_{11} & A_{21} & \cdots & A_{n1} \\ A_{12} & A_{22} & \cdots & A_{n2} \\ \vdots & \vdots & & \vdots \\ A_{1n} & A_{2n} & \cdots & A_{nn} \end{bmatrix}$ 为 $\boldsymbol{A}$ 的伴随矩阵, 记为 $\boldsymbol{A}^{*}$.

伴随矩阵

例题 1 设 $\boldsymbol{A}=\begin{bmatrix} 3 & 2 & 1 \\ 1 & 2 & 2 \\ 3 & 4 & 3 \end{bmatrix}$, 求 $\boldsymbol{A}^{*}$.

解 因为 $A_{11}=(-1)^{1+1}\begin{vmatrix} 2 & 2 \\ 4 & 3 \end{vmatrix}=-2, A_{12}=(-1)^{1+2}\begin{vmatrix} 1 & 2 \\ 3 & 3 \end{vmatrix}=3$,

$A_{13}=(-1)^{1+3}\begin{vmatrix} 1 & 2 \\ 3 & 4 \end{vmatrix}=-2, A_{21}=-2, \ A_{22}=6, \ A_{23}=-6, \ A_{31}=2$,

$A_{32}=-5, \ A_{33}=4.$

所以
$$\boldsymbol{A}^{*}=\begin{bmatrix} -2 & -2 & 2 \\ 3 & 6 & -5 \\ -2 & -6 & 4 \end{bmatrix}.$$

定理 1 方阵 $\boldsymbol{A}=(a_{ij})_{n\times n}$ 可逆 $\Leftrightarrow|\boldsymbol{A}|\neq 0$, 且 $\boldsymbol{A}^{-1}=\dfrac{\boldsymbol{A}^{*}}{|\boldsymbol{A}|}$. （证明略）

推论 1　设 A，B 为 n 阶方阵，若 $AB=E$（或 $BA=E$），则 $B=A^{-1}$（或 $A=B^{-1}$）.

推论 2　由 A 为满秩方阵 $\Leftrightarrow |A| \neq 0$. 由此可知：$A$ 可逆 $\Leftrightarrow A$ 为满秩方阵.

用伴随矩阵求逆矩阵

例题 2　判断方阵 $A=\begin{bmatrix} 3 & 2 & 1 \\ 1 & 2 & 2 \\ 3 & 4 & 3 \end{bmatrix}$，$B=\begin{bmatrix} -1 & 3 & 2 \\ -11 & 15 & 1 \\ -3 & 3 & -1 \end{bmatrix}$ 是否可逆？

若可逆，求其逆阵.

解　因为 $|A|=-2\neq 0$，$|B|=0$，所以 B 不可逆，A 可逆，并且

$$A^{-1}=\frac{A^*}{|A|}=-\frac{1}{2}\begin{bmatrix} -2 & -2 & -2 \\ 3 & 6 & -5 \\ -2 & -6 & 4 \end{bmatrix}=\begin{bmatrix} 1 & 1 & 1 \\ -\dfrac{3}{2} & -3 & \dfrac{5}{2} \\ 1 & 3 & -2 \end{bmatrix}.$$

三、利用初等行变换求逆矩阵

定理 2　n 阶可逆方阵 $A_n=(a_{ij})_{n\times n}$ 可以经过一系列初等行变换化为 n 阶单位矩阵 E_n.

其方法为：$(A_n, E_n) \xrightarrow{\text{初等行变换}} (E_n, A_n^{-1})$，其中 (A_n, E_n)、(E_n, A_n^{-1}) 表示 $n\times 2n$ 的矩阵.

用初等行变换求逆
矩阵（例题 3）

例题 3　设 $A=\begin{bmatrix} 1 & 2 & 3 \\ 2 & 1 & 2 \\ 1 & 3 & 4 \end{bmatrix}$，用初等变换法求 A^{-1}.

解

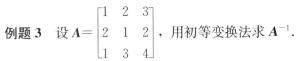

$$(A, E)=\begin{bmatrix} 1 & 2 & 3 & 1 & 0 & 0 \\ 2 & 1 & 2 & 0 & 1 & 0 \\ 1 & 3 & 4 & 0 & 0 & 1 \end{bmatrix} \xrightarrow[-r_1+r_3]{-2r_1+r_2} \begin{bmatrix} 1 & 2 & 3 & 1 & 0 & 0 \\ 0 & -3 & -4 & -2 & 1 & 0 \\ 0 & 1 & 1 & -1 & 0 & 1 \end{bmatrix} \xrightarrow{r_2\leftrightarrow r_3}$$

$$\begin{bmatrix} 1 & 2 & 3 & 1 & 0 & 0 \\ 0 & 1 & 1 & -1 & 0 & 1 \\ 0 & -3 & -4 & -2 & 1 & 0 \end{bmatrix} \xrightarrow{3r_2+r_3} \begin{bmatrix} 1 & 2 & 3 & 1 & 0 & 0 \\ 0 & 1 & 1 & -1 & 0 & 1 \\ 0 & 0 & -1 & -5 & 1 & 3 \end{bmatrix} \xrightarrow[(-1)\times r_3]{\substack{r_3+r_2 \\ 3r_3+r_1}}$$

$$\begin{bmatrix} 1 & 2 & 0 & -14 & 3 & 9 \\ 0 & 1 & 0 & -6 & 1 & 4 \\ 0 & 0 & 1 & 5 & -1 & -3 \end{bmatrix} \xrightarrow{-2r_2+r_1} \begin{bmatrix} 1 & 0 & 0 & -2 & 1 & 1 \\ 0 & 1 & 0 & -6 & 1 & 4 \\ 0 & 0 & 1 & 5 & -1 & -3 \end{bmatrix},$$

所以

$$A^{-1}=\begin{bmatrix} -2 & 1 & 1 \\ -6 & 1 & 4 \\ 5 & -1 & -3 \end{bmatrix}.$$

习题 6-7

本节习题答案

1. 求下列矩阵的逆矩阵：

(1) $A = \begin{bmatrix} 1 & 2 & -3 \\ 0 & 1 & 2 \\ 0 & 0 & 1 \end{bmatrix}$;

(2) $A = \begin{bmatrix} 1 & 0 & 0 & 0 \\ a & 1 & 0 & 0 \\ a^2 & a & 1 & 0 \\ a^3 & a^2 & a & 1 \end{bmatrix}$.

2. 判断方阵 $A = \begin{bmatrix} 1 & 1 & 1 & 1 \\ 1 & -2 & -2 & -1 \\ 2 & 5 & -1 & 4 \\ 4 & 1 & 1 & 2 \end{bmatrix}$ 是否可逆，若可逆，求 A^{-1}.

3. 求矩阵 $A = \begin{bmatrix} 1 & 0 & 1 \\ 2 & 1 & 0 \\ -3 & 2 & -5 \end{bmatrix}$ 的逆矩阵.

4. 已知矩阵 $A = \begin{bmatrix} 1 & 0 & 1 \\ 2 & 1 & 0 \\ -3 & 2 & -5 \end{bmatrix}$，求 $(E-A)^{-1}$.

第九节　矩阵部分测试题

1. 填空题：

(1) 设 $A = \begin{bmatrix} 1 & 2 & 7 \\ 0 & -2 & 9 \\ 0 & 0 & -2 \end{bmatrix}$，$B = \begin{bmatrix} 3 & 0 & 0 \\ 1 & 2 & 0 \\ 0 & 0 & 3 \end{bmatrix}$，则 $|AB| = $____.

(2) 设矩阵 X 满足方程 $2\begin{bmatrix} 3 & -1 & 0 \\ -1 & 1 & 2 \end{bmatrix} - 3X + \begin{bmatrix} 3 & -1 & 6 \\ 5 & 1 & -1 \end{bmatrix} = O$，求矩阵 $X = $____.

(3) 已知三阶方阵 A 的行列式 $|A| = \dfrac{1}{2}$，则 $|-2A| = $____.

(4) 设 $A = \begin{bmatrix} 0 & 1 & 0 \\ 3 & 3 & 4 \\ 4 & 5 & 6 \end{bmatrix}$，$|-A^*| = $____.

(5) 三阶方阵 A 的行列式 $|A| = 4$，$|A^2 + E| = 8$，则 $|A + A^{-1}| = $____.

2. 选择题：

(1) A 是 $m \times k$ 阶矩阵，B 是 $k \times t$ 阶矩阵，若 B 的第 j 列元素全为零，则下列结论正确的是（　　）.

A. AB 的第 j 行元素全为零　　　　B. AB 的第 j 列元素全为零

C. BA 的第 j 行元素全为零　　　　D. BA 的第 j 列元素全为零

(2) 下列矩阵有逆矩阵的是（　　）.

A. $\begin{bmatrix} 1 & 1 \\ 1 & 1 \end{bmatrix}$ B. $\begin{bmatrix} 1 & 2 \\ 3 & 4 \end{bmatrix}$ C. $\begin{bmatrix} 2 & -1 \\ -1 & \dfrac{1}{2} \end{bmatrix}$ D. $\begin{bmatrix} 1 & 2 \\ 3 & 6 \end{bmatrix}$

(3) 设矩阵 $A = \begin{bmatrix} \dfrac{1}{2} & 0 \\ 0 & \dfrac{1}{4} \end{bmatrix}$，$B = \begin{bmatrix} 3 & 4 \\ 5 & 6 \end{bmatrix}$，则 $(AB)^{-1} = ($ $)$.

A. $\begin{bmatrix} -6 & -8 \\ -5 & -6 \end{bmatrix}$ B. $\begin{bmatrix} 6 & 8 \\ 5 & 6 \end{bmatrix}$ C. $\begin{bmatrix} -6 & 8 \\ 5 & -6 \end{bmatrix}$ D. $\begin{bmatrix} -8 & 6 \\ 6 & -5 \end{bmatrix}$

(4) $A = \begin{bmatrix} 1 & -2 & -1 & 3 \\ 3 & -6 & -3 & 8 \\ -2 & 4 & 2 & k \end{bmatrix}$ 中的 $k = ($ $)$ 时，$r(A) = 2$.

A. 0   B. -2 C. 4   D. -6

(5) 设方阵 A 可逆，并且 $(2A)^{-1} = \begin{bmatrix} -3 & 7 \\ 1 & -2 \end{bmatrix}$，则 $A = ($ $)$.

A. $\begin{bmatrix} 2 & 7 \\ 1 & 3 \end{bmatrix}$ B. $\begin{bmatrix} -2 & 7 \\ 1 & -3 \end{bmatrix}$ C. $\dfrac{1}{2}\begin{bmatrix} 2 & 7 \\ 1 & 3 \end{bmatrix}$ D. $\dfrac{1}{2}\begin{bmatrix} 2 & -7 \\ -1 & 3 \end{bmatrix}$

(6) 若矩阵 A 的行列式等于零，则下列结论正确的是（   ）.

A. A^2 的行列式不为零

B. A 有逆矩阵

C. A 是零矩阵

D. 对任意与 A 同阶的矩阵 B，有 $|AB| = 0$

(7) 设 A 经过有限次初等变换后得到矩阵 B，则下列命题正确的是（   ）.

A. A 与 B 都是 n 阶矩阵，则 $|A| = |B|$

B. A 与 B 都是 n 阶矩阵，则 $|A|$ 与 $|B|$ 或同时为零或同时不为零

C. $|A| = 0$，但 $|B|$ 可能不为零

D. $A = B$

(8) $A = \begin{bmatrix} 1 & 1 \\ 0 & 1 \end{bmatrix}$，则 $A^n = ($ $)$.

A. $\begin{bmatrix} 1 & 1 \\ 0 & 1 \end{bmatrix}$ B. $\begin{bmatrix} 1 & 0 \\ 0 & 1 \end{bmatrix}$ C. $\begin{bmatrix} 1 & 2 \\ 0 & 1 \end{bmatrix}$ D. $\begin{bmatrix} 1 & n \\ 0 & 1 \end{bmatrix}$

(9) 当 $a = ($ $)$ 时，矩阵 $\begin{bmatrix} a & 1 & 1 \\ 1 & 0 & 2 \\ 0 & -1 & 1 \end{bmatrix}$ 不可逆.

A. 0   B. 1   C. 2   D. -1

(10) 下列矩阵可通过初等变换化为 E_3 的是（   ）.

A. $\begin{bmatrix} 1 & 2 & -1 \\ -1 & -2 & 1 \\ 3 & 2 & 0 \end{bmatrix}$ B. $\begin{bmatrix} 1 & 0 & -1 \\ 2 & -1 & 0 \\ 0 & -1 & 2 \end{bmatrix}$

C. $\begin{bmatrix} 1 & 0 & -1 \\ 0 & 1 & 2 \\ 1 & 0 & 3 \end{bmatrix}$ D. $\begin{bmatrix} 2 & 2 & 2 \\ 2 & 2 & 2 \\ 2 & 2 & 2 \end{bmatrix}$

3. 计算题：

(1) 设矩阵 $\boldsymbol{A} = \begin{bmatrix} -2 & 2 & 1 \\ -1 & -2 & -2 \\ 2 & 1 & 2 \end{bmatrix}$，求 $\boldsymbol{A}\boldsymbol{A}^{\mathrm{T}}$ 及 $\boldsymbol{A}^{-1}$.

(2) 若 $\boldsymbol{X}\boldsymbol{A} - \boldsymbol{E} = \boldsymbol{X} - \boldsymbol{A}^2$，其中 $\boldsymbol{A} = \begin{bmatrix} 1 & 2 & -1 \\ -1 & -1 & 0 \\ 2 & 3 & 2 \end{bmatrix}$，求 $\boldsymbol{X}$.

(3) 求下列矩阵的秩：

① $\boldsymbol{A} = \begin{bmatrix} 1 & 2 & 3 & 4 \\ 1 & -5 & 4 & 5 \\ 1 & 10 & 1 & 2 \end{bmatrix}$；

② $\boldsymbol{B} = \begin{bmatrix} 7 \\ 6 \\ -4 \\ 1 \end{bmatrix}$；

③ $\boldsymbol{C} = \begin{bmatrix} 1 & -1 & 2 \\ 2 & -2 & 4 \\ 3 & 0 & 6 \\ 2 & 1 & 4 \end{bmatrix}$；

④ $\boldsymbol{D} = \begin{bmatrix} 2 & 0 & 1 & 4 \\ 1 & 2 & 0 & -1 \\ 6 & 4 & 2 & 6 \end{bmatrix}$.

(4) 求下列矩阵的逆矩阵：

① $\boldsymbol{A} = \begin{bmatrix} 2 & 3 & 1 \\ 0 & 1 & 3 \\ 1 & 2 & 5 \end{bmatrix}$；

② $\boldsymbol{B} = \begin{bmatrix} 1 & 0 & -2 \\ 2 & -1 & 0 \\ -3 & 1 & 1 \end{bmatrix}$；

③ $\boldsymbol{C} = \begin{bmatrix} 1 & 2 & 3 & 4 \\ 0 & 1 & 2 & 3 \\ 0 & 0 & 2 & 3 \\ 0 & 0 & 0 & 5 \end{bmatrix}$.

第十节　线性方程组的解法

学习内容：克莱姆法则、逆矩阵法、初等行变换法解线性方程组.

目的要求：熟练掌握使用克莱姆法则、逆矩阵法、矩阵的初等行变换法求解线性方程组.

重点难点：逆矩阵法解线性方程组、初等行变换法解线性方程组.

案例一　工厂有 $1\ 000\ \text{h}$ 用于生产、维修和检验. 各工序的工作时间分别为 P,M,I，且满足：$P+M+I=1\ 000$，$P=I-100$，$P+I=M+100$，求各工序所用时间分别为多少？

一、克莱姆法则解线性方程组

克莱姆法则：设 n 个方程的 n 元一次线性方程组为

$$\begin{cases} a_{11}x_1+a_{12}x_2+\cdots+a_{1n}x_n=b_1, \\ a_{21}x_1+a_{22}x_2+\cdots+a_{2n}x_n=b_2, \\ \quad\cdots\quad\cdots\quad\cdots\quad\cdots \\ a_{n1}x_1+a_{n2}x_2+\cdots+a_{nn}x_n=b_n. \end{cases} \tag{6.10.1}$$

克莱姆法则

其系数行列式为

$$D=\begin{vmatrix} a_{11} & a_{12} & \cdots & a_{1n} \\ a_{21} & a_{22} & \cdots & a_{2n} \\ \vdots & \vdots & & \vdots \\ a_{n1} & a_{n2} & \cdots & a_{nn} \end{vmatrix}.$$

若系数行列式 $D\neq0$，则方程组（6.10.1）必有唯一解：

$$x_j=\frac{D_j}{D}\ (j=1,\ 2,\ \cdots,\ n)$$

其中

$$D_j=\begin{vmatrix} a_{11} & \cdots & a_{1,j-1} & b_1 & a_{1,j+1} & \cdots & a_{1n} \\ \vdots & & \vdots & \vdots & \vdots & & \vdots \\ a_{i1} & \cdots & a_{i,j-1} & b_i & a_{i,j+1} & \cdots & a_{in} \\ \vdots & & \vdots & \vdots & \vdots & & \vdots \\ a_{n1} & \cdots & a_{n,j-1} & b_n & a_{n,j+1} & \cdots & a_{nn} \end{vmatrix}\ (j=1,\ 2,\ \cdots,\ n)$$

是将系数行列式 D 中第 j 列的元素 $a_{1j},\ a_{2j},\ \cdots,\ a_{nj}$ 对应地换成方程组的常数项 $b_1,\ b_2,\ \cdots,\ b_n$ 得到的行列式.

注意：克莱姆法则实际上给出了一种求 n 元一次线性方程组的方法.

二、逆矩阵法解线性方程组

定理 1　对于方程组（6.10.1），其矩阵形式为 $\boldsymbol{AX}=\boldsymbol{B}$，其中

$$A = \begin{bmatrix} a_{11} & a_{12} & \cdots & a_{1n} \\ a_{21} & a_{22} & \cdots & a_{2n} \\ \vdots & \vdots & & \vdots \\ a_{n1} & a_{n2} & \cdots & a_{nn} \end{bmatrix}, \quad X = \begin{bmatrix} x_1 \\ x_2 \\ \vdots \\ x_n \end{bmatrix}, \quad B = \begin{bmatrix} b_1 \\ b_2 \\ \vdots \\ b_n \end{bmatrix}.$$

逆矩阵法

A 称为方程组（6.10.1）的**系数矩阵**，B 称为（6.10.1）的**常数项矩阵**，X 称为 n 元未知量矩阵. 当 $|A| \neq 0$ 时，用 A^{-1} 左乘矩阵方程两边，得 $X = A^{-1}B$，即为方程组（6.10.1）的解.

例题 1　解线性方程组 $\begin{cases} x_1 - x_2 - x_3 = 2, \\ 2x_1 - x_2 - 3x_3 = 1, \\ 3x_1 + 2x_2 - 5x_3 = 0. \end{cases}$

解　记 $A = \begin{bmatrix} 1 & -1 & -1 \\ 2 & -1 & -3 \\ 3 & 2 & -5 \end{bmatrix}$, $X = \begin{bmatrix} x_1 \\ x_2 \\ x_3 \end{bmatrix}$, $B = \begin{bmatrix} 2 \\ 1 \\ 0 \end{bmatrix}$，则方程组可写成矩阵方程 $AX = B$.

因为 $|A| = \begin{vmatrix} 1 & -1 & -1 \\ 2 & -1 & -3 \\ 3 & 2 & -5 \end{vmatrix} = 3 \neq 0$，所以 A 可逆，即

$$A^* = \begin{bmatrix} 11 & -7 & 2 \\ 1 & -2 & 1 \\ 7 & -5 & 1 \end{bmatrix},$$

所以

$$A^{-1} = \frac{A^*}{|A|} = \frac{1}{3} \begin{bmatrix} 11 & -7 & 2 \\ 1 & -2 & 1 \\ 7 & -5 & 1 \end{bmatrix}.$$

于是

$$X = A^{-1}B = \frac{1}{3} \begin{bmatrix} 11 & -7 & 2 \\ 1 & -2 & 1 \\ 7 & -5 & 1 \end{bmatrix} \begin{bmatrix} 2 \\ 1 \\ 0 \end{bmatrix} = \begin{bmatrix} 5 \\ 0 \\ 3 \end{bmatrix},$$

即线性方程组的解为 $x_1 = 5$，$x_2 = 0$，$x_3 = 3$.

三、初等行变换法解线性方程组

设由 n 个未知量 x_1，x_2，$\cdots$，x_n，m 个方程构成的线性方程组

$$\begin{cases} a_{11}x_1 + a_{12}x_2 + \cdots + a_{1n}x_n = b_1 \\ a_{21}x_1 + a_{22}x_2 + \cdots + a_{2n}x_n = b_2 \\ \cdots \quad \cdots \quad \cdots \quad \cdots \\ a_{m1}x_1 + a_{m2}x_2 + \cdots + a_{mn}x_n = b_m \end{cases} \quad (6.10.2)$$

称为**一般线性方程组**. 它可以用矩阵形式写成 $AX = B$，其中

初等行变换法

$$A=\begin{pmatrix} a_{11} & a_{12} & \cdots & a_{1n} \\ a_{21} & a_{22} & \cdots & a_{2n} \\ \vdots & \vdots & & \vdots \\ a_{m1} & a_{m2} & \cdots & a_{mn} \end{pmatrix}, \quad X=\begin{pmatrix} x_1 \\ x_2 \\ \vdots \\ x_n \end{pmatrix}, \quad B=\begin{pmatrix} b_1 \\ b_2 \\ \vdots \\ b_m \end{pmatrix}.$$

其中，A 称为方程组（6.10.2）的**系数矩阵**，X 称为 n 元未知量矩阵，B 称为**常数项矩阵**.

当 $B=O$，即常数项 $b_1=b_2=\cdots=b_m=0$，方程组（6.10.2）称为齐次线性方程组；当 $B\neq O$ 时，方程组（6.10.2）称为非齐次线性方程组.

我们把方程组（6.10.2）的系数矩阵 A 与常数项矩阵 B 放在一起构成的矩阵

$$\widetilde{A}=(A\mid B)=\begin{pmatrix} a_{11} & a_{12} & \cdots & a_{1n} & b_1 \\ a_{21} & a_{22} & \cdots & a_{2n} & b_2 \\ \vdots & \vdots & & \vdots & \vdots \\ a_{m1} & a_{m2} & \cdots & a_{mn} & b_m \end{pmatrix} \quad (\text{或}\ \overline{A})$$

称为方程组（6.10.2）的**增广矩阵**.

引例　消元法解线性方程组的矩阵形式.

在中学阶段，已经学习过用消元法解简单的线性方程组. 例如，求解线性方程组

$$\begin{cases} 2x_1+3x_2=\ \ \ 4, \\ \ \ x_1-2x_2=-5. \end{cases} \tag{6.10.3}$$

解　第一步　将线性方程组中两个方程的次序对换，得

$$\begin{cases} x_1-2x_2=-5, \\ 2x_1+3x_2=\ \ \ 4. \end{cases} \tag{6.10.4}$$

第二步　第二个方程减去第一个方程的 2 倍，方程组就变成

$$\begin{cases} x_1-2x_2=-5, \\ \ \ \ \ 7x_2=\ \ 14. \end{cases} \tag{6.10.5}$$

第三步　用 $\dfrac{1}{7}$ 乘第二个方程的两端，得

$$\begin{cases} x_1-2x_2=-5, \\ \ \ \ \ \ x_2=\ \ 2. \end{cases} \tag{6.10.6}$$

第四步　第一个方程加上第二个方程的 2 倍，得

$$\begin{cases} x_1=-1 \\ x_2=\ \ 2. \end{cases} \tag{6.10.7}$$

显然，方程组（6.10.3）～方程组（6.10.7）都是同解方程组，因而方程组（6.10.7）是方程组（6.10.3）的解.

上述解线性方程组的方法，称为消元法. 从上例中可见，消元法实际上是对线性方程组进行如下变换：

（1）互换两个方程的位置（串位变换）；

（2）用一个非零的数乘某个方程的两端（数乘变换）；

（3）用一个数乘某个方程后加到另一个方程上（消元变换）.

由于线性方程组与其增广矩阵一一对应，所以对线性方程组进行上述变换，相当于对其增广矩阵实施相应的初等行变换：

$$\begin{bmatrix} 2 & 3 & 4 \\ 1 & -2 & -5 \end{bmatrix} \xrightarrow{r_1 \leftrightarrow r_2} \begin{bmatrix} 1 & -2 & -5 \\ 2 & 3 & 4 \end{bmatrix} \xrightarrow{-2r_1+r_2} \begin{bmatrix} 1 & -2 & -5 \\ 0 & 7 & 14 \end{bmatrix} \xrightarrow{\frac{1}{7}r_2}$$

$$\begin{bmatrix} 1 & -2 & -5 \\ 0 & 1 & 2 \end{bmatrix} \xrightarrow{2r_2+r_1} \begin{bmatrix} 1 & 0 & -1 \\ 0 & 1 & 2 \end{bmatrix}.$$

定理 2　如果通过初等行变换将一个线性方程组的增广矩阵 $(A \mid B)$ 化为 $(C \mid D)$，则方程组 $AX=B$ 与 $CX=D$ 是同解方程组.

因此，可采用矩阵的初等行变换，将线性方程组的增广矩阵 $\bar{A}$ 化为行最简阶梯形矩阵（若将非零行的第一个非零元素称为主元的话，那么这种行最简阶梯型矩阵即主元为 1，主元所在列的其余元素均为 O 的矩阵）. 从而线性方程组的解就可由行最简阶梯型矩阵对应的线性方程组而得到.

初等行变换法
（例题 2）

例题 2　解线性方程组 $\begin{cases} 2x_1 - x_2 + 3x_3 = 1, \\ 4x_1 + 2x_2 + 5x_3 = 4, \\ 2x_1 + \quad 2x_3 = 6. \end{cases}$

解　对其增广矩阵实施初等行变换，将其化为行最简阶梯型矩阵

$$\bar{A} = \begin{bmatrix} 2 & -1 & 3 & 1 \\ 4 & 2 & 5 & 4 \\ 2 & 0 & 2 & 6 \end{bmatrix} \xrightarrow[r_1 \leftrightarrow r_3]{\frac{1}{2}r_3} \begin{bmatrix} 1 & 0 & 1 & 3 \\ 4 & 2 & 5 & 4 \\ 2 & -1 & 3 & 1 \end{bmatrix} \xrightarrow[-2r_1+r_3]{-4r_1+r_2} \begin{bmatrix} 1 & 0 & 1 & 3 \\ 0 & 2 & 1 & -8 \\ 0 & -1 & 1 & -5 \end{bmatrix} \xrightarrow[2r_2+r_3]{r_2 \leftrightarrow r_3}$$

$$\begin{bmatrix} 1 & 0 & 1 & 3 \\ 0 & 1 & -1 & 5 \\ 0 & 0 & 3 & -18 \end{bmatrix} \xrightarrow[-r_3+r_1]{\frac{1}{3}r_3} \begin{bmatrix} 1 & 0 & 0 & 9 \\ 0 & 1 & 0 & -1 \\ 0 & 0 & 1 & -6 \end{bmatrix}, \quad 解得 \begin{cases} x_1 = 9, \\ x_2 = -1, \\ x_3 = -6. \end{cases}$$

习题 6-8

本节习题答案

1. 利用逆矩阵法求线性方程组 $\begin{cases} 3x_1 + 2x_2 + x_3 = 1, \\ x_1 + 2x_2 + 2x_3 = 2, \\ 3x_1 + 4x_2 + 3x_3 = 3. \end{cases}$

2. 设 $A = \begin{bmatrix} 1 & 2 & 3 \\ 2 & 2 & 1 \\ 3 & 4 & 3 \end{bmatrix}$, $B = \begin{bmatrix} 2 & 1 \\ 5 & 3 \end{bmatrix}$, $C = \begin{bmatrix} 1 & 3 \\ 2 & 0 \\ 3 & 1 \end{bmatrix}$, 求矩阵 X，使其满足：$AXB = C$.

3. 利用初等行变换求下列线性方程组：

(1) $\begin{cases} x_1 + 3x_2 + 5x_3 + 2x_4 = 2, \\ 3x_1 + 5x_2 + 6x_3 + 4x_4 = 4, \\ x_1 + 7x_2 + 14x_3 + 4x_4 = 4, \\ 3x_1 + x_2 - 3x_3 + 2x_4 = 5; \end{cases}$

(2) $\begin{cases} x_1+3x_2-2x_3+x_4=3, \\ 2x_1+x_2-3x_3=2, \\ x_1-2x_2-x_3-x_4=-1; \end{cases}$

(3) $\begin{cases} x_1+5x_2-x_3-x_4=-1, \\ x_1-2x_2+x_3+3x_4=3, \\ 3x_1+8x_2-x_3+x_4=1, \\ x_1-9x_2+3x_3+7x_4=7. \end{cases}$

第十一节   线性方程组解的判定

学习内容：线性方程组解的判定.

目的要求：学会熟练判定非齐次线性方程组和齐次线性方程组解的情况.

重点难点：非齐次线性方程组和齐次线性方程组解的判定.

案例   判断下列线性方程组解的情况：

线性方程组解的
判定（案例）

$\begin{cases} x_1+x_2-2x_3=2, \\ 2x_1-3x_2+5x_3=1, \\ 4x_1-x_2-x_3=5, \\ 5x_1-x_3=2; \end{cases}$ (6.11.1)

$\begin{cases} x_1+x_2-2x_3=2, \\ 2x_1-3x_2+5x_3=1, \\ 4x_1-x_2-x_3=5, \\ 5x_1-3x_3=7; \end{cases}$ (6.11.2)

$\begin{cases} x_1+x_2-2x_3=2, \\ 2x_1-3x_2+5x_3=1, \\ 4x_1-x_2+x_3=5, \\ 5x_1-x_3=7. \end{cases}$ (6.11.3)

一、非齐次线性方程组解的判断

对于非齐次线性方程组 $\boldsymbol{AX}=\boldsymbol{B}$，$(\boldsymbol{B}\neq\boldsymbol{O})\cdots$方程组（6.11.1）解的情况有如下判定定理. 其中

非齐次线性方程组
解的判断

$$A=\begin{pmatrix} a_{11} & a_{12} & \cdots & a_{1n} \\ a_{21} & a_{22} & \cdots & a_{2n} \\ \vdots & \vdots & & \vdots \\ a_{m1} & a_{m2} & \cdots & a_{mn} \end{pmatrix}, \quad \boldsymbol{X}=\begin{pmatrix} x_1 \\ x_2 \\ \vdots \\ x_n \end{pmatrix}, \quad \boldsymbol{B}=\begin{pmatrix} b_1 \\ b_2 \\ \vdots \\ b_m \end{pmatrix},$$

$$\bar{A}=(A\mid B)=\begin{pmatrix} a_{11} & a_{12} & \cdots & a_{1n} & b_1 \\ a_{21} & a_{22} & \cdots & a_{2n} & b_2 \\ \vdots & \vdots & & \vdots & \vdots \\ a_{m1} & a_{m2} & \cdots & a_{mn} & b_m \end{pmatrix}.$$

定理 1　（非齐次线性方程组解的判定定理）对非齐次线性方程组（6.11.1）有以下结论：

(1) 若 $r(\bar{A})=r(A)=n$，则方程组（6.11.1）有且只有唯一解；

(2) 若 $r(\bar{A})=r(A)<n$，则方程组（6.11.1）有无穷多解；

(3) 若 $r(\bar{A})\neq r(A)$，则方程组（6.11.1）无解.

例题 1　判断方程组 $\begin{cases} x_1+\ x_2-2x_3=2, \\ 2x_1-3x_2+5x_3=1, \\ 4x_1-\ x_2-\ x_3=5, \\ 5x_1\ \quad\ -\ x_3=2 \end{cases}$ 的情况.

解　$\bar{A}=\begin{pmatrix} 1 & 1 & -2 & 2 \\ 2 & -3 & 5 & 1 \\ 4 & -1 & -1 & 5 \\ 5 & 0 & -1 & 2 \end{pmatrix}\xrightarrow[\substack{-4r_1+r_3 \\ -5r_1+r_4}]{-2r_1+r_2}\begin{pmatrix} 1 & 1 & -2 & 2 \\ 0 & -5 & 9 & -3 \\ 0 & -5 & 7 & -3 \\ 0 & -5 & 9 & -8 \end{pmatrix}\xrightarrow[-r_2+r_4]{-r_2+r_3}\begin{pmatrix} 1 & 1 & -2 & 2 \\ 0 & -5 & 9 & -3 \\ 0 & 0 & -2 & 0 \\ 0 & 0 & 0 & -5 \end{pmatrix},$

因为 $r(\bar{A})=4\neq r(A)=3$，所以原方程组无解.

例题 2　判断 k 为何值时，方程组 $\begin{cases} x_1-\dfrac{1}{2}x_2-\dfrac{1}{2}x_3=1, \\ x_1-\ 2x_2+\ x_3=k, \\ x_1+\ x_2-\ 2x_3=k^2 \end{cases}$ 有无穷多

非齐次线性方程组解的
判定（例题 2）

解、无解、有唯一解？

解

$\bar{A}=\begin{pmatrix} 1 & -\dfrac{1}{2} & -\dfrac{1}{2} & 1 \\ 1 & -2 & 1 & k \\ 1 & 1 & -2 & k^2 \end{pmatrix}\xrightarrow[-r_1+r_3]{-r_1+r_2}\begin{pmatrix} 1 & -\dfrac{1}{2} & -\dfrac{1}{2} & 1 \\ 0 & -\dfrac{3}{2} & \dfrac{3}{2} & k-1 \\ 0 & \dfrac{3}{2} & -\dfrac{3}{2} & k^2-1 \end{pmatrix}\xrightarrow{r_2+r_3}\begin{pmatrix} 1 & -\dfrac{1}{2} & -\dfrac{1}{2} & 1 \\ 0 & -\dfrac{3}{2} & \dfrac{3}{2} & k-1 \\ 0 & 0 & 0 & (k-1)(k+2) \end{pmatrix},$

① 当 $k=-2$ 或 $k=1$ 时，$r(\bar{A})=r(A)=2<3$，此时方程组有无穷多解；

② 当 $k\neq-2$ 且 $k\neq1$ 时，$r(\bar{A})\neq r(A)$，此时方程组无解；

③ 方程组有唯一解的情况不存在.

二、齐次线性方程组解的判断

对于齐次线性方程组 $AX=0$，…方程组（6.11.2）解的情况有如下判定定理. 其中

$$A=\begin{pmatrix} a_{11} & a_{12} & \cdots & a_{1n} \\ a_{21} & a_{22} & \cdots & a_{2n} \\ \vdots & \vdots & & \vdots \\ a_{m1} & a_{m2} & \cdots & a_{mn} \end{pmatrix}, \quad X=\begin{pmatrix} x_1 \\ x_2 \\ \vdots \\ x_n \end{pmatrix}, \quad 0=\begin{pmatrix} 0 \\ 0 \\ \vdots \\ 0 \end{pmatrix}.$$

齐次线性方程
组解的判定

定理 2 （齐次线性方程组解的判定定理）对齐次线性方程组
(6.11.2) 有以下结论：

(1) 若 $r(A)=n$，则方程组（6.11.2）有唯一零解；

(2) 若 $r(A)<n$，则方程组（6.11.2）有非零解.

例题 3 判断下列方程组解的情况：

$$\begin{cases} x_1+2x_2+3x_3=0, \\ 2x_1+5x_2+3x_3=0, \\ x_1+5x_2+8x_3=0. \end{cases}$$

齐次线性方程组解的
判定（例题 3）

解 $A=\begin{pmatrix} 1 & 2 & 3 \\ 2 & 5 & 3 \\ 1 & 5 & 8 \end{pmatrix} \rightarrow \begin{pmatrix} 1 & 2 & 3 \\ 0 & 1 & -3 \\ 0 & 3 & 5 \end{pmatrix} \rightarrow \begin{pmatrix} 1 & 2 & 3 \\ 0 & 1 & -3 \\ 0 & 0 & 14 \end{pmatrix},$

所以 $r(A)=3=n.$ 故此方程组有唯一零解.

习题 6 - 9

1. 解线性方程组 $\begin{cases} x_1-x_2-\ x_3+\ x_4=0, \\ x_1-x_2+\ x_3-3x_4=0, \\ x_1-x_2-2x_3+3x_4=0. \end{cases}$

本节习题答案

2. 判断下列方程组解的情况：

$$\begin{cases} x_1+2x_2-3x_3=-11, \\ -x_1-\ x_2+\ x_3=\quad 7, \\ -3x_1+\ x_2+2x_3=\quad 4, \\ 2x_1-3x_2+\ x_3=\quad 6. \end{cases}$$

3. 当 a,b 为何值时，线性方程组

$$\begin{cases} x_1+\ x_2+\ x_3+\ x_4=1, \\ 3x_1+2x_2+\ x_3+\ x_4=3, \\ \quad\ x_2+3x_3+2x_4=0, \\ 5x_1+4x_2+3x_3+bx_4=a. \end{cases}$$

(1) 有唯一解；

(2) 无解；

(3) 有无穷多个解？

4. 判断 t 为何值时，方程组 $\begin{cases} -x_1-4x_2+\quad x_3=1, \\ \quad\quad tx_2-\quad 3x_3=3, \\ x_1+3x_2+(t+1)x_3=0. \end{cases}$ 有无穷多解、无解、有唯一解？

第十二节　线性方程组部分测试题

1. 填空题：

（1）若线性方程组 $\begin{cases} x_1-x_2=0, \\ x_1+\lambda x_2=0 \end{cases}$ 有非零解，则 $\lambda=$____.

（2）齐次线性方程组 $AX=0$ 的系数矩阵为 $A=\begin{bmatrix} 1 & -1 & 2 & 3 \\ 0 & 1 & 0 & -2 \\ 0 & 0 & 0 & 0 \end{bmatrix}$，则此方程组的一般

解为____.

（3）线性方程组 $AX=B$ 的增广矩阵 $\bar{A}$ 化成阶梯形矩阵后为

$$\bar{A}\to\begin{bmatrix} 1 & 2 & 0 & 1 & 0 \\ 0 & 4 & 2 & -1 & 1 \\ 0 & 0 & 0 & 0 & d+1 \end{bmatrix},$$

则当 $d=$____时，方程组 $AX=B$ 有无穷多解.

2. 选择题：

（1）设线性方程组 $AX=B$ 的增广矩阵通过初等行变换化为 $\begin{bmatrix} 1 & 3 & 1 & 2 & 6 \\ 0 & -1 & 3 & 1 & 4 \\ 0 & 0 & 0 & 2 & -1 \\ 0 & 0 & 0 & 0 & 0 \end{bmatrix}$，则

此线性方程组的一般解中自由未知量的个数为（　　）个.

A. 1　　　　　　B. 2　　　　　　C. 3　　　　　　D. 4

（2）线性方程组 $\begin{cases} x_1+x_2=1, \\ x_1+x_2=0 \end{cases}$ 解的情况是（　　）.

A. 无解　　　　B. 只有零解　　　　C. 有唯一解　　　　D. 有无穷多解

（3）若线性方程组的增广矩阵为 $\bar{A}=\begin{bmatrix} 1 & \lambda & 2 \\ 2 & 1 & 0 \end{bmatrix}$，则当 $\lambda=$（　　）时线性方程组无解.

A. $\dfrac{1}{2}$　　　　　B. 0　　　　　C. 1　　　　　D. 2

（4）线性方程组 $AX=O$ 只有零解，则 $AX=B(B\neq O)$（　　）.

A. 有唯一解　　　　　　　　B. 可能无解

C. 有无穷多解　　　　　　　D. 无解

（5）设线性方程组 $AX=B$ 中，若 $r(A,B)=4$，$r(A)=3$，则该线性方程组（　　）.

A. 有唯一解　　　　　　　　B. 无解

C. 有非零解　　　　　　　　D. 有无穷多解

(6) 设线性方程组 $AX = B(B \neq O)$ 有唯一解，则相应的齐次方程组 $AX = O$ （   ）.

A. 无解   B. 有非零解   C. 只有零解   D. 解不能确定

(7) 当 $\lambda = ($ $)$ 时，下面方程组有唯一解.

$$\begin{cases} x_1 + x_2 + & x_3 = \lambda - 1, \\ 2x_2 - & x_3 = \lambda - 2, \\ & \lambda(\lambda - 3)(\lambda - 1)x_3 = -(\lambda - 3). \end{cases}$$

A. 0   B. 2   C. 3   D. 1

(8) 当 $\lambda = ($ $)$ 时，下面方程组有无穷多解.

$$\begin{cases} x_1 + 2x_2 - x_3 = \lambda - 1, \\ 3x_2 - x_3 = \lambda - 2, \\ \lambda x_2 - x_3 = (\lambda - 3)(\lambda - 4) + (\lambda - 2). \end{cases}$$

A. 1   B. 2   C. 3   D. 4

(9) 当 $\lambda = ($ $)$ 时，下面方程组无解.

$$\begin{cases} x_1 + 2x_2 - & x_3 = 4, \\ x_2 + & 2x_3 = 2, \\ & (\lambda - 2)x_3 = (\lambda - 3)(\lambda - 4). \end{cases}$$

A. 0   B. 2   C. 3   D. 4

(10) 齐次线性方程组 $AX = O$ 是线性方程组 $AX = B$ 的导出组，则（   ）.

A. $AX = O$ 有零解时，$AX = B$ 有唯一解

B. $AX = O$ 有非零解时，$AX = B$ 有无穷多解

C. 当 u 是 $AX = O$ 的通解，x_0 是 $AX = B$ 的特解时，$x_0 + u$ 是 $AX = B$ 的通解

D. 当 v_1，v_2 是 $AX = O$ 的解时，$v_1 - v_2$ 是 $AX = B$ 的解

3. 计算题：

(1) 判断下列线性方程组解的情况：

① $$\begin{cases} x_1 + x_2 - 2x_3 = 2, \\ 2x_1 - 3x_2 + 5x_3 = 1, \\ 4x_1 - x_2 - x_3 = 5, \\ 5x_1 - 3x_3 = 7; \end{cases}$$

② $$\begin{cases} x_1 + x_2 - 2x_3 = 2, \\ 2x_1 - 3x_2 + 5x_3 = 1, \\ 4x_1 - x_2 + x_3 = 5, \\ 5x_1 - x_3 = 7. \end{cases}$$

(2) 设线性方程组 $$\begin{cases} x_1 + 2x_3 = -1, \\ -x_1 + x_2 - 3x_3 = 2, \\ 2x_1 - x_2 + 5x_3 = 0. \end{cases}$$ 求其系数矩阵和增广矩阵的秩，并判断其解的情况.

【数学文化之线性代数历史】

线性代数的研究最初出现于对行列式的研究上. 行列式当时被用来求解线性方程组. 莱布尼茨在 1693 年使用了行列式. 随后, 加布里尔·克莱姆在 1750 年推导出求解线性方程组的克莱姆法则. 然后, 高斯利用高斯消元法发展出求解线性系统的理论, 这也被列为大地测量学的一项进展.

现代线性代数的历史可以上溯到 19 世纪中期的英国. 1843 年, 哈密顿发现了四元数. 1844 年, 赫尔曼·格拉斯曼发表了他的著作《线性外代数》, 包括了今日线性代数的一些主题. 1848 年, 詹姆斯·西尔维斯特引入了矩阵, 该词是"子宫"的拉丁语. 阿瑟·凯莱在研究线性变换时引入了矩阵乘法和转置的概念. 很重要的是, 凯莱使用了一个字母代表一个矩阵, 因此将矩阵当作了聚合对象. 他也意识到矩阵和行列式之间的联系.

不过除了这些早期的文献以外, 线性代数主要是在 20 世纪发展的. 在抽象代数的环论开发之前, 矩阵只有模糊不清的定义. 随着狭义相对论的到来, 很多开拓者发现了线性代数的微妙. 进一步地, 解偏微分方程的克莱姆法则的例行应用导致了大学的标准教育中包括了线性代数. 例如, E. T. Copson 写道:

"当我在 1922 年到爱丁堡做年轻的讲师的时候, 我惊奇地发现了不同于牛津的课程. 这里包括了我根本就不知道的主题如勒贝格积分、矩阵论、数值分析、黎曼几何"

——E. T. Copson

1882 年, Hüseyin. Tevfik. Pasha 写了一本书, 名为《线性代数》. 第一次现代化精确定义向量空间是在 1888 年由朱塞佩·皮亚诺提出的. 在 1888 年, 弗兰西斯·高尔顿还发起了相关系数的应用. 在多变元随机变量的统计分析中, 相关矩阵是自然的工具, 所以, 这种随机向量的统计研究帮助了矩阵用途的开发. 到 1900 年, 一种有限维向量空间的线性变换理论被提出. 在 20 世纪上半叶, 许多前几世纪的想法和方法被总结成抽象代数, 线性代数第一次有了它的现代形式. 矩阵在量子力学、狭义相对论和统计学上的应用帮助线性代数的主题超越了纯数学的范畴. 计算机的发展导致更多的研究致力于有关高斯消元法和矩阵分解的有效算法上. 《线性代数》成了数字模拟和模型的基本工具.

第七模块　概论统计初步

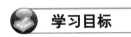 **学习目标**

　　理解概率的定义、性质、事件之间的关系与基本运算，会用古典概型、加法公式、条件概率公式、贝努利概型计算概率；理解几种重要随机变量、密度函数的概念及其性质；掌握数学期望、方差的性质与计算.

　　概率论与数理统计是研究随机现象统计规律的一门学科，在工程技术和经济管理中都有着广泛的应用. 本模块将介绍概率的基本概念及运算、随机变量及其分布、随机变量的数字特征等基本内容.

第一节　随机事件

　　学习内容：随机现象，随机试验，随机事件的概念，随机事件的关系与运算.
　　目的要求：理解随机事件的定义；会判断各种随机事件；掌握随机事件的关系与运算.
　　重点难点：随机事件的定义，随机事件的关系与运算.

一、随机现象

　　在自然界和人类的活动中，经常遇到各种各样的现象，例如：
　　(1) 某人射击一次，可能会命中 10 环，9 环，……，0 环；
　　(2) 掷一枚质地均匀的骰子，可能出现的点数为 1 点，2 点，3 点，4 点，5 点，6 点；
　　(3) 重物在高处失去支撑的情况下必然会垂直落到地面.
　　这三种现象中，(1)、(2) 有多种可能结果，事前不能确定哪种结果会发生，(3) 却只有确定的一种结果，故称 (1)、(2) 为随机现象，(3) 为必然现象. 所有各种现象也都可大致归为这两类：
　　随机现象：在一定条件下，有多种可能结果，且事前不能确定哪种结果会出现的现象.
　　必然现象：在一定条件下，必然会出现某种结果的现象.
　　实践经验告诉我们，当对一随机现象进行大量重复观察时，其各种可能结果的发生会呈现出一定的规律，我们称之为统计规律性. 例如，将一枚质地均匀的硬币反复抛掷多次，就会发现出现正面的次数和出现反面的次数大约各占一半.

二、随机试验与随机事件

在科学研究和社会生活中，常常要在一组给定条件下进行试验或观察，统称试验或观察试验. 要研究随机现象的统计规律性，就得通过试验来观察随机现象.

如果一个试验具有下列三个特性，就称这个试验是**随机试验**，简称**试验**，记作 E：

（1）**可重复性**：试验可以在相同条件下大量重复进行；

（2）**明确性**：每次试验结果可能不止一个，但在试验之前已知所有的可能结果；

（3）**随机性**：在一次试验中，某种结果出现与否是不确定的，在试验之前无法准确地预言哪一个结果会出现.

通过研究随机试验可以研究随机现象.

例题 1　下面几种试验都是随机试验：

（1）掷一颗骰子，观察出现的点数；

（2）记录电话交换台一分钟内接到的呼唤次数；

（3）记录车站售票处一天内售出的车票数.

因为以上 3 个例子都是满足随机试验的三个特性的，所以它们都是随机试验.

对于一个试验 E，虽然在一次试验之前试验结果不能肯定，但试验的一切可能结果是已知的，我们定义：

随机试验 E 的所有可能的试验结果组成的集合称为试验 E 的**样本空间**，记作 Ω. 样本空间的元素（即试验 E 的每个可能结果）称为**样本点**，记作 ω.

例题 2　写出例题 1 中几个随机试验的样本空间：

（1）$\Omega_1 = \{1, 2, 3, 4, 5, 6\}$；

（2）$\Omega_2 = \{0, 1, 2, 3, 4, \cdots\}$；

（3）$\Omega_3 = \{0, 1, 2, 3, \cdots, n\}$，这里的 n 是售票处一天内准备出售的车票.

试验 E 的样本空间 Ω 的子集称为 E 的**随机事件**，简称**事件**，记作：A，B，C，D，$\cdots$. 在每次试验中，当且仅当这一子集中的一个样本点出现时，称这一事件发生.

由一个样本点组成的单点集，称为**基本事件**. 例如，例题 1 中（1）有 6 个基本事件 $\{1\}$，$\{2\}$，$\{3\}$，$\{4\}$，$\{5\}$，$\{6\}$. 由若干基本事件组合而成的事件称为**复合事件**. 例题 1 中（2）即是复合事件.

对于一个试验 E，在每次试验中必然发生的事情，称为**必然事件**；在每次试验中都不发生的事情，称为**不可能事件**. 例如在例题 1（1）中，｛掷出的点数不超过 6 点｝是必然事件，若用试验结果的集合来表示，则这一事件就是该试验样本空间 $\Omega_2 = \{1, 2, 3, 4, 5, 6\}$. 而事件｛掷出的点数小于 1 点｝是不可能事件，这个事件不包含该试验的任何一个可能结果，故我们用空集的记号 $\varnothing$ 表示不可能事件.

一般地，对于试验 E，包含它的所有可能结果的试验结果的样本空间 Ω 是必然事件；不包含它的任何一个试验结果的事件 $\varnothing$ 是不可能事件. 我们就用 Ω 表示必然事件，用 $\varnothing$ 表示不可能事件.

三、事件之间的关系与运算

对于试验 E，不可能事件是 $\varnothing$，必然事件是样本空间 Ω 本身，事件 A 是样本空间 Ω 的子集，于是事件的关系和运算就可以用集合论的知识来解释. 下面，在讨论两个事件之间的关系和对若干个事件进行运算时，均假定它们是同一个随机试验下的随机事件.

1. 事件的包含与相等

两个事件 A，B，若事件 A 发生导致事件 B 发生，则称**事件 B 包含事件 A**，或者**事件 A 包含于事件 B**，记作 $B \supset A$，或者 $A \subset B$. 用集合论的术语来表达，即 $\forall \omega \in A \Rightarrow \omega \in B$. 图 7.1 直观地描绘了事件 B 包含事件 A.

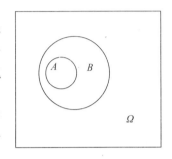

例题 3　一批零件中有合格零件与不合格零件，合格零件中有一、二、三等品，从中随机抽取一件，是合格品记作 A，是一等品记作 B，显然 B 发生时 A 一定发生，因此 $B \subset A$.

若事件 A 发生导致事件 B 发生，事件 B 发生也导致事件 A 发生，即 $A \subset B$，且 $B \subset A$，则事件 A，B 相等，记作 $A = B$.

图 7.1

例题 4　在掷骰子的试验中，记 $A = \{$掷出点数为 2 或 4 或 6$\}$，$B = \{$掷出点数为 2 的倍数$\}$. 这两个事件表面上看起来是不同的两种说法，其实表示了同一件事，因而 $A = B$.

2. 事件的和

事件 A 与事件 B 至少有一个发生的事件，称为事件 A 与事件 B 的和（并），记作 $A + B$ 或 $A \cup B$. 用集合论的术语来表达，即

$$A \cup B = \{A, B \text{ 至少一个发生}\}.$$

图 7.2 给予和事件 $A \cup B$ 以直观表示.

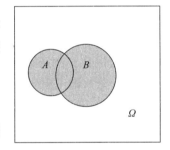

例题 5　在 20 件样品中，有 18 件正品、2 件次品，从中任意取 2 件，记作 $A_1 = \{$恰有 1 件次品$\}$，$A_2 = \{$恰有 2 件次品$\}$，$B = \{$至少有 1 件次品$\}$.

图 7.2

由于 $B = \{$至少有 1 件次品$\}$ 的含义是所取出的 2 件产品中，或者是 $A_1 = \{$恰有 1 件次品$\}$，或者是 $A_2 = \{$恰有 2 件次品$\}$，二者必有一发生，因此 $B = A_1 + A_2$.

3. 事件的积

事件 A 与事件 B 同时发生的事件，称为事件 A 与事件 B 的积，记作 AB 或 $A \cap B$. 用集合论的术语来表达，即 $A \cap B = \{A, B \text{ 同时发生}\}$. 图 7.3 给予积事件以直观表达，有时也把事件的积称为事件的交.

例题 6　设 $A = \{$甲厂生产的产品$\}$，$B = \{$合格品$\}$，$C = \{$甲厂生产的合格品$\}$，则 $C = AB$.

根据事件积的定义可知，对任一事件 A，有

$$A\Omega = A, \quad A\varnothing = \varnothing.$$

4. 事件的差

事件 A 发生而事件 B 不发生的事件称为事件 A 与事件 B 的差，记作 $A - B$. 用集合论的术语来表达，即 $A - B = \{A \text{ 发生}, B \text{ 不发生}\}$. 图 7.4 给予差事件以直观表达.

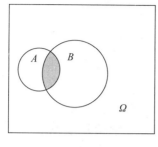

图 7.3

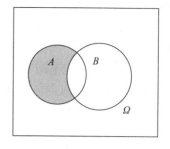

图 7.4

例题 7 设 $A=\{$甲厂生产的产品$\}$，$B=\{$甲厂生产的合格品$\}$，$C=\{$甲厂生产的不合格品$\}$，则 $C=A-B$.

5. 互斥事件（不相容事件）

若事件 A 与事件 B 在一次试验中不同时发生，则称事件 A 与 B 是互不相容（或互斥）事件. 图 7.5 给予互斥事件以直观表达.

例题 8 掷一颗一枚硬币，设 $A=\{$正面向上$\}$，$B=\{$反面向上$\}$，则事件 A 与事件 B 是互斥的，即 $A\bigcap B=\varnothing$.

6. 互逆事件（或对立事件）

若在一次随机试验中，事件 A 与事件 B 必有一个事件且仅有一个事件发生，则称事件 A 与事件 B 是**互逆事件**（或对立事件），记作 $A=\bar{B}$. 用集合论的术语来表达，即 $A=\bar{B}=\{B$ 不发生$\}$. 图 7.6 给予互逆事件以直观表达. 显然，如果事件 A 与事件 B 互逆，则事件 B 也是事件 A 的逆事件（或对立事件），记作 $B=\bar{A}$.

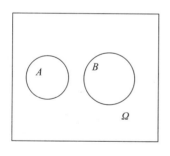

图 7.5

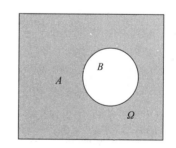

图 7.6

例题 9 在 20 件样品中，有 8 件正品、2 件次品，从中任取 2 件，设 $A=\{$恰有 2 件次品$\}$，$B=\{$至多 1 件次品$\}$，则 $B=\bar{A}$.

根据互逆事件定义可知，若事件 A 与事件 B 互逆，则有 $A+B=\Omega$，$A\bigcap B=\varnothing$. 对任意事件 A，B 也可得如下结论：

(1) $A-B=\bar{A}B$；

(2) $\bar{\bar{A}}=A$.

注意：互逆与互斥是不同的概念，互逆必互斥，但互斥不一定互逆.

根据以上事件的 6 种关系，在进行运算时，经常要用到下述定律：

设有事件 A，B，C，则有

交换律：$A+B=B+A$，$AB=BA$；

结合律：$(A+B)+C=A+(B+C)$，$(AB)C=A(BC)$；

分配律：$(A+B)C=AC+BC$，$(AB)+C=(A+C)(B+C)$；

德·摩根律：$\overline{(AB)}=\overline{A}+\overline{B}$，$\overline{(A+B)}=\overline{A}\,\overline{B}$.

例题 10 以直径和长度作为衡量一种零件是否合格的指标，规定两项指标中有一项不合格则认为此零件不合格. 设 $A=\{$零件直径合格$\}$，$B=\{$零件长度合格$\}$，$C=\{$零件合格$\}$，则

$$\overline{A}=\{\text{零件直径不合格}\},\overline{B}=\{\text{零件长度不合格}\},\overline{C}=\{\text{零件不合格}\},$$

于是 $C=AB$，$\overline{C}=\overline{A}+\overline{B}$ 即有 $\overline{AB}=\overline{A}+\overline{B}$.

习题 7-1

本节习题答案

1. 指出下列事件是必然事件、不可能事件还是随机事件.

(1) 某地 1 月 1 日刮西北风；

(2) 当 x 是实数时，$x^2 \geqslant 0$；

(3) 手电筒的电池没电，灯泡发亮；

(4) 一个电影院某天的上座率超过 50%.

2. 指出下列事件是必然事件、不可能事件还是随机事件.

(1) 抛一石块，下落；

(2) 在标准大气压下且温度低于 $0℃$ 时，冰融化；

(3) 某人射击一次，中靶；

(4) 如果 $a>b$，那么 $a-b>0$；

(5) 掷一枚硬币，出现正面；

(6) 导体通电后，发热；

(7) 从分别标有号数 1，2，3，4，5 的 5 张标签中任取一张，得到 4 号签；

(8) 某电话机在 1 分钟内收到 2 次呼叫；

(9) 没有水分，种子能发芽；

(10) 在常温下，焊锡熔化.

3. 向制定的目标射击三枪，以 A_1 表示第一枪击中目标，A_2 表示第二枪击中目标，A_3 表示第三枪击中目标，试用 A_1，A_2，A_3 表示以下事件：

(1) 只击中第一枪；

(2) 只击中一枪；

(3) 三枪都未击中；

(4) 至少击中一枪.

4. 掷一颗均匀的骰子，观察出现点数，设事件 $A=\{$点数是 2，3 或 4$\}$，$B=\{$不小于 4 的点数$\}$，$C=\{$点数小于 3$\}$，$D=\{$点数为奇数$\}$，$E=\{$点数为偶数$\}$. 试问：

(1) 哪些事件是对立事件？哪些事件是互不相容事件？

(2) 下列各式分别表示什么事件：$\overline{AB}$，$\overline{A}\cup B$，ABC，$\overline{A}C$，$A\cup E$.

第二节　概率的统计定义与性质

学习内容：频率、概率的定义，古典概率、几何概率、概率的性质.
目的要求：理解频率、概率、古典概率、几何概率的定义；掌握概率性质的应用.
重点难点：概率、古典概率、几何概率定义的理解与概率的性质应用.

案例

表 7-1 列出了抛掷硬币试验结果：

表 7-1

抛掷次数 n	正面朝上次数 m	占总次数的比值（$m \cdot n^{-1}$）
2 048	1 061	0.518 1
4 040	2 048	0.506 9
12 000	6 019	0.501 6
24 000	12 012	0.500 5
30 000	14 984	0.499 6
72 088	36 124	0.501 1

当抛掷次数很多时，出现正面的次数占总次数的比值是稳定的，接近于常数 0.5，并在它附近摆动.

一、概率的定义

若在同一条件下将试验 E 重复 N 次，事件 A 发生了 m 次，则称比值 $\dfrac{m}{N}$ 为事件 A 在 N 次重复试验中发生的**频率**，记为 $f_N(A)$，即

$$f_N(A) = \frac{m}{N}. \tag{7.2.1}$$

人们在实践中发现，当重复试验次数 N 较大时，事件发生的频率往往可以大致反映事件发生的可能性的大小. 为了解决一般场合下概率的定义与计算问题，历史上许多人做了大量的试验来研究频率（表 7-1 记录了部分投掷硬币的试验结果），发现频率具有稳定性：当 N 很大时，频率值 $f_N(A)$ 会在某个常值附近摆动，而随着试验次数 N 的增大，这种摆动幅度会越来越小，且越来越接近 0.5 这个常数，这个常值就是概率.

在一个随机试验中，如果随着试验次数的增大，事件 A 出现的频率 $\dfrac{m}{N}$ 在某个常数 p 附近摆动，则称 p 为事件 A 的概率，记作 $P(A) = p$，此概率称为**统计概率**.

例题 1　对某电风扇厂生产的电风扇进行抽样检测的数据如表 7-2 所示.

表 7 - 2

抽取台数 n	50	100	200	300	500	1 000
优等品数 m	45	93	192	285	478	954

(1) 计算表 7 - 2 中优等品的各个频率；

(2) 该厂生产的电风扇优等品的概率是多少？

解

(1) 当抽样台数为 50 时，频率 $f_{50}(A) = \dfrac{45}{50} = 0.900$；

当抽样台数为 100 时，频率 $f_{100}(A) = \dfrac{93}{100} = 0.930$；

当抽样台数为 200 时，频率 $f_{200}(A) = \dfrac{192}{200} = 0.960$；

当抽样台数为 300 时，频率 $f_{300}(A) = \dfrac{285}{300} = 0.95$；

当抽样台数为 500 时，频率 $f_{500}(A) = \dfrac{478}{500} = 0.956$；

当抽样台数为 1 000 时，频率 $f_{1\,000}(A) = \dfrac{954}{1\,000} = 0.954$；

(2) 该厂生产的电风扇优等品的概率 $P(A) = 0.95$.

二、古典概率

若试验 E 具有如下两个特征：

(1) 有限性：E 的样本空间 Ω 只含有有限个元素 ω_1，ω_2，$\cdots$，ω_n；

(2) 等可能性：若 E 的各基本事件 $\{\omega_1\}$，$\{\omega_2\}$，$\cdots$，$\{\omega_n\}$ 出现的可能性相等，则称 E 为**古典型随机试验（或古典概型）**.

例如"投掷硬币""掷骰子"等试验就具备以上两个条件，所以属于古典概型.

根据古典概型的特点，我们可以定义任一随机事件 A 的概率.

如果古典概型中的所有基本事件的个数是 n，事件 A 包含的基本事件的个数是 m，则事件 A 的概率为

$$P(A) = \frac{m}{n} = \frac{\text{事件 } A \text{ 包含的基本事件的个数}}{\text{所有基本事件的个数}},$$

并称此概率为**古典概率**.

例题 2 投掷一枚均匀的骰子，用 A 表示出现的点数小于 3 的事件，求事件 A 发生的概率.

解 因为样本空间为

$$\Omega = \{1,\ 2,\ 3,\ 4,\ 5,\ 6\},$$

所以 $n = 6.$

又由于 $A = \{1,\ 2\}$，故 $m = 2$，所以根据古典概率的计算公式有

$$P(A) = \frac{m}{n} = \frac{2}{6} = \frac{1}{3}.$$

例题 3　设盒中有 8 个球，其中红球 3 个、白球 5 个，

（1）若从中随机取出一球，A：{取出的是红球}，B：{取出的是白球}，求 $P(A)$，$P(B)$；

（2）若从中随机取出两球，C：{两个都是白球}，D：{一红一白}，求 $P(C)$，$P(D)$；

（3）若从中随机取出 5 球，E：{取到的 5 个球恰有 2 个白球}，求 $P(E)$.

解　（1）从 8 个球中随机取出 1 个球，取出方式有 C_8^1 种，即基本事件的总数为 C_8^1，事件 A 包含的基本事件的个数为 C_3^1，事件 B 包含的基本事件的个数为 C_5^1，故

$$P(A) = \frac{C_3^1}{C_8^1} = \frac{3}{8}, \quad P(B) = \frac{C_5^1}{C_8^1} = \frac{5}{8}.$$

（2）从 8 个球中随机取出 2 球，基本事件的总数为 C_8^2，取出 {两个都是白球} 包含的基本事件的个数为 C_5^2，故

$$P(C) = \frac{C_5^2}{C_8^2} = \frac{5 \times 4}{2 \times 1} \times \frac{2 \times 1}{8 \times 7} \approx 0.357,$$

取出 {一红一白} 包含的基本事件的个数为 $C_3^1 C_5^1$，故

$$P(D) = \frac{C_3^1 C_5^1}{C_8^2} = \frac{3 \times 5 \times 2 \times 1}{8 \times 7} \approx 0.536.$$

（3）从 8 个球中任取 5 个球，基本事件的总数为 C_8^5，取到的 {5 个球中恰有 2 个白球} 包含的基本事件的个数为 $C_3^3 C_5^2$，因此

$$P(E) = \frac{C_3^3 C_5^2}{C_8^5} = \frac{1 \times 5 \times 4}{2 \times 1} \times \frac{5 \times 4 \times 3 \times 2 \times 1}{8 \times 7 \times 6 \times 5 \times 4} \approx 0.179.$$

三、几何概率

古典概型假设的试验结果是有限个，但这限制了它的适用范围．将这种做法推广到无限多结果而又保留其等可能性便产生了概率的几何定义．

设试验 E 的样本空间 Ω 为某一区域，且其任一基本事件的发生具有等可能性，则称 E 为**几何型随机试验**（或**几何概型**）.

可见几何概型与古典概型一样具有"**等可能性**"，但其样本空间含有无限多样本点且形成一个几何区域．基于"等可能性"，古典概率被定义为"部分"比"全体"．对于几何概型，如果我们能够度量其"部分"与"全体"，则其事件的概率也应定义为二者之比．

若几何型随机试验 E 的事件 A 的度量大小为 $\mu(A)$，E 的样本空间 Ω 的度量大小为 $\mu(\Omega)$，则事件 A 发生的概率为

$$P(A) = \frac{\mu(A)}{\mu(\Omega)},$$

并称此概率为**几何概率**.

由于任一具体的几何概型问题都可以看作向一有界区域 Ω 随机投一点，因而求几何概率的关键是确定该问题样本空间所成的几何区域以及有利于事件 A 的样本点所成的子区域.

例题 4　设公共汽车每 5 min 一班，求乘客等车不超过 1 min 的概率.

解　设乘客的到站时刻为 t，到站后来的第一辆车到站时刻为 t_0，由于乘客在 t_0-5 与 t_0 之间的任一时刻到站是等可能的，所示问题归结为向直线区域

$$\Omega=\{t\,|\,t_0-5<t\leqslant t_0\}$$

随机投一点，而

$$A=\{等车不超过 1 \min\}=\{t\,|\,t_0-1\leqslant t\leqslant t_0\},$$

故

$$P(A)=\frac{\mu(A)}{\mu(\Omega)}=\frac{t_0-(t_0-1)}{t_0-(t_0-5)}=\frac{1}{5}.$$

四、概率的性质

无论哪一种概率都有以下三条基本性质：

(1) 对任意事件 A，有 $0\leqslant P(A)\leqslant 1$；

(2) 对必然事件 Ω，$P(\Omega)=1$；

(3) 不可能事件 $\varnothing$，$P(\varnothing)=0$；

由这三条基本性质，可推出概率的下述重要性质.

性质 1（概率的加法原理）　若 A_1，A_2，A_3，$\cdots$，A_n 是两两互斥的事件，则

$$P(\bigcup_{k=1}^{n} A_k)=\sum_{k=1}^{n} P(A_k),$$

即互斥事件之和的概率等于各事件的概率之和.

例题 5　某射手在一次射击中命中 9 环的概率是 0.28，命中 8 环的概率是 0.19，不够 8 环的概率是 0.29，计算这个射手在一次射击中命中 9 环或 10 环的概率.

解　记这个射手在一次射击中命中 10 环或 9 环为事件 A，命中 10 环、9 环、8 环、不够 8 环分别记为 A_1、A_2、A_3、A_4.

因为 A_2、A_3、A_4 彼此互斥，所以

$$P(A_2\cup A_3\cup A_4)=P(A_2)+P(A_3)+P(A_4)$$
$$=0.28+0.19+0.29=0.76.$$

又因为 A_1 与 $A_2\cup A_3\cup A_4$ 为对立事件，所以

$$P(A_1)=1-P(A_2+A_3+A_4)$$
$$=1-0.76=0.24.$$

因为 A_1 与 A_2 互斥，且 $A=A_1+A_2$，所以

$$P(A)=P(A_1+A_2)=P(A_1)+P(A_2)$$
$$=0.24+0.28=0.52.$$

性质 2　设 A 为任一随机事件，则 $P(\bar{A})=1-P(A)$.

性质 2 告诉我们：如果正面计算事件 A 的概率有困难时，可以先求其逆事件 $\bar{A}$ 的概率，然后再利用此性质得其所求.

性质 3　设 A，B 是两事件，若 $A\subset B$，则有 $P(B-A)=P(B)-P(A)$.

例题 6　对任意两个事件 A 与 B，有 $P(A-B)=(\qquad)$.

A. $P(A)-P(B)$ B. $P(A)-P(B)+P(AB)$

C. $P(A)-P(AB)$ D. $P(A)+P(AB)$

解 因为事件 A 与 B 的关系不知道，所以只能把事件 A 中含有 B 的那一部分去掉，即应选 C.

性质 4 对任意两个事件 A, B, 有 $P(A+B)=P(A)+P(B)-P(AB)$.

性质 4 可以用几何图形解释，如图 7.7 所示，整个矩形面积为 1，$P(A+B)$ 可以用阴影部分的面积表示，$P(A)+P(B)$ 是图中 A 的面积与 B 的面积之和，减去重复计算了一次的 AB 的面积，剩下的就是图中阴影部分的面积.

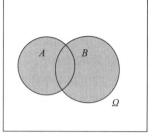

图 7.7

例题 7 在标有 $1\sim1\,000$ 号的奖券中，规定偶数或者 3 的倍数号中奖，甲从中随机抽取一张，求甲中奖的概率.

解 设 A 表示甲中奖，A_1 表示甲抽得偶数号，A_2 表示甲抽得 3 的倍数号，则 $A=A_1 \cup A_2$，A_1A_2 表示抽得 6 的倍数号. 则 $P(A_1)=\dfrac{500}{1\,000}$，$P(A_2)=\dfrac{333}{1\,000}$，$P(A_1A_2)=\dfrac{166}{1\,000}$，所以

$$P(A)=P(A_1)+P(A_2)-P(A_1A_2)=\frac{500}{1\,000}+\frac{333}{1\,000}-\frac{166}{1\,000}=0.667.$$

性质 4 也可以推广到多个事件相加的情形，下面给出三个随机事件的加法公式：

$$P(A+B+C)=P(A)+P(B)+P(C)-P(AB)-P(BC)-P(AC)+P(ABC).$$

习题 7-2

本节习题答案

1. 某批乒乓球产品质量检查结果，如表 7-3 所示.

表 7-3

抽取球数 n	50	100	200	500	1 000	2 000
优等品数 m	45	92	194	470	954	1 902

（1）计算表 7-3 中优等品的各个频率；

（2）该批乒乓球优等品的概率是多少？

2. 某人进行打靶练习，共射击 10 次，其中有 2 次中 10 环，有 3 次环中 9 环，有 4 次中 8 环，有 1 次未中靶，试计算此人中靶的概率，假设此人射击 1 次，试问：中靶的概率约为多少？中 10 环的概率约为多少？

3. 一个盒子中有大小相同的红颜色的球 4 个、白颜色的球 3 个

（1）从中摸出 2 个球，求两球恰好颜色不同的概率；

（2）从中摸出 2 个球，求两球恰好颜色相同的概率.

4. 一个均匀的正方形玩具的各个面上分别标以数 1，2，3，4，5，6 六个数，将这个玩具先后抛掷 2 次

计算：（1）一共有多少种不同的结果？

（2）其中向上的数之和是 5 的结果有多少种？

（3）向上的数之和是 5 的概率是多少？

5. 从 0，1，2，3，4，5，6 七个数中，任取 4 个数组成没有重复数字的四位数，求：

（1）这个四位数是偶数的概率？

（2）这个四位数能被 5 整除的概率？

6. 某集体有 6 人是 2015 年 9 月出生的，求其中至少有 2 人是同一天出生的概率.

7. 袋中有 7 个红球 3 个白球，从中任取 3 个球，求事件 A 取到 2 个红球、1 个白球的概率.

8. 假设向三个相邻的军火库投掷一个炸弹，炸中第一个军火库的概率为 0.025，其余两个各为 0.1，只要炸中一个，另两个也要发生爆炸，求军火库发生爆炸的概率.

9. 有产品 50 个，其中 45 个正品、5 个次品，从中任取 3 个，求有次品的概率.

10. 某设备由甲、乙两个部件组成，当超载负荷时，各自出故障的概率分别为 0.90 和 0.85，同时出故障的概率是 0.80，求超载负荷时至少有一个出故障的概率.

第三节　概率的常用公式

学习内容：概率的加法公式，条件概率，乘法公式.

目的要求：理解概率的加法公式、条件概率、乘法公式；会用概率的加法公式、乘法公式、条件概率进行计算.

重点难点：加法公式，条件概率，乘法公式的应用.

一、概率的加法公式

某一随机试验产生了一个样本空间 Ω，在古典概型下，样本空间的元素（样本点）为有限个，设为 n 个，设事件 A 的样本点个数为 m_1 个，事件 B 的样本点为 m_2 个，积事件 AB 的样本点个数为 r 个，则和事件 $A\cup B$ 所包含的样本点的个数为 m_1+m_2-r 个，即

$$P(A\cup B)=\frac{m_1+m_2-r}{n}=\frac{m_1}{n}+\frac{m_2}{n}-\frac{r}{n}$$
$$=P(A)+P(B)-P(AB).$$

特别地，

（1）当事件 A 与事件 B 互斥，即 $AB=\varnothing$ 时，$P(A\cup B)=P(A)+P(B)$；

（2）$P(\bar{A})=1-P(A)$；

（3）对于 n 个两两互斥的事件 A_1，A_2，…，A_n，同样有如下公式：

$$P(A_1\cup A_2\cup\cdots\cup A_n)=P(A_1)+P(A_2)+\cdots+P(A_n)；$$

（4）对于三个事件 A，B，C 有如下公式：

$$P(A\cup B\cup C)=P(A)+P(B)+P(C)-P(AB)-$$
$$P(AC)-P(BC)+P(ABC).$$

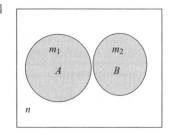

图 7.8

定理 1　若事件 A、B 互不相容，则 $P(A+B)=P(A)+P(B)$.

如图 7.8 所示，已知 $A+B$ 为 m_1+m_2 个等概基本事件：

推理 1　若有限个事件 A_1，A_2，$\cdots$，A_n 互不相容，则
$$P(A_1+A_2+\cdots+A_n)=P(A_1)+P(A_2)+\cdots+P(A_n).$$

推理 2　若事件 A_1，A_2，$\cdots$，A_n 互不相容，且 $A_1+A_2+\cdots+A_n=U$，则
$$P(A_1)+P(A_2)+\cdots+P(A_n)=1.$$

推理 3　对立事件的概率满足 $P(A)=1-P(\bar{A})$.

例题 1　袋中有 5 个红球、4 个白球，从中任取 3 个，求其中至少有 1 个红球的概率.

解　设 A 表示取出的 3 个球中至少有 1 个红球，A_i 表示取出的 3 个球中有 i 个红球，$i=1$，2，3，则 $A=A_1\cup A_2\cup A_3$，且 A_1，A_2，A_3 两两互斥.

所以，根据概率的性质得
$$P(A)=P(A_1)+P(A_2)+P(A_3)$$
$$=\frac{C_5^1\cdot C_4^2}{C_9^3}+\frac{C_5^2\cdot C_4^1}{C_9^3}+\frac{C_5^3\cdot C_4^0}{C_9^3}$$
$$=\frac{20}{21}.$$

定理 2　设 A、B 为任意两个事件，则 $P(A+B)=P(A)+P(B)-P(AB)$.

如图 7.9 所示，AB 基本事件个数为 k，$A+B$ 基本事件个数为 m_1+m_2-k.

因此 $P(A+B)=\dfrac{m_1+m_2-k}{n}=\dfrac{m_1}{n}+\dfrac{m_2}{n}-\dfrac{k}{n}=P(A)+P(B)-P(AB)$.

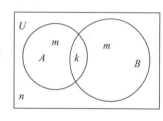

图 7.9

说明　加法公式可推广到有限个事件的情形.

例如，若 A、B、C 为任意三个事件，则
$$P(A+B+C)=P(A)+P(B)+P(C)-P(AB)-P(BC)-P(AC)+P(ABC).$$

例题 2　设开关 A，B，C 开或闭是等可能的，试求灯亮的概率.

解　令 $M=\{$灯亮$\}$，A，B，C 分别表示开关闭合，则
$$M=A+B+C,$$
故
$$P(M)=P(A+B+C)$$
$$=P(A)+P(B)+P(C)-P(AB)-P(AC)-P(BC)+P(ABC),$$
又因为
$$P(A)=P(B)=P(C)=\frac{1}{2},$$
$$P(AB)=P(AC)=P(BC)=\frac{1}{4},$$
$$P(ABC)=\frac{1}{8},$$
所以

$$P(M) = 3 \times \frac{1}{2} - 3 \times \frac{1}{4} + \frac{1}{8} = \frac{7}{8}.$$

二、条件概率

在事件 B 发生的条件下事件 A 发生的概率，称为已知 B 时 A 的条件概率或 A 关于 B 的条件概率，记作 $P(A|B)$. 条件概率的计算公式：

$$P(A|B) = \frac{P(AB)}{P(B)} \quad (P(B) \neq 0).$$

同理在事件 A 发生的条件下事件 B 发生的条件概率：

$$P(B|A) = \frac{P(AB)}{P(A)} \quad (P(A) \neq 0).$$

例题 3   某生产的灯泡用满 8 000 h 未坏的概率是 $\frac{3}{4}$，用满 10 000 h 未坏的概率是 $\frac{1}{2}$. 现有一个此厂生产的灯泡，已经用过 8 000 h 未坏，问它能用到 10 000 h 的概率是多少？

解   设 $A = \{$用满 10 000 h 未坏$\}$，$B = \{$用满 8 000 h 未坏$\}$，则

$$P(B) = \frac{3}{4}, \quad P(A) = \frac{1}{2}.$$

由于 $A \subset B$，$AB = A$，因而 $P(AB) = P(A) = \frac{1}{2}$，故

$$P(A|B) = \frac{P(AB)}{P(B)} = \frac{P(A)}{P(B)} = \frac{1/2}{3/4} = \frac{2}{3}.$$

三、乘法公式

将条件概率公式以另一种形式写出，就是乘法公式的一般形式：
设 $P(A) \neq 0$，则有

$$P(AB) = P(A)P(B|A).$$

将 A，B 的位置对换，则可得到乘法公式的另一种形式

$$P(AB) = P(B)P(A|B) \quad (P(B) \neq 0).$$

利用乘法公式，可以计算两事件 A，B 同时发生的概率 $P(AB)$.

例题 4   已知盒子中装有 10 只电子元件，其中 6 只正品，从其中不放回地任取两次，每次取一只. 问两次都取到正品的概率是多少？

解   设 $A = \{$第一次取到的是正品$\}$，$B = \{$第二次取到的是正品$\}$，则

$$P(A) = \frac{6}{10}, \quad P(B|A) = \frac{5}{9}.$$

两次都取到正品的概率是

$$P(AB) = P(A)P(B|A) = \frac{6}{10} \times \frac{5}{9} = \frac{1}{3}.$$

乘法公式也可以推广到有限多个事件的情形，例如对于三个随机事件 A_1，A_2，A_3（$P(A_1 A_2) \neq 0$）有

$$P(A_1A_2A_3) = P(A_1)P(A_2 | A_1)P(A_3 | A_1A_2).$$

习题 7 – 3

本节习题答案

1. 袋中装有 2 个红球、3 个白球、4 个黑球. 从中每次任取一个并放回，连取两次，求

(1) 取得的两球中无红球的概率；

(2) 取得的两球中无白球的概率；

(3) 取得的两球中无红球或无白球的概率.

2. 在一个盒子内放有 20 个大小相同的小球，其中有 15 个红球、5 个白球，从中抽取 3 个，求至少有 1 个白球的概率.

3. 一个线路上装有甲、乙两根熔断丝，当电流超过一定量时，甲、乙熔断丝被烧断的概率分别为 0.85 和 0.74，两根同时烧断的概率为 0.63，求至少有一根被烧断的概率.

4. 在 1，2，…，100 中任取一数，求它能被 2 整除或能被 5 整除的概率.

5. 填空题：

(1) 若事件 A 与 B 满足 $P(A)=0.4$，$P(B)=0.3$，$P(B | A)=0.5$，则 $P(A+B)=$＿＿；

(2) 设 10 件产品中有 4 件不合格品，从中任取 2 件，已知所取 2 件产品中有 1 件是不合格品，则另一件也是不合格品的概率为＿＿；

(3) 5 个乒乓球（3 新 2 旧），每次取 1 个，无放回地取两次，第二次取得新球的概率为＿＿.

6. 设 A，B 为两个随机事件，已知 $P(A | B)=0.3$，$P(B | A)=0.4$，$P(\bar{A} | \bar{B})=0.7$，求 $P(A+B)$ 的值.

第四节 事件的独立性与贝努利概型

学习内容：事件的独立性定义，贝努利概型.

目的要求：熟练掌握事件的独立性定义；区分开互斥事件与独立事件；理解掌握贝努利概型.

重点难点：事件的独立性定义，贝努利概型以及二项概率公式应用.

一、事件的独立性概念

设 A，B 是试验 E 的两个事件，若 $P(A)>0$，一般地，A 事件的发生对 B 事件发生的概率是有影响的，这时 $P(B | A) \neq P(B)$，但在实际问题中，也还会有另一种情况，即事件 B 的发生与否不受事件 A 是否发生的影响，即

$$P(B | A) = P(B).$$

对此有下面的定义：

如果两个事件 A，B 中任一事件的发生不影响另一事件发生的概率，即

$$P(A | B) = P(A) \text{ 或 } P(B | A) = P(B),$$

则称 A，B 为**相互独立的事件**，否则，称为**不独立**事件.

容易证明：

(1) 若事件 A 与事件 B 相互独立，则 A 与 $\bar{B}$，$\bar{A}$ 与 B，$\bar{A}$ 与 $\bar{B}$ 也相互独立；

(2) 若 $P(A)>0$，$P(B)>0$，则 A，B 相互独立与 A，B 不相容不能同时成立.

定理 1 两个事件 A，B 相互独立的充分必要条件是

$$P(AB)=P(A)P(B).$$

在实际应用中，对于事件的独立性，我们往往不是根据定义来判断，而是根据实际意义来加以判断的.

例题 1 甲，乙两人独立地破译一个密码，甲能单独破译的概率是 0.6，乙能单独破译的概率是 0.8，求此密码被破译的概率.

解 设事件 $A=\{$甲破译密码$\}$，事件 $B=\{$乙破译密码$\}$，事件 $C=\{$破译密码$\}$，则有

$$P(A)=0.6，P(B)=0.8.$$

又因为 $C=A+B$，且 A 与 B 相互独立，故

$$P(C)=P(A+B)=P(A)+P(B)-P(AB)$$
$$=P(A)+P(B)-P(A)P(B)$$
$$=0.6+0.8-0.6\times0.8=0.92.$$

例题 2 甲、乙、丙三部机床独立工作，由一个工人照管，某短时间内它们不需要工人照管的概率分别为 0.9、0.8、0.85. 求在这段时间内有机床需要工人照管的概率.

解 用事件 A、B、C 分别表示在这段时间内机床甲、乙、丙不需要工人照管. 依题意知，A、B、C 相互独立，并且

$$P(A)=0.9,P(B)=0.8,P(C)=0.85;$$
$$P(\overline{ABC})=1-P(ABC)=1-P(A)P(B)P(C)$$
$$=1-0.612=0.388.$$

二、n 重独立试验概型

设试验 E 单次试验的结果只有两个 A 和 $\bar{A}$，且 $P(A)=p$ 保持不变，将试验 E 在相同条件下独立地重复做 n 次，则称这 n 次试验为 n **重独立试验序列**. 这个试验模型称为 n **重独立试验序列概型**，也称为 n **重贝努利概型**，简称贝努利概型.

我们的问题是，n 重贝努利概型中事件 A 发生 k 次的概率是多少. 先看下面例子.

例题 3 设有一批产品，次品率为 p，现进行有放回地抽取，即任取一个产品，检查一下它是正品还是次品后放回去，再进行第二次抽取，问任取 n 次后发现两个次品的概率是多少？

解 先讨论 $n=4$ 的情形.

设 $A_i=\{$第 i 次抽得的是次品$\}$（$i=1,2,3,4$），则 $\bar{A}_i=\{$第 i 次抽得的是正品$\}$. 在 4 次试验中，抽得两次次品的方式有 $C_4^2=6$ 种：

$$A_1A_2\bar{A}_3\bar{A}_4,\ A_1\bar{A}_2A_3\bar{A}_4,\ A_1\bar{A}_2\bar{A}_3A_4,$$
$$\bar{A}_1A_2A_3\bar{A}_4,\ \bar{A}_1A_2\bar{A}_3A_4,\ \bar{A}_1\bar{A}_2A_3A_4.$$

以上各式中，任何两种方式都是互斥的，因此在 4 次试验中，恰抽得两个次品的概率是

$$P_4(2)=P(A_1A_2\bar{A}_3\bar{A}_4)+P(A_1\bar{A}_2A_3\bar{A}_4)+\cdots+P(\bar{A}_1\bar{A}_2A_3A_4).$$

由于抽得次品的概率都是一样的，即 $P(A_i)=p$，且各次试验是相互独立的，于是有

$$P(A_1A_2\bar{A}_3\bar{A}_4)=P(A_1)P(A_2)P(\bar{A}_3)P(\bar{A}_4)=p^2(1-p)^{4-2}.$$

同理有 $\qquad P(A_1\bar{A}_2A_3\bar{A}_4)=\cdots=P(\bar{A}_1\bar{A}_2A_3A_4)=p^2(1-p)^{4-2}.$

于是 $P_4(2)=p^2(1-p)^{4-2}+p^2(1-p)^{4-2}+\cdots+p^2(1-p)^{4-2}=C_4^2p^2(1-p)^{4-2}.$

推广到一般情形，n 次试验中事件 A 发生 $k(0\leqslant k\leqslant n)$ 次的概率为

$$p_k=P_n(k)=C_n^kp^k(1-p)^{n-k}, \quad k=0, 1, 2, \cdots, n.$$

可以证明

$$\sum_{k=0}^n p_k = \sum_{k=0}^n C_n^k p^k(1-p)^{n-k} = (p+1-p)^n = 1.$$

定理 2 若单次试验中事件 A 发生的概率为 $p(0<p<1)$，则在 n 次重复试验中

$$P(A 发生 k 次)=C_n^kp^kq^{n-k} \qquad (q=1-p, k=0, 1, 2, \cdots, n),$$

注意到 $C_n^kp^kq^{n-k}$ 刚好是二项式的展开式中的第 $k+1$ 项，故定理 2 也称为二项概率计算公式.

例题 4 某篮球运动员投篮命中的概率是 0.9，如果连续投篮 4 次，试求命中 3 次的概率.

解 设事件 $A=\{$投篮命中$\}$，则 $P(A)=0.9$，因此

$$P(命中 3 次)=C_4^3(0.9)^3(1-0.9)^1=0.2916.$$

二项概率公式应用的前提是 n 重独立重复试验. 实际中，真正完全重复的现象并不常见，常见的只不过是近似的重复. 尽管如此，还是可用上述二项概率公式做近似处理.

例题 5 某种产品的次品为 5%，该产品的总数很大，且抽出样品的数量相对较小，因而可以当作有放回抽样处理，这样做会有一些误差，但误差不会太大. 抽出 20 个样品检验，可看作做了 20 次独立试验，每一次是否为次品可看成一次试验的结果，因此 20 个该产品中恰有 2 个次品的概率是

$$P(恰有 2 个次品)=C_{20}^2(0.05)^2(0.95)^{18}\approx0.189.$$

习题 7-4

本节习题答案

1. 选择题：

(1) 对于任意两事件 A 和 B，有（ ）.

A. 若 $AB\neq\varnothing$，则 A，B 一定独立 B. 若 $AB\neq\varnothing$，则 A，B 有可能独立

C. 若 $AB=\varnothing$，则 A，B 一定独立 D. 若 $AB=\varnothing$，则 A，B 一定不独立

(2) 设 $P(A)=0.8$，$P(B)=0.7$，$P(A|B)=0.8$，则下列结论正确的是（ ）.

A. 事件 A 与 B 互不相容 B. $A\subset B$

C. 事件 A 与 B 互相独立 D. $P(A+B)=P(A)+P(B)$

(3) 每次试验的成功率为 $p(0<p<1)$，独立地重复进行试验直到第 n 次才取得 $r(1\leqslant r\leqslant n)$ 次成功的概率为（ ）.

A. $C_n^rp^r(1-p)^{n-r}$ B. $C_{n-1}^{r-1}p^r(1-p)^{n-r}$

C. $p^r(1-p)^{n-r}$ D. $C_{n-1}^{r-1}p^{r-1}(1-p)^{n-r}$

2. 填空题

（1）电灯泡使用寿命在 1 000 h 以上的概率为 0.2，则 3 个灯泡在使用 1 000 h 以后，最多只有 1 个坏了的概率为多少？

（2）某射手在 3 次射击中至少命中 1 次的概率为 0.875，则该射手在 1 次射击中命中的概率为多少？

3. 设甲，乙两射手独立地射击同一目标，他们击中目标的概率分别为 0.9 和 0.8，求在一次射击中目标被击中的概率.

4. 一条自动生产线上产品的一级品率为 0.6，现检查了 10 件，求至少有两件一级品的概率.

5. 某射手每次击中目标的概率是 0.6，如果射击 5 次，试求至少击中两次的概率.

第五节　随机变量及其分布

学习内容：随机变量，离散型随机变量及其分布，随机变量的分布函数，连续型随机变量及其分布，正态分布，标准正态分布.

目的要求：掌握随机变量定义和随机变量的分类；熟练掌握离散型随机变量定义及有关定义，掌握两点分布和二项分布并能够计算相应题目，理解并掌握随机变量的分布函数；熟练掌握连续型随机变量及其概率密度函数和分布函数的定义，会求连续型随机变量的分布函数及其在区间上的概率；熟练掌握正态分布和标准正态分布的定义，以及密度函数、分布函数、正态分布和标准正态分布的性质，并会利用查表法求各种区间上的概率.

重点难点：两点分布，二项分布和随机变量的分布函数，概率密度函数及在区间上的概率，求分布函数、正态分布和标准正态分布的密度函数与分布函数.

一、随机变量的概念

为了全面地研究随机试验的结果，揭示客观存在着的统计规律，我们将随机试验的结果与一个实数对应起来，将随机试验的结果数量化. 事实上，有许多随机试验的结果本身就是一个实数. 例如，在掷骰子试验中，用数字 1，2，3，4，5，6 分别表示"出现的点数是 1，2，3，4，5，6". 当然也有一些随机试验的结果本身不是一个实数，这时我们可以设法将其量化.

例题 1　考察"抛硬币"这一试验，它有两个可能结果；"正面向上"或"反面向上". 为了便于研究，我们将每一个结果用一个实数来代替. 例如，用数"1"代表"正面向上"，用"0"代表"反面向上". 这样，当我们讨论试验结果时，就可以简单地说成结果是数 1 或者 0.

建立这种数量化关系，实际上就相当于引入一个变量 X，对于试验的两个结果，将 X 的值分别定为 1 或 0. 这样的变量 X 随着试验的不同结果而取不同的值. 如果与试验的样本空间 $\Omega = \{\omega\} = \{$正面向上，反面向上$\}$ 联系起来，则对应于样本空间的不同元素，变量 X 取不同的值，因而 X 是定义在样本空间上的函数，即

$$X = \begin{cases} 0, & \omega = \text{反面向上}, \\ 1, & \omega = \text{正面向上}. \end{cases}$$

由于试验结果的出现是随机的，因而 $X(\omega)$ 的取值也是随机的，我们称 $X(\omega)$ 为随机变量，其一般定义如下：

设 E 是随机试验，它的样本空间是 $\Omega = \{\omega\}$（这里我们用 ω 代表样本空间中的所有元素）. 如果对于每一个 $\omega \in \Omega$，有一个实数 $X(\omega)$ 与之对应，则得到一个定义在 Ω 上的单值实函数 $X = X(\omega)$，称为**随机变量**，记作 X 或 ξ.

引入随机变量 X 后，就可以用随机变量 X 来描述事件. 如在例题 1 中，X 取值为 1 写成 $\{X=1\}$，表示事件 $\{$正面向上$\}$；X 取值为 0 写成 $\{X=0\}$，表示事件 $\{$反面向上$\}$. 由于随机变量 X 的取值随试验的结果而定，而试验的各个结果的出现有一定的概率，因而 X 取各个值也有一定的概率，如在例题 1 中，有

$$P\{X=1\} = P\{\text{正面向上}\} = \frac{1}{2}.$$

如上所述，随机变量是定义在样本空间 Ω 上的单值实函数 $X = X(\omega)$，除与普通函数的定义有类似之处外，也有本质区别，其主要是：第一，随机变量随着试验的结果不同而取不同的值，因而在试验之前，只知道它可能取值的范围，而不能预知它取什么值；第二，随机变量取各个值有一定的概率，而不像普通函数那样给定一个 x 值，就有一个确定的 y 值与之对应；第三，普通函数是定义在实数轴上的，而随机变量是定义在样本空间上的（样本空间的元素不一定是实数）.

例题 2　60 只乒乓球中有 6 只次品，从中任取 5 只，将取出的次品数用随机变量 ξ 表示.

解　$\{\xi = k\} = \{$取出 k 只次品$\}$（$k = 0, 1, 2, 3, 4, 5$）.

例题 3　对灯泡的使用寿命进行检测，将灯泡的使用寿命用随机变量 ξ 表示.

解　$\{\xi\} = \{\xi$ 可能取 $[0, +\infty)$ 内的任一值$\}$.

对于随机变量的分类，首先按描述实际问题所需变量个数，有一维与多维的区别；其次，随机变量的维数被认定之后，可按其取值方式继续进行分类.

随机变量按其取值情况可分为两类，在随机试验中，如果随机变量的所有可能取值是有限个或是可列无限个，则这种随机变量叫作**离散型随机变量**；否则，叫作**连续型随机变量**.

对于随机变量，本书只讨论离散型和连续型两类.

对一个随机变量 ξ 不仅要了解它取哪些值，还要了解它取这些值的规律，即取各个值的概率.

二、离散型随机变量的分布列

1. 离散型随机变量的概念

如果随机变量 X 只取有限个或可列无限多个值，而且以确定的概率取这些不同的值，则称 X 为**离散型随机变量**.

例如，在掷硬币的随机试验中的随机变量只可能取 0，1 两个值，是一个离散型随机变量. 又如电话交换台 1 min 内收到的呼唤次数可能取 0，1，$\cdots$，因此也是一个离散型随机变量. 而检验灯泡寿命，它可能取的值充满一个区间，是无法按一定次序一一列举出来的，

所以它是一个非离散型随机变量.

容易知道，要掌握一个离散型随机变量 X 的统计规律，必须且只需知道 X 的所有可能取的值以及取每一个可能值的概率就可以了.

设离散型随机变量 X 所有可能取的值为 $x_k(k=1,2,\cdots)$，X 取这些可能值的概率，即事件 $\{X=x_k\}$ 的概率为

$$P\{X=x_k\}=p_k,\ k=1,2,\cdots$$

且 p_k 满足如下两个条件：

(1) $p_k \geqslant 0$，$k=1,2,\cdots$；

(2) $\displaystyle\sum_{k=1}^{\infty} p_k = 1$.

我们称式 $P\{X=x_k\}=p_k$，$k=1,2,\cdots$ 为离散型随机变量的**概率分布**或**分布律**. 分布律也可以用表格形式来表示（见表 7-4）.

例题 4　盒中有编号为 1，2，3，4，5 的五个小球，从中随机抽取三个，每个球被抽到的机会相等. 以 X 表示被抽到的三个球中的最大号码，试求 X 的分布律.

解　显然，X 的所有可能取值为 3，4，5. 它是一个离散型随机变量，属于等可能概型，其中样本空间 Ω 中的基本事件总数 $n=C_5^3=10$. 而有利于事件 $\{X=3\}$ 的基本事件数 $k_1=C_3^3=1$（即只能从 1，2，3 三个数中取三个，才能使号码 3 为最大）.

有利于事件 $\{X=4\}$ 的基本事件数为 $k_2=C_3^2C_1^1=3$（即只能从 1，2，3 三个数中取两个，再将 4 取出来，就能保证数码 4 为最大）.

有利于事件 $\{X=5\}$ 的基本事件数为 $k_3=C_4^2C_1^1=6$（即只能从 1，2，3，4 四个数中取两个，再将 5 取出来，就能保证数码 5 为最大）.

于是所求的分布律为（见表 7-5）.

表 7-4

X	x_1	x_2	$\cdots$	x_n	$\cdots$
$P(k)$	p_1	p_2	$\cdots$	p_n	$\cdots$

表 7-5

X	3	4	5
$P(k)$	$\dfrac{1}{10}$	$\dfrac{3}{10}$	$\dfrac{6}{10}$

$$P\{X=3\}=\frac{1}{10},\ P\{X=4\}=\frac{3}{10},\ P\{X=5\}=\frac{6}{10}.$$

2. 几个重要的离散型随机变量

1）两点分布

设随机变量 X 只可能取 0 与 1 两个值，它的分布律是

$$P\{X=k\}=p^k(1-p)^{1-k},\ k=0,1\ (0<p<1),$$

则称 X 服从**两点分布**（也称 0-1 分布）. 其分布律也可列表表示（见表 7-6）.

表 7-6

x	0	1
p_k	$1-p$	p

对于一个随机试验 E，如果它的样本空间只包含两个元素，即 $\Omega=\{e_1,\ e_2\}$，我们总能在 Ω 上定义一个服从两点分布的随机变量

$$X=X(\omega)=\begin{cases} 0, & \omega=e_1, \\ 1, & \omega=e_2, \end{cases}$$

来描述这个随机试验的结果. 例如，对新生婴儿的性别进行登记，检查产品的质量是否合格，市场情况的好与坏以及前面多次讨论过的"抛硬币"试验等都可以用两点分布的随机变量来描述.

2）二项分布

在前面叙述中讨论过一个重要的独立试验概型——贝努利概型，我们知道，对于贝努利试验，事件 A 在 n 次试验中出现 k 次的概率为

$$P\{A \text{ 发生 } k \text{ 次}\}=C_n^k p^k q^{n-k} \quad (q=1-p,\ k=0,\ 1,\ 2,\ \cdots,\ n).$$

且满足

（1）$P_n(k)\geqslant 0$，$k=0,\ 1,\ \cdots,\ n$；

（2）$\displaystyle\sum_{k=0}^{n} P_n(k) = \sum_{k=0}^{n} C_n^k p^k q^{n-k} = (p+q)^n = 1.$

由于 $C_n^k p^k q^{n-k}$ 刚好是二项式 $(p+q)^n$ 的展开式中出现 p^k 的一项，因此我们称随机变量服从二项分布. 一般定义如下：

设随机变量 X 的分布律为

$$P\{X=k\}=C_n^k p^k q^{n-k},\ k=0,\ 1,\ \cdots,\ n,$$

其中 $0<p<1$，$q=1-p$，则称 X 服从参数 n，p 的二项分布，记为 $X\sim B(n,\ p)$.

特别地，当 $n=1$ 时，二项分布化为

$$P\{X=k\}=p^k q^{k-1},$$

是两点分布.

事实上，二项分布可以作为描绘射手射击 n 次，其中有 k 次击中目标（$k=0,\ 1,\ 2,\ \cdots,\ n$）的概率分布情况的一个数学模型；也可以作为随机地抛掷硬币 n 次，落地时出现 k 次"正面"的概率分布情况的数学模型. 当然还可以作为从一批足够多的产品中任意抽取 n 件，其中有 k 件次品的概率分布的模型. 总之，二项分布是由贝努利试验产生的.

例题 5 进口某种货物 n 件，每件价值 a 元，按合同规定，如果在 n 件货物中发现一件不合格品，则出口方应赔偿 $2a$ 元. 如果每件货物可能为不合格品的概率是 p，则 n 件货物中有 k 件不合格品的概率是多少？

解 用 X 记 n 件货物中的不合格品数，则 $X\sim B(n,\ p)$，所以 n 件货物中有 k 件不合格品的概率为

$$P(X=k)=C_n^k p^k (1-p)^{n-k},\quad (0\leqslant k\leqslant n).$$

三、随机变量的分布函数

分布函数是描述随机变量的另一个重要工具，不论是对离散型随机变量还是对非离散型随机变量都适用. 特别是对于非离散型随机变量，由于可能取的值不能一个一个地列举出来，因而就不能像离散型随机变量那样可以用分布律来描述. 我们所遇到的非离散型随机变

量通常任取一指定的实数值的概率都等于 0. 另外，在实际应用中，对于这样的随机变量，人们往往并不关心它取某一个指定的实数值的概率，而是要研究这种随机变量所取的值落在某个区间内的概率. 例如，在灯泡的寿命试验中，我们对寿命 t 取某一个具体值（例如 1 250 h）的概率并不感兴趣，而研究 t 落在某个区间（如 $500 < t \leqslant 1\ 500$ h）的概率更具有实际意义.

一般地，对于随机变量 X，为了研究 $P\{x_1 < X \leqslant x_2\}$ （其中 x_1，x_2 为给定的实数），由于

$$P\{x_1 < X \leqslant x_2\} = P\{X \leqslant x_2\} - P\{X \leqslant x_1\},$$

所以我们只要知道 $P\{X \leqslant x_2\}$ 和 $P\{X \leqslant x_1\}$，就可以通过

$$P\{x_1 < X \leqslant x_2\} = P\{X \leqslant x_2\} - P\{X \leqslant x_1\}$$

求出 $P\{x_1 < X \leqslant x_2\}$.

下面引入随机变量的分布函数的概念.

设 X 是一个随机变量，x 是任意实数，则函数

$$F(x) = P\{X \leqslant x\}$$

称为 X 的分布函数.

对于任意实数 x_1，$x_2(x_1 < x_2)$，有

$$P\{x_1 < X \leqslant x_2\} = P\{X \leqslant x_2\} - P\{X \leqslant x_1\} = F(x_2) - F(x_1).$$

因此，若已知 X 的分布函数，就可以用上式计算出 X 落在任一区间 $(x_1,\ x_2]$ 上的概率. 从这个意义上说，分布函数完整地描述了随机变量的统计规律性.

如果将 X 看成数轴上的随机点的坐标，那么分布函数 $F(x)$ 在 x 处的函数值就表示 X 在区间 $(-\infty,\ x]$ 上的概率（见图 7.10）

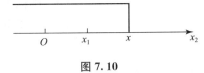

图 7.10

设 $F(x)$ 是随机变量 X 的分布函数，则它具有下述基本性质：

(1) $F(x)$ 是一个不减函数；

(2) $0 \leqslant F(x) \leqslant 1$，且

$$F(-\infty) = \lim_{x \to -\infty} F(x) = 0,$$

$$F(+\infty) = \lim_{x \to +\infty} F(x) = 1;$$

(3) $F(x+0) = F(x)$，即 $F(x)$ 是右连续的.

四、连续型随机变量及其密度函数

对于连续性随机变量 ξ，由于其可能取的值不能一一列出，不能像离散型随机变量那样来描述它，况且非离散型随机变量 ξ，可以取某一区间内的所有值，因此这时求 ξ 取某个特定值的概率意义不大. 所以，我们转而研究 ξ 落在某个区间内的概率，即 $P\{a \leqslant \xi \leqslant b\}$.

1. 概率密度定义

一般地，对于随机变量 ξ，若存在定义在 $(-\infty,\ +\infty)$ 内的非负函数 $p(x)$，使 ξ 在任意区间 $(-\infty,\ x]$ 上的取值的概率为 $P\{\xi \leqslant x\} = \displaystyle\int_{-\infty}^{x} p(t)\mathrm{d}t$，则把 ξ 叫作**连续性随机变量**，

把 $p(x)$ 叫作 ξ 的**概率密度函数**或者**概率密度**.

根据定义，容易证明：

（1）连续性随机变量 ξ 取区间内任一值的概率为零，即：$P\{\xi=c\}=0, p(x)\geqslant 0$；

（2）连续性随机变量 ξ 在任一区间上取值的概率与是否包含区间端点无关，即：

$$P\{a<\xi<b\}=P\{a\leqslant\xi<b\}=P\{a<\xi\leqslant b\}=P\{a\leqslant\xi\leqslant b\}=\int_a^b p(x)\mathrm{d}x;$$

（3）$P\{a\leqslant\xi\leqslant b\}=\int_a^b p(x)\mathrm{d}x=\int_{-\infty}^a p(x)\mathrm{d}x-\int_{-\infty}^b p(x)\mathrm{d}x=F(b)-F(a)$.

值得注意的是，密度函数 $p(x)$ 在某一点处的函数值，并不表示随机变量 ξ 在此点处的概率，而表示 ξ 在此点处概率分布的密集程度，分布函数 $F(x)$ 在某一点处的函数值，表示随机变量 ξ 落在区间 $(-\infty, x]$ 上的概率.

2. 概率密度函数 $p(x)$ 具有以下性质

（1）$p(x)\geqslant 0$；

（2）$\int_{-\infty}^{+\infty} p(x)\mathrm{d}x=1$.

反之，如果一个函数 $p(x)$ 具有上述两个性质，则可以把它看成某个连续性随机变量的密度函数.

由以上所述可知，若已知连续性随机变量 ξ 的密度函数，则 ξ 在任一区间内取值的概率都可以通过定积分算出，因此说，密度函数全面描述了连续性随机变量的统计规律. 之后，我们说某个连续性随机变量 ξ 的概率分布，指的就是求它的密度函数.

例题 6 设连续型随机变量 ξ 的概率密度为 $p(x)=\begin{cases}c+x, & -1<x\leqslant 0, \\ c-x, & 0<x\leqslant 1, \\ 0, & \text{其他}.\end{cases}$

求（1）常数 c；

（2）分布函数；

（3）$P\left\{-\dfrac{1}{2}<\xi\leqslant\dfrac{1}{2}\right\}$.

解 （1）$1=\int_{-\infty}^{+\infty} f(x)\mathrm{d}x=\int_{-1}^0 (c+x)\mathrm{d}x+\int_0^1 (c-x)\mathrm{d}x \therefore c=1$.

（2）当 $x<-1$ 时，$F(x)=\int_{-\infty}^x f(t)\mathrm{d}t=\int_{-\infty}^{-1} 0\mathrm{d}t=0$；

当 $-1\leqslant x<0$ 时，$F(x)=\int_{-\infty}^x f(t)\mathrm{d}t=\int_{-\infty}^{-1} 0\mathrm{d}t+\int_{-1}^x (1+t)\mathrm{d}t=x+\dfrac{1}{2}x^2+\dfrac{1}{2}$；

当 $0\leqslant x<1$ 时，$F(x)=\int_{-\infty}^x f(t)\mathrm{d}t=\int_{-\infty}^{-1} 0\mathrm{d}t+\int_{-1}^0 (1+t)\mathrm{d}t+\int_0^x (1-t)\mathrm{d}t=x-\dfrac{1}{2}x^2+\dfrac{1}{2}$；

当 $x\geqslant 1$ 时，$F(x)=\int_{-\infty}^x f(t)\mathrm{d}t=\int_{-\infty}^{-1} 0\mathrm{d}t+\int_{-1}^0 (1+t)\mathrm{d}t+\int_0^1 (1-t)\mathrm{d}t+\int_1^x 0\mathrm{d}t=1.$

所以，随机变量 X 的分布函数为 $F(x) = \begin{cases} 0, & x < -1, \\ x + \dfrac{1}{2}x^2 + \dfrac{1}{2}, & -1 \leqslant x < 0, \\ x - \dfrac{1}{2}x^2 + \dfrac{1}{2}, & 0 \leqslant x < 1, \\ 1, & x \geqslant 1; \end{cases}$

（3）$P\left\{ -\dfrac{1}{2} < \xi \leqslant \dfrac{1}{2} \right\} = F\left(\dfrac{1}{2}\right) - F\left(-\dfrac{1}{2}\right) = \dfrac{3}{4}.$

3. 均匀分布

定义   设连续型随机变量 ξ 具有概率密度

$$p(x) = \begin{cases} \dfrac{1}{b-a}, & a < x < b, \\ 0, & \text{其他}. \end{cases}$$

则称 ξ 在区间 (a, b) 内服从**均匀分布**.

服从均匀分布的随机变量 ξ 的分布函数为

$$F(x) = \begin{cases} 0, & x < a, \\ \dfrac{x-a}{b-a}, & a \leqslant x < b, \\ 1, & x \geqslant b. \end{cases}$$

例题 7   在数值计算中，"四舍五入"引起的误差 ξ 服从均匀分布的随机变量. 如果只要求保留小数点后两位数，则第三位是服从在区间 $(-0.005, 0.005)$ 内的均匀分布的随机变量 ξ.

（1）求 ξ 的概率密度和分布函数；

（2）求误差在 $(0.003, 0.006)$ 上的概率.

解   （1）由定义知，ξ 的概率密度为

$$p(x) = \begin{cases} \dfrac{1}{0.01}, & -0.005 < x < 0.005, \\ 0, & \text{其他}. \end{cases}$$

其分布函数为

$$F(x) = \begin{cases} 0, & x < -0.005, \\ \dfrac{x+0.005}{0.01}, & -0.005 \leqslant x < 0.005, \\ 1, & x \geqslant 0.005. \end{cases}$$

（2）$P\{0.003 \leqslant \xi \leqslant 0.006\} = F(0.006) - F(0.003) = 1 - 0.8 = 0.2.$

4. 正态分布与标准正态分布

连续型随机变量的分布有很多，上一节我们讲了常见的均匀分布. 在实际中，有许多的随机变量是服从正态分布的，例如，人的身高、植物的生长、测量零件长度的误差等. 这一节我们主要讲述正态分布.

1）正态分布定义

设连续型随机变量 X 具有概率密度

$$f(x) = \frac{1}{\sqrt{2\pi}\sigma} \mathrm{e}^{-\frac{(x-\mu)^2}{2\sigma^2}}, \quad -\infty < x < +\infty. \tag{7.5.1}$$

其中 μ, σ ($\sigma > 0$) 为常数，称 X 服从参数为 μ, σ 的**正态分布**，记为 $X \sim N(\mu, \sigma^2)$.

$f(x)$ 的图形如图 7.11 所示. 它具有以下性质：

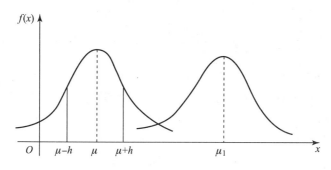

图 7.11

(1) 曲线 $y = f(x)$ 关于 $x = \mu$ 对称，这表明对于任意 $h > 0$ 有
$$P\{\mu - h < X \leqslant \mu\} = P\{\mu < X \leqslant \mu + h\};$$

(2) 当 $x = \mu$ 时取到最大值
$$f(\mu) = \frac{1}{\sqrt{2\pi}\sigma}. \tag{7.5.2}$$

x 离 μ 越远，$f(x)$ 的值越小，这表明对于同样长度的区间，当区间离 μ 越远时，X 落在这个区间上的概率越小；

(3) 在 $x = \mu \pm \sigma$ 处曲线有拐点，曲线以 ox 为渐近线.

另外，如果固定 σ，改变 μ 的值，则图形沿着 ox 轴平移，而不改变其形状（见图 7.11）. 可见正态分布的概率密度曲线 $y = f(x)$ 的位置完全由参数 μ 确定，μ 称为位置参数.

如果固定 μ，改变 σ 的值，则由最大值的公式可知，当 σ 越小时图形变得越尖，因而 X 落在 μ 附近的概率越大；而当 σ 越大时，图形变得越平缓，因而 X 落在 μ 附近的概率越小（见图 7.12）.

服从正态分布的随机变量 X 的分布函数为
$$F(x) = \frac{1}{\sqrt{2\pi}\sigma} \int_{-\infty}^{x} \mathrm{e}^{-\frac{(t-\mu)^2}{2\sigma^2}} \mathrm{d}t, \tag{7.5.3}$$

它的图形如图 7.13 所示.

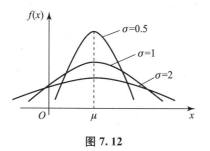

图 7.12

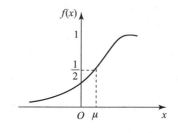

图 7.13

2）标准正态分布

特别地，在上述式（7.5.1）和式（7.5.3）中，当 $\mu=0$，$\sigma=1$ 时，称 X 服从标准正态分布，记为 $X\sim N(0,1)$．其概率密度和概率分布函数分别用 $\varphi(x)$ 和 $\Phi(x)$ 表示，即有

$$\varphi(x)=\frac{1}{\sqrt{2\pi}}e^{-\frac{x^2}{2}}, \quad -\infty<x<+\infty,$$

$$\Phi(x)=\frac{1}{\sqrt{2\pi}}\int_{-\infty}^{x}e^{-\frac{t^2}{2}}dt.$$

易知　　　　　　　　　$\Phi(-x)=1-\Phi(x)$.

标准正态分布的概率密度 $\varphi(x)$ 除具有一般概率密度的性质之外，还有下列性质（见图 7.14）：

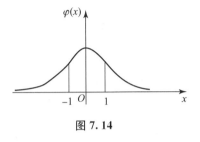

图 7.14

（1）$\varphi(x)$ 有各阶导数；

（2）$\varphi(-x)=\varphi(x)$，即 $\varphi(x)$ 的图形关于 y 轴对称；

（3）$\varphi(x)$ 在 $(-\infty,0)$ 内严格单调上升，在 $(0,+\infty)$ 内严格单调下降，在 $x=0$ 达到最大值

$$\varphi(0)=\frac{1}{\sqrt{2\pi}}\approx0.3989;$$

（4）$\varphi(x)$ 在 $x=\pm1$ 处有两个拐点；

（5）$\lim\limits_{x\to\infty}\varphi(x)=0$，即曲线 $y=\varphi(x)$ 以 ox 为水平渐近线.

人们已经编写了标准正态分布的概率密度表和分布函数表，可供查用.

例题 8　查标准正态分布数值表求 $\Phi(1.65)$，$\Phi(0.21)$，$\Phi(-1.96)$.

解　求 $\Phi(1.65)$：在标准正态分布数值表中第 1 列找到"1.6"的行，再从表顶行找到"0.05"的列，它们交叉处的数"0.950 5"就是所求 $\Phi(1.65)$，即 $\Phi(1.65)=0.950\ 5$.

求 $\Phi(0.21)$：在标准正态分布数值表中第 1 列找到"0.2"的行，再从表顶行找到"0.01"的列，它们的交叉处的数"0.583 2"就是所求的 $\Phi(0.21)$，即 $\Phi(0.21)=0.583\ 2$.

求 $\Phi(-1.96)$：标准正态分布数值表中只给了 $x\geqslant0$ 时 $\Phi(x)$ 的值，当 $x<0$ 时，用 $\Phi(-x)=1-\Phi(x)$

于是　　　　　　$\Phi(-1.96)=1-\Phi(1.96)=1-0.975\ 0=0.025\ 0$.

例题 9　设随机变量 $X\sim N(0,1)$，求 $P\{X<2.2\}$，$P\{0.5\leqslant X<0.55\}$，$P\{X\geqslant1.5\}$.

解　$P\{X<2.2\}=\Phi(2.2)=0.986\ 1$；

$P\{0.5\leqslant X<0.55\}=\Phi(0.55)-\Phi(0.5)=0.708\ 8-0.691\ 5=0.017\ 3$；

$P\{X\geqslant1.5\}=1-P(X<1.5)=1-0.933\ 2=0.066\ 8$.

若随机变量 X 服从正态分布，即 $X\sim N(\mu,\sigma^2)$，我们只要通过一个线性变换就能将它化成标准正态分布.

定理　若随机变量 $X\sim N(\mu,\sigma^2)$，则 $Z=\dfrac{X-\mu}{\sigma}\sim N(0,1)$.

例题 10　设 $X\sim N(1,0.2^2)$，求 $P\{X<1.2\}$ 及 $P\{0.7\leqslant X<1.1\}$.

解　设 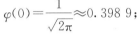 $Z=\dfrac{X-\mu}{\sigma}=\dfrac{X-1}{0.2}$，则 $Z\sim N(0,1)$，于是

$$P\{X<1.2\}=P\left\{Z<\frac{1.2-1}{0.2}\right\}=P\{Z<1\}=\Phi(1)=0.841\ 3.$$

$$P\{0.7\leqslant X<1.1\}=P\left\{\frac{0.7-1}{0.2}\leqslant Z<\frac{1.1-1}{0.2}\right\}=P\{-1.5\leqslant Z<0.5\}=\Phi(0.5)-\Phi(-1.5)$$

$$=\Phi(0.5)+\Phi(1.5)-1=0.691\ 5+0.933\ 2-1=0.624\ 7.$$

习题 7 - 5

本节习题答案

1. 填空题

（1）随机变量按其取值情况可分为两类，在随机试验中，如果随机变量的所有可能取值是有限个或是可列无限多个，这种随机变量叫作＿＿＿；否则叫作＿＿＿；

（2）一般地，把表示随机事件结果的变量叫作＿＿＿；

（3）设 100 件产品中有 10 件次品，每次随机抽取 1 件，检验后放回去，连续抽 3 次，则最多取到 1 件次品的概率为＿＿＿；

（4）某射手每次射击击中目标的概率为 p，连续向同一目标射击，直到某一次击中为止，则射击次数 X 的概率为＿＿＿．

2. 用随机变量来描述下列试验结果

（1）用随机变量来描述掷一枚硬币的试验结果；

（2）若某射手射击时中靶的环数为随机变量 X，说明"$X=0$""$X=6$""$P(X=2)$""$P(X<4)$"的意义；

（3）20 只灯管中有 4 只次品，从中任取 3 只，将取出的次品数用随机变量 ξ 表示；

（4）某射手连续向一目标射击，直到命中，将射击次数用随机变量 ξ 表示；

（5）某运动员进行连续投篮练习，直到投进篮筐，将投篮次数用随机变量 ξ 表示．

3. 袋中有 4 个白球和 6 个黑球，现在有放回地取 3 次，每次取 1 个，设 3 次中取到白球的次数为随机变量 ξ，求 ξ 的分布．

4. 掷一枚均匀的骰子，试写出点数 X 的概率分布列，并求 $P(X>1)$，$P(2<X<5)$．

5. 盒中装有某种产品 15 件，其中有 2 件次品，现在从中任取 3 件，试写出取出次品数 X 的分布律．

6. 设随机变量 X 的分布列，如表 7 - 7 所示．

表 7 - 7

X	0	1	2	3	4
P	0.1	0.1	a	0.3	0.2

求常数 a．

7. 设随机变量 ξ 的概率密度为：$p(x)=\begin{cases}cx, & 0\leqslant x\leqslant 2\\ 0, & 其他\end{cases}$，

求（1）常数 c 的值；

（2）ξ 落在（0.3，0.7）内的概率；

（3）ξ 落在区间（$-\infty$，t）（$t \in R$）内的概率.

8. 设连续型随机变量 ξ 的概率密度为

$$p(x) = \begin{cases} a\cos x, & -\dfrac{\pi}{2} \leqslant x \leqslant \dfrac{\pi}{2}, \\ 0, & \text{其他} \end{cases}$$

（1）求系数 a；

（2）求分布函数 $F(x)$；

（3）求 $P\left\{-\dfrac{\pi}{3} \leqslant \xi \leqslant \dfrac{\pi}{3}\right\}$.

9. 已知标准正态分布函数为 $\Phi(x)$，则 $\Phi(-x)$ 的值等于（　　）.

A. $\Phi(x)$　　　　　　B. $1-\Phi(x)$　　　　　　C. $-\Phi(x)$　　　　　　D. $\dfrac{1}{2}+\Phi(x)$

10. 设随机变量 $X \sim N(0，1)$，求 $P\{X<1.65\}$，$P\{1.65 \leqslant X<2.09\}$，$P\{X \geqslant 2.09\}$.

11. 设随机变量 $X \sim N(0，1)$，求 $P\{X<2.08\}$，$P\{X \geqslant -0.09\}$，$P\{|X|<1.96\}$.

12. 设随机变量 $X \sim N(1，4)$，求 $P\{1<X \leqslant 1.6\}$.

13. 设随机变量 $X \sim N(0，0.6^2)$，求 $P\{X>0\}$，$P\{0.2<X<1.8\}$.

14. 设 $X \sim N(70，10^2)$，求 $P\{X>72\}$，$P\{|X-70|<20\}$.

第六节　随机变量的期望和方差

学习内容：随机变量的数字特征——数学期望和方差.

目的要求：熟练掌握离散型随机变量与连续型随机变量的数学期望和方差的定义及其求法；会求离散型随机变量和连续型随机变量函数的数学期望和方差；熟练掌握数学期望和方差的性质及其计算公式.

重点难点：离散型随机变量的数学期望及其性质，连续型随机变量的数学期望方差的计算公式和常用的公式，常见分布的方差以及方差的性质.

从前面的学习我们可以看出，分布函数（或密度函数分布列）给出了随机变量的一种最完全的描述. 因此，原则上讲，全面认识和分析随机现象时应当求出随机变量的分布，但是对许多实际问题来讲，要想精确地求出其分布是很困难的. 其实，通过对现实问题的分析，人们发现对某些随机现象的认识并不要求了解它的确切分布，而只要求掌握它们的某些重要特征，因为这些特征往往更能集中地反映随机现象的特点. 例如要评价两个不同厂家生产的灯泡的质量，人们最关心的是谁家的灯泡使用的平均寿命更长些，而不需要知道其寿命的完全分布；还要考虑其寿命与平均寿命的偏离程度等，这些数据反映了它在某些方面的重要特征.

我们把刻画随机变量（或其分布）某些特征的确定的数值称为随机变量的数字特征.

本节主要介绍反应随机变量取值的集中位置，分散程度的数字特征——数学期望、方差.

案例

甲、乙二人进行射击比赛，以 ξ、η 分别表示他们命中的环数，其分布列分别为

$$\xi \sim \begin{pmatrix} 8 & 9 & 10 \\ 0.3 & 0.1 & 0.6 \end{pmatrix}, \quad \eta \sim \begin{pmatrix} 8 & 9 & 10 \\ 0.2 & 0.5 & 0.3 \end{pmatrix}.$$

试问谁的技术好些.

解　这个问题的答案并不是一眼看得出的. 这说明了分布列虽然完整地描述了离散型随机变量的概率特征，但是却不够"集中"地反映出它的变化情况，因此我们有必要找出一些量来更集中、更概括地描述随机变量，这些量多是某种平均值.

若在上述问题中，使两个射手各射 N 枪，则他们打中靶的总环数大约是：

甲　$8 \times 0.3N + 9 \times 0.1N + 10 \times 0.6N = 9.3N$；

乙　$8 \times 0.2N + 9 \times 0.5N + 10 \times 0.3N = 9.1N$.

平均起来甲每枪射中 9.3 环，乙每枪射中 9.1 环，因此可以认为甲射手的本领要高些.

从平均命中的环数看，射手甲的射击水平显然高于乙的射击水平. 同时我们也看到，这种反映随机变量取值的"平均数"，显然不是一般意义下的"算术平均数"，而是以随机变量的一切可能取的值与取值的概率乘积之和. 它是一种加权平均数，其权重就是相应的概率. 我们称这种加权平均数为随机变量的数学期望.

一、离散型随机变量的数学期望

设离散型随机变量 ξ 的分布列为 $P\{\xi = x_k\} = p_k$，$k = 1$，2，$\cdots$，则称 $\displaystyle\sum_{k=1}^{\infty} x_k p_k$ 为随机变量 ξ 的**数学期望**，简称**期望**或**均值**，记作 $E(\xi) = \displaystyle\sum_{k=1}^{\infty} x_k p_k$.

例题 1　一个年级有 100 人，年龄组成为：17 岁的 2 人，18 岁的 2 人，19 岁的 30 人，20 岁的 56 人，21 岁的 10 人，求该年级学生的平均年龄.

解　$17 \times \dfrac{2}{100} + 18 \times \dfrac{2}{100} + 19 \times \dfrac{30}{100} + 20 \times \dfrac{56}{100} + 21 \times \dfrac{10}{100} = 19.7$.

例题 2　设 ξ 服从二点分布，求 $E\xi$.

解　ξ 的分布列，如表 7-8 所示.

表 7-8

ξ	0	1
p	$1-p$	p

则　　　　　　　　　　　　　　$E\xi = 0 \times (1-p) + 1 \times p = p$.

同理可以证明：(1) $\xi \sim B(n, p)$，则 $E\xi = np$；(2) 设 $\xi \sim \pi(\lambda)$，则 $E\xi = \lambda$.

例题 3　已知在 100 件产品中，有 10 件次品，从中任意取 5 件，求次品数 ξ 的数学期望.

解　ξ 的概率分布为 $P\{\xi=K\}=\dfrac{C_{10}^k C_{90}^{5-k}}{C_{100}^5}$，$k=0$，1，$\cdots$，5.

由此算出概率分布律（见表 7-9）.

表 7-9

ξ	0	1	2	3	4	5
p_k	0.583	0.340	0.070	0.007	约为 0	约为 0

再由数学期望公式，得

$$E\xi=0\times0.583+1\times0.340+2\times0.070+3\times0.007+4\times0+5\times0=0.501.$$

二、连续性随机变量的数学期望

设连续型随机变量 ξ，其概率密度是 $p(x)$，注意到 $p(x)dx$ 的作用与离散型随机变量中的 p_k 相类似，故有如下定义.

设连续型随机变量 ξ 的概率密度是 $p(x)$，若积分 $\displaystyle\int_{-\infty}^{+\infty}|x|p(x)dx$ 收敛，则称积分 $\displaystyle\int_{-\infty}^{+\infty}xp(x)dx$ 为随机变量 ξ 的数学期望，记作 $E\xi=\displaystyle\int_{-\infty}^{+\infty}xp(x)dx$.

例题 4　设 ξ 在 $[a，b]$ 上服从均匀分布，求 $E\xi$.

解　由于 ξ 的密度函数为 $p(x)=\begin{cases}\dfrac{1}{b-a}，& a\leqslant x\leqslant b，\\ 0，& \text{其他，}\end{cases}$

于是：$E\xi=\displaystyle\int_{-\infty}^{+\infty}xp(x)dx=\int_a^b\dfrac{x}{b-a}dx=\dfrac{1}{2}(a+b).$

定理　设随机变量 η 为随机变量 ξ 的函数，即：$\eta=f(\xi)$，这里 $f(\xi)$ 为连续的实值函数.

（1）若 ξ 为离散型随机变量，其概率分布为 $p(\xi=x_k)=p_k$，$k=1$，2，$\cdots$，

则 $E\eta=E[f(\xi)]=\displaystyle\sum_{k=1}^{\infty}f(x_k)p_k$；

（2）若 ξ 为连续型随机变量，其密度函数为 $f(x)$，则 $E\eta=E[f(\xi)]=\displaystyle\int_{-\infty}^{+\infty}f(x)p(x)dx$.

例题 5　设随机变量的分布列如表 7-10 所示.

表 7-10

ξ	1	2	3
p	$\dfrac{1}{2}$	$\dfrac{1}{4}$	$\dfrac{1}{4}$

求 $E\xi^2$.

解　$E\xi^2=1^2\times\dfrac{1}{2}+2^2\times\dfrac{1}{4}+3^2\times\dfrac{1}{4}=\dfrac{15}{4}.$

随机变量的数学期望具有下列重要性质：

（1）设 C 为常数，则有 $E(C)=C$；

（2）设 ξ 是一个随机变量，C 是常数，则有 $E(C\xi)=CE\xi$；

（3）设 ξ，η 是两个随机变量，则有 $E(\xi+\eta)=E\xi+E\eta$；

（4）设 ξ，η 是相互独立的随机变量，则有 $E(\xi\eta)=E\xi \cdot E\eta$．这一性质可以推广到任意有限个相互独立的随机变量之积的情况．

以上性质不论对离散型随机变量还是连续型随机变量，都成立．

例题 6 设 ξ 的分布列如表 7 - 11 所示．

表 7 - 11

ξ	-1	0	1	2
p	0.3	0.2	0.4	0.1

求：$E(2\xi+1)E(\xi^2-2)$.

解 $E(2\xi+1)=2E\xi+1=2[(-1)\times0.3+0\times0.2+1\times0.4+2\times0.1]+1=1.6$；

$E(\xi^2-2)=E\xi^2-2=[(-1)^2\times0.3+0^2\times0.2+1^2\times0.4+2^2\times0.1]-2=-0.9.$

三、随机变量的方差

先从例子说起，有一批灯泡，知其平均寿命是 $E(\xi)=1\,000\ \text{h}$，但仅由这一指标，我们还不能判定这些灯泡的质量好坏．事实上，有可能其中绝大部分灯泡的寿命都在 $950\sim 1\,500\ \text{h}$；也有可能其中大约一半是高质量的，它们的寿命大约有 $1\,300\ \text{h}$，而另一半的质量却很差，其寿命大约只有 $700\ \text{h}$．为了评定这批灯泡质量的好坏，还需要进一步考察灯泡的寿命 ξ 与均值 $E(\xi)=1\,000\ \text{h}$ 的偏差程度．若偏离程度小，则说明这批灯泡的质量比较稳定．从这个意义上讲，我们认为偏差小的质量较好；否则就认为质量较差．由此可见，研究随机变量与其均值的偏离程度也是十分必要的．那么，究竟用怎样的量去度量这个偏离程度呢？容易看到 $E\{|\xi-E\xi|\}$ 能度量随机变量 ξ 与其均值 $E\xi$ 的偏离程度．但由于上式带有绝对值，运算不方便，因此通常用量 $E[(\xi-E\xi)^2]$ 来度量随机变量 ξ 与其均值 $E\xi$ 的偏离程度．

设 ξ 是一个随机变量，$E\xi$ 是其数学期望，若 $E[(\xi-E\xi)^2]$ 存在，则称它为 ξ 的方差，记为 $D\xi$，即 $D\xi=E[(\xi-E\xi)^2]$．显然 $D[\xi]\geqslant0$ 方差的算术平方根称为标准差或均方差，即 $\sigma\xi=\sqrt{D\xi}=\sqrt{E[(\xi-E\xi)^2]}$.

按定义，随机变量 ξ 的方差表达了 ξ 的取值与其数学期望的偏离程度．若 ξ 取值比较集中，则 $D\xi$ 较小；反之，若 ξ 取值比较分散，则 $D\xi$ 较大．因此，$D\xi$ 是衡量 ξ 取值分散程度的一个尺度．

方差的计算公式：

对于离散型随机变量 ξ，其分布列为 $P\{\xi=x_k\}=p_k$，$k=1$，2，$\cdots$，则

$$D\xi = \sum_{k=1}^{\infty}(x_k-E\xi)^2 p_k.$$

对于连续型随机变量 ξ，其概率密度函数为 $p(x)$，则

$$D\xi = \int_{-\infty}^{+\infty} (x - E\xi)^2 \cdot p(x)\mathrm{d}x.$$

由数学期望的性质可以证明，随机变量 ξ 的方差还可以按下列公式计算

$$D\xi = E\xi^2 - (E\xi)^2.$$

例题 7　设 ξ 服从二点分布，求 $D\xi$.

解　ξ 的分布列如表 7 - 12 所示.

表 7 - 12

ξ	0	1
p	$1-p$	p

显然有　　　　　　$E\xi = 0 \times (1-p) + 1 \times p = p. \ E\xi^2 = 0^2 \times (1-p) + 1^2 \times p = p,$

则　　　　　　　　$D\xi = E\xi^2 - (E\xi)^2 = p - p^2 = p(1-p).$

例题 8　均匀分布的方差设随机变量 ξ 在区间 (a, b) 内服从均匀分布，其概率密度为

$$p(x) = \begin{cases} \dfrac{1}{b-a}, & a < x < b \\ 0, & \text{其他} \end{cases},$$

求 $E\xi$，$D\xi$.

解　数学期望为：$E\xi = \displaystyle\int_a^b x \cdot \frac{1}{b-a}\mathrm{d}x = \frac{a+b}{2}$，即数学期望位于区间的中点.

$$E\xi^2 = \int_a^b x^2 \cdot \frac{1}{b-a}\mathrm{d}x = \frac{1}{3}(a^2 + ab + b^2).$$

方差为：

$$D\xi = E\xi^2 - (E\xi)^2 = \frac{1}{3}(a^2 + ab + b^2) - \left(\frac{a+b}{2}\right)^2 = \frac{1}{12}(b-a)^2,$$

即服从均匀分布的随机变量 ξ 的数学期望和方差分别为

$$E\xi = \frac{a+b}{2}, \quad D\xi = \frac{1}{12}(b-a)^2.$$

例题 9　设随机变量 ξ 具有概率密度 $p(x) = \begin{cases} 1+x, & -1 < x < 0 \\ 1-x, & 0 \leqslant x < 1 \\ 0, & \text{其他} \end{cases}$，

求 $E\xi$，$D\xi$.

解　$E\xi = \displaystyle\int_{-1}^0 x(1+x)\mathrm{d}x + \int_0^1 x(1-x)\mathrm{d}x = 0, E\xi^2 = \int_{-1}^0 x^2(1+x)\mathrm{d}x +$

$\displaystyle\int_0^1 x^2(1-x)\mathrm{d}x = \frac{1}{6}.$

于是得　　　　　　　　　　$D\xi = E\xi^2 - (E\xi)^2 = \frac{1}{6}.$

同理可推得：(1) 设 $\xi \sim B(n, p)$，则 $D\xi = np(1-p)$；

(2) 设 $\xi \sim \pi(\lambda)$，则 $D\xi = \lambda$；

(3) 设 $\xi \sim N(\mu, \sigma^2)$，则 $E\xi = \mu$，$D\xi = \sigma^2$.

这就是说，正态随机变量的概率密度中的两个参数 μ 和 σ^2 分别是该随机变量的数学期望和方差，σ 为其标准差. 因而正态随机变量的分布完全可以由它的数学期望和方差确定.

随机变量的方差具有下列重要性质：

(1) 设 C 是常数，则 $D(C) = 0$；

(2) 设 ξ 是随机变量，C 是常数，则有 $D(C\xi) = C^2 D\xi$；

(3) 设 ξ，η 是两个相互独立的随机变量，则有 $D(\xi + \eta) = D\xi + D\eta$.

这一性质可以推广到任意有限多个相互独立的随机变量之和的情况.

以上性质不论对离散型随机变量，还是对连续型随机变量都成立.

例题 10　设 $E\xi = -3, E\xi^2 = 11$，求 $E(2-4\xi)$，$D(2-4\xi)$.

解　$E(2-4\xi) = 2 - 4E\xi = 2 - 4(-3) = 14$；

$D\xi = E\xi^2 - E^2\xi = 11 - (-3)^2 = 2$　$D(2-4\xi) = (-4)^2 D\xi = 16 \times 2 = 32$.

习题 7－6

本节习题答案

1. 一批产品中有一、二、三等品及废品四种，相应百比例分别为 60%，20%，10% 及 10%，若各等级产品的产值分别为 6 元、4.8 元、4 元及 0 元，求产品的平均产值.

2. 设随机变量 ξ 的分布列如表 7－13 所示.

表 7－13

ξ	-2	0	2
p	0.4	0.3	0.3

求：$E\xi$，$E\xi^2$，$E(3\xi^2 + 5)$.

3. 测出甲、乙、丙批手表的走时误差（以整秒计）分布列如表 7－14、表 7－15 所示.

甲批：　　　表 7－14

ξ	-1	0	1
p	0.1	0.8	0.1

乙批：　　　表 7－15

η	-2	-1	0	1	2
p	0.1	0.2	0.4	0.2	0.1

试问甲、乙两批手表哪批走时要准确些.

4. $E\xi = -5$，$E\xi^2 = 16$，求 $E(3-5\xi)$，$D(3\xi-2)$，$D(4-6\xi)$.

5. 若随机变量 ξ 服从二项分布，且 $E\xi = 2.4$，$D\xi = 1.44$，求二项分布的参数 n 和 p.

6. 若 $\xi \sim B\left(3, \dfrac{2}{5}\right)$，求 $E\xi$，$D\xi$，$D(5\xi)$.

7. 设设连续型随机变量 ξ 的密度函数为

$$p(x) = \begin{cases} 3x + 2, & 0 \leqslant x \leqslant 1, \\ 0, & \text{其他,} \end{cases}$$

求 $E\xi$，$D\xi$.

第七节　概率统计初步测试题

1. 选择题：

(1) 若事件 A 和 B 相互独立，则有（　　）.

A. $AB=\varnothing$　　　　　　　　　　　B. $P(A+B)=P(A)+P(B)$

C. $P(AB)=P(A)$　　　　　　　　　　D. $P(A|B)=P(A)$

(2) 10 个彩票中有 1 个中奖，无放回顺序抽取，每次取一个，则第二次抽到"有"的概率是（　　）.

A. $\dfrac{1}{10}$　　　　　B. $\dfrac{2}{10}$　　　　　C. $\dfrac{1}{9}$　　　　　D. $\dfrac{2}{9}$

(3) 若（　　）成立，则 A，B 互为对立事件.

A. $AB=\varnothing$　　　　　　　　　　　B. $P(A+B)=P(A)+P(B)$

C. $P(A)+P(B)=1$　　　　　　　　　D. $AB=\varnothing$ 且 $A+B=\Omega$

(4) 设 $X\sim B\left(n,\dfrac{1}{3}\right)$，则 $P\{X=3\}:P\{X=4\}=($　　$)$.

A. $\dfrac{3}{4}$　　　　　B. $\dfrac{4}{3}$　　　　　C. $\dfrac{8}{n-3}$　　　　　D. $\dfrac{4}{n-3}$

(5) 设随机变量 X_1，X_2 都服从正态分布 $N(\mu,\sigma^2)$，则 $E(X_1-X_2)$ 和 $D(X_1-X_2)$ 应为（　　）.

A. $0,0$　　　　　B. $0,2\sigma^2$　　　　　C. $2\mu,0$　　　　　D. $2\mu,2\sigma^2$

(6) 设 $Y=aX+b$，其中 X 是随机变量，a，b 是常数，则（　　）成立.

A. $E(Y)=aE(X)+b$，$D(Y)=aD(X)+b$

B. $E(Y)=aE(X)+b$，$D(Y)=a^2D(X)+b^2$

C. $E(Y)=aE(X)+b$，$D(Y)=D(X)+b^2$

D. $E(Y)=aE(X)+b$，$D(Y)=a^2D(X)$

(7) 设 $X\sim N(\mu,\sigma^2)$，$\Phi(x)$ 为标准正态分布函数，则 $P(a\leqslant x\leqslant b)=($　　$)$.

A. $\Phi(b)-\Phi(a)$　　　　　　　　　B. $\Phi(b-\mu)-\Phi(a-\mu)$

C. $\Phi\left(\dfrac{b-\mu}{\sigma}\right)-\Phi\left(\dfrac{a-\mu}{\sigma}\right)$　　　　　D. $\Phi\left(\dfrac{b-\mu}{\sigma^2}\right)-\Phi\left(\dfrac{a-\mu}{\sigma^2}\right)$

2. 填空题：

(1) 某射手的射击命中率为 p，独立射击 4 次，则

①恰好射中 3 次的概率为____；

②至多射中 3 次的概率为____.

(2) 甲、乙两炮同时向一架敌机射击，已知甲炮的击中率是 0.5，乙炮的击中率是 0.6，甲、乙两炮都击中的概率是 0.3，则飞机被击中的概率为____.

(3) 已知 $P(A)=0.6$，$P(B)=0.8$，$P(B|\bar{A})=0.2$，则 $P(A|B)=$____.

（4）掷两枚骰子，出现"点数和为偶数"的概率为____．

（5）设随机变量 X 的分布列 $P\{X=k\}=\dfrac{k}{15}$，$k=1$，2，3，4，5，则 $P\left\{\dfrac{1}{2}<X<\dfrac{5}{2}\right\}=$ ____．

（6）设 $X\sim B(n，p)$，且 $EX=6$，$DX=3.6$，则 $n=$ ____．

（7）当 X 与 Y 相互独立时，方差 $D(2X-3Y)=$ ____．

3．解答题：

（1）假设有甲、乙两批种子，发芽率分别为 0.8 和 0.7，在这两批种子中各取一粒，求

①两粒都发芽的概率；

②至少有一粒发芽的概率；

③恰有一粒发芽的概率．

（2）某集体有 50 名同学，求其中至少有 2 人是同一天生日的概率．

（3）某一车间里有 12 台车床，由于工艺上的原因，每台车床时常要停车．设这台车床停车（或开车）是相互独立的，且在任一时刻处于停车状态的概率为 0.3，计算在任一指定时刻里有 2 台车床处于停车状态的概率．

（4）某用户从两厂家进了一批同类型的产品，其中甲厂生产的占 60%，若甲、乙两厂产品的次品率分别为 5%、10%，求从这批产品中任取 1 个，其为次品的概率．

（5）设连续型随机变量 X 的分布函数为

$$F(x)=\begin{cases}A+Be^{-\frac{x^2}{2}}，& x>0，\\ 0，& x\leqslant 0\end{cases}$$

①求常数 A 和 B；

②求随机变量 X 的概率密度；

③计算 $P\{1<X<2\}$．

【数学文化之苏步青的爱国梦】

苏步青（1902—2003 年），原名苏尚龙，著名数学家，中国共产党党员，浙江省平阳县人．1919 年 6 月，他以优异的成绩从浙江省立第十中学（今温州中学）毕业后，赴日本留学；1927 年毕业于日本东北帝国大学数学系，后入该校研究生院；1931 年毕业获理学博士学位，同年 3 月应著名数学家陈建功之约，载着日本东北帝国大学的理学博士荣誉回国，受聘于国立浙江大学，先后任数学系副教授、教授、系主任、训导长和教务长．他创立了"微分几何学派"．

1952 年 10 月，他因全国高校院系调整，来到复旦大学数学系任教授、系主任，推动了复旦大学数学学科快速发展，使之成为中国数学领域的中心，并在国际学术界享有盛誉；后任复旦大学教务长、副校长和校长．他撰有《射影曲线概论》《射影曲面概论》《一般空间微分几何》等专著 10 部．研究成果"船体放样项目""曲面法船体线型生产程序"分别荣获全

国科学大会奖和国家科技进步二等奖.

1902年9月，苏步青出生在浙江省平阳县的一个山村里. 虽然家境清贫，但父母依然省吃俭用供他上学. 他在读初中时，对数学并不感兴趣，觉得数学太简单，一学就懂；然而，后来的一堂数学课影响了他一生的道路.

苏步青上初三时，他就读的浙江省六十中来了一位刚从东京留学归来的教数学课的杨老师. 第一堂课杨老师没有讲数学，而是讲故事. 他说："当今世界，弱肉强食，世界列强依仗船坚炮利，都想蚕食瓜分中国. 振兴科学，发展实业，救亡图存，在此一举. '天下兴亡，匹夫有责'，在座的每一位同学都有责任."他旁征博引，讲述了数学在现代科学技术发展中的巨大作用. 这堂课的最后一句话是："为了救亡图存，必须振兴科学. 数学是科学的开路先锋，为了发展科学，必须学好数学."苏步青一生不知听过多少堂课，但这一堂课使他终生难忘.

杨老师的课深深地打动了他，给他的思想注入了新的兴奋剂. 读书，不仅是为了摆脱个人困境，而是要拯救中国广大的苦难民众；读书，不仅是为了个人找出路，而是为中华民族求新生. 当天晚上，苏步青辗转反侧，彻夜难眠. 在杨老师的影响下，苏步青的兴趣从文学转向了数学，并从此立下了"读书不忘救国，救国不忘读书"的座右铭. 一迷上数学，不管是酷暑隆冬，霜晨雪夜，苏步青只知道读书、思考、解题、演算，4年中演算了上万道数学习题. 现在温州一中（即当时省立十中）还珍藏着苏步青一本几何练习簿，用毛笔书写，工工整整. 中学毕业时，苏步青每门功课都在90分以上.

17岁时，苏步青赴日留学，并以第一名的成绩考取东京高等工业学校，在那里他如饥似渴地学习着. 为国争光的信念驱使苏步青较早地进入了数学的研究领域. 在完成学业的同时，他写了30多篇论文，在微分几何方面取得了令人瞩目的成果，并于1931年获得理学博士学位. 获得博士学位之前，苏步青已在日本帝国大学数学系当讲师，正当日本一所大学准备聘他去任待遇优厚的副教授时，苏步青却决定回国，回到抚育他成长的祖国任教.

回到浙大任教授的苏步青，生活十分艰苦. 面对困境，苏步青的回答是"吃苦算得了什么，我甘心情愿，因为我选择了一条正确的道路，这是一条爱国的光明之路啊！"

这就是老一辈数学家那颗爱国的赤子之心！

第八模块 无穷级数

 **学习目标**

理解无穷级数、和函数、正项级数、交错级数、幂级数的概念和性质，理解级数收敛与发散、绝对收敛、条件收敛的定义与性质，掌握判断级数敛散性的方法，掌握求幂级数的收敛半径与收敛域及和函数.

无穷级数是高等数学的一个重要组成部分，它是表示函数、研究函数的性质以及进行数值计算的一种有力工具. 本章先讨论常数项级数，介绍无穷级数的一些基本内容，然后讨论函数项级数.

第一节 无穷级数的概念

学习内容：无穷级数的概念.
目的要求：理解无穷级数的定义，会判断无穷级数的收敛与发散.
重点难点：无穷级数的定义无穷级数的收敛与发散.

案例一 一皮球从距地面 6 米处垂直下落，假设每次从地面反弹后所达到的高度是前一次所达到高度的 1/3，求皮球所经过的路径的总长度.

一、无穷级数的概念

定义 1 设已给数列 $a_1, a_2, \cdots, a_n, \cdots$，把数列中各项依次用加号连接起来的式子 $a_1 + a_2 + \cdots + a_n + \cdots$ 称为**无穷级数**，也称**数项级数**，简称**级数**. 记作 $\sum\limits_{n=1}^{\infty} a_n$，或 $\sum a_n$，即

$$\sum_{n=1}^{\infty} a_n = a_1 + a_2 + \cdots + a_n + \cdots,$$

数列的各项 $a_1, a_2, \cdots$ 称为级数的**项**，a_n 称为级数的**一般项**或**通项**.

例题 1 已知数列

$$\frac{1}{2}, \frac{1}{4}, \frac{1}{8}, \cdots, \frac{1}{2^n}, \cdots,$$

将其各项相加，得到级数

$$\sum_{n=1}^{\infty} a_n = \frac{1}{2} + \frac{1}{4} + \frac{1}{8} + \cdots + \frac{1}{2^n} + \cdots,$$

其中通项 $a_n = \dfrac{1}{2^n}$.

现在考虑问题，这种加法是否有"和"？这个"和"的确切含义是什么？下面给出级数部分和数列的定义.

定义 2　取级数的前一项，前两项，…，前 n 项，…，相加得到一个数列 $S_1 = a_1$，$S_2 = a_1 + a_2$，…，$S_n = a_1 + a_2 + \cdots + a_n$，…，这个数列的通项 $S_n = a_1 + a_2 + \cdots + a_n$ 称为级数 $\displaystyle\sum_{n=1}^{\infty} a_n$ 的前 n 项的**部分和**，该数列称为级数的**部分和数列**.

例题 2　级数 $\displaystyle\sum_{n=1}^{\infty} a_n = \dfrac{1}{2} + \dfrac{1}{4} + \dfrac{1}{8} + \cdots + \dfrac{1}{2^n} + \cdots$，的前 n 项和数列 $\{S_n\}$ 为

$$S_1 = \dfrac{1}{2}，S_2 = \dfrac{1}{2} + \dfrac{1}{4}，\cdots，S_n = \dfrac{1}{2} + \dfrac{1}{4} + \cdots + \dfrac{1}{2^n}，\cdots,$$

二、无穷级数的收敛与发散

从例题 2 我们知道级数 $\displaystyle\sum_{n=1}^{\infty} a_n = \dfrac{1}{2} + \dfrac{1}{4} + \dfrac{1}{8} + \cdots + \dfrac{1}{2^n} + \cdots$，的前 n 项的部分和

$$S_n = \dfrac{1}{2} + \dfrac{1}{4} + \cdots + \dfrac{1}{2^n} = \dfrac{\dfrac{1}{2}\left[1 - \left(\dfrac{1}{2}\right)^n\right]}{1 - \dfrac{1}{2}} = 1 - \dfrac{1}{2^n}$$

当 $n \to \infty$ 时，$S_n = 1 - \dfrac{1}{2^n} \to 1$，这时就称该无穷级数有和，其和为 1，可记作

$$\dfrac{1}{2} + \dfrac{1}{4} + \dfrac{1}{8} + \cdots + \dfrac{1}{2^n} + \cdots = 1.$$

定义 3　若级数 $\displaystyle\sum_{n=1}^{\infty} a_n$ 的部分和数列 $\{S_n\}$，当 $n \to \infty$ 时有极限 S，即

$$\lim_{n \to \infty} S_n = S,$$

则称该级数**收敛**，S 称为级数的**和**，记作

$$S = \sum_{n=1}^{\infty} a_n = a_1 + a_2 + \cdots + a_n + \cdots,$$

此时，也称级数 $\displaystyle\sum_{n=1}^{\infty} a_n$ 收敛于 S. 若数列 $\{S_n\}$ 没有极限，则称该级数**发散**.

当级数 $\displaystyle\sum_{n=1}^{\infty} a_n$ 收敛时，其和 S 与部分和 S_n 的差

$$R_n = S - S_n = u_{n+1} + u_{n+2} + \cdots$$

称为级数的**余项**. 显然，R_n 也是无穷级数.

例题 3　判断级数 $\displaystyle\sum_{n=1}^{\infty} \dfrac{1}{n(n+1)} = \dfrac{1}{1 \times 2} + \dfrac{1}{2 \times 3} + \dfrac{1}{3 \times 4} + \cdots \dfrac{1}{n(n+1)} + \cdots$ 的敛散性.

解

$$S_n = \frac{1}{1 \times 2} + \frac{1}{2 \times 3} + \frac{1}{3 \times 4} + \cdots \frac{1}{n(n+1)}$$

$$= \left(1 - \frac{1}{2}\right) + \left(\frac{1}{2} - \frac{1}{3}\right) + \left(\frac{1}{3} - \frac{1}{4}\right) + \cdots \left(\frac{1}{n} - \frac{1}{n+1}\right)$$

$$= 1 - \frac{1}{n}$$

当 $n \to \infty$ 时，$S_n \to 1$，所以级数收敛，且其和为 1.

例题 4　判断级数 $\sum\limits_{n=1}^{\infty} \ln \dfrac{n+1}{n}$ 的敛散性.

解

$$S_n = \ln \frac{2}{1} + \ln \frac{3}{2} + \cdots\cdots + \ln \frac{n+1}{n}$$

$$= (\ln 2 - \ln 1) + (\ln 3 - \ln 2) + \cdots + [\ln(n+1) - \ln n]$$

$$= \ln(n+1)$$

因为 $S_n = \ln(n+1) \to +\infty (n \to \infty)$，所以级数发散.

例题 5　讨论几何级数或等比级数 $\sum\limits_{n=1}^{\infty} aq^{n-1}$ 的敛散性.

解　（1）当 $|q| \neq 1$ 时，部分和

$$S_n = a + aq + \cdots + aq^{n-1} = \frac{a - aq^n}{1-q}$$

若 $q < 1$，则有 $\lim\limits_{n\to\infty} S_n = \dfrac{a}{1-q}$，故级数收敛，其和为 $\dfrac{a}{1-q}$.

若 $q > 1$，则有 $\lim\limits_{n\to\infty} S_n = \infty$，所以级数发散.

（2）当 $q = 1$ 时，级数为 $a + a + a + \cdots + a + \cdots$

由于 $\lim\limits_{n\to\infty} S_n = \lim\limits_{n\to\infty} na = \infty$，所以级数发散.

（3）当 $q = -1$ 时，级数为 $a - a + a - a + \cdots$

由于 $S_n = \begin{cases} a, & n \text{ 为奇数} \\ 0, & n \text{ 为偶数} \end{cases}$

显然，当 $n \to \infty$ 时，S_n 不存在极限，所以级数发散.

习题 8 - 1

本节习题答案

1. 写出下列级数的一般项 a_n.

（1）$\dfrac{2}{1} - \dfrac{3}{2} + \dfrac{4}{3} - \dfrac{5}{4} + \cdots$ 　　　　（2）$\dfrac{\sin 1}{2} + \dfrac{\sin 2}{2^2} + \dfrac{\sin 3}{2^3} + \dfrac{\sin 4}{2^4} + \cdots$

2. 判断无穷级数 $\sum\limits_{n=1}^{\infty} \dfrac{1}{(2n-1)(2n+1)}$ 的敛散性.

3. 判断几何级数 $\sum\limits_{n=1}^{\infty}\left(\dfrac{2}{3}\right)^{n-1}$ 的敛散性.

4. 判断级数 $\sum\limits_{n=1}^{\infty} n^2$ 的敛散性.

第二节　级数收敛的必要条件与性质

学习内容：级数收敛的必要条件与性质.

目的要求：掌握级数收敛的必要条件与性质，能够熟练地运用级数收敛的必要条件及性质判断级数的敛散性.

重点难点：级数收敛的必要条件和性质，利用级数的基本性质判断级数的敛散性.

案例　判断级数 $\sum\limits_{n=1}^{\infty}\left[\dfrac{1}{2^n}+\left(\dfrac{8}{9}\right)^n\right]$ 的敛散性.

一、级数收敛的必要条件

定理 1　（收敛的必要条件）若级数 $\sum\limits_{n=1}^{\infty} u_n$ 收敛，则 $\lim\limits_{n\to\infty} u_n = 0$.

注意　$\lim\limits_{n\to\infty} u_n = 0$ 仅是级数 $\sum\limits_{n=1}^{\infty} u_n$ 收敛的必要条件而非充分条件.

例题 1　讨论级数 $\sum\limits_{n=1}^{\infty} \dfrac{1}{n} = 1 + \dfrac{1}{2} + \dfrac{1}{3} + \cdots + \dfrac{1}{n} + \cdots$ 的敛散性.

解　它的一般项 $\lim\limits_{n\to\infty} u_n = \lim\limits_{n\to\infty} \dfrac{1}{n} = 0$.

但级数 $\sum\limits_{n=1}^{\infty} \dfrac{1}{n}$ 是发散的. 级数 $\sum\limits_{n=1}^{\infty} \dfrac{1}{n}$ 称为调和级数.

由定理 1 知，若 $\lim\limits_{n\to\infty} u_n \neq 0$，可判定级数 $\sum\limits_{n=1}^{\infty} u_n$ 一定发散.

例题 2　判定级数 $\sum\limits_{n=1}^{\infty} \dfrac{2n}{3n-1}$ 发散.

解　级数的一般项 $u_n = \dfrac{2n}{3n-1}$，因

$$\lim\limits_{n\to\infty} u_n = \lim\limits_{n\to\infty} \dfrac{2n}{3n-1} = \dfrac{2}{3},$$

所以，由级数收敛的必要条件知，该级数发散.

二、无穷级数的基本性质

性质 1　设 a 为非零常数，则级数 $\sum\limits_{n=1}^{\infty} au_n$ 与级数 $\sum\limits_{n=1}^{\infty} u_n$ 同时收敛或同时发散. 当同时收

敛时，有 $\sum\limits_{n=1}^{\infty} au_n = a \sum\limits_{n=1}^{\infty} u_n$.

例题 3 判定级数 $\dfrac{1}{10} + \dfrac{1}{20} + \dfrac{1}{30} + \cdots$ 的敛散性．

解 由例题 1 知，调和级数 $1 + \dfrac{1}{2} + \dfrac{1}{3} + \cdots$ 发散，取 $a = \dfrac{1}{10}$，由性质 1 知，级数 $\dfrac{1}{10} + \dfrac{1}{20} + \dfrac{1}{30} + \cdots$ 发散．

性质 2 若两个级数 $\sum\limits_{n=1}^{\infty} u_n$ 和 $\sum\limits_{n=1}^{\infty} v_n$ 都收敛，则 $\sum\limits_{n=1}^{\infty}(u_n \pm v_n)$ 也收敛，并且有

$$\sum_{n=1}^{\infty}(u_n \pm v_n) = \sum_{n=1}^{\infty} u_n \pm \sum_{n=1}^{\infty} v_n.$$

注意 （1）若级数 $\sum\limits_{n=1}^{\infty} u_n$ 收敛，级数 $\sum\limits_{n=1}^{\infty} v_n$ 发散，则级数 $\sum\limits_{n=1}^{\infty}(u_n \pm v_n)$ 发散．

（2）若两个级数 $\sum\limits_{n=1}^{\infty} u_n$ 和 $\sum\limits_{n=1}^{\infty} v_n$ 都发散，则不能判定级数 $\sum\limits_{n=1}^{\infty}(u_n \pm v_n)$ 的敛散性．

例题 4 判定级数 $\sum\limits_{n=1}^{\infty}\left(\dfrac{1}{2^n} + \dfrac{2}{3^n}\right)$ 的敛散性．

解 因为级数 $\sum\limits_{n=1}^{\infty} \dfrac{1}{2^n}$，$\sum\limits_{n=1}^{\infty} \dfrac{1}{3^n}$ 都收敛，所以由性质 1 知，级数 $\sum\limits_{n=1}^{\infty} \dfrac{2}{3^n}$ 收敛．再由性质 2 知，级数 $\sum\limits_{n=1}^{\infty}\left(\dfrac{1}{2^n} + \dfrac{2}{3^n}\right)$ 收敛．

例题 5 判定级数 $\sum\limits_{n=1}^{\infty}\left(\dfrac{2n-1}{2n} + \dfrac{2^n}{3^n}\right)$ 的敛散性．

解 因为级数 $\sum\limits_{n=1}^{\infty} \dfrac{2n-1}{2n}$ 发散，几何级数 $\sum\limits_{n=1}^{\infty} \dfrac{2^n}{3^n}$ 收敛，所以级数 $\sum\limits_{n=1}^{\infty}\left(\dfrac{2n-1}{2n} + \dfrac{2^n}{3^n}\right)$ 发散．

性质 3 一个收敛级数 $\sum\limits_{n=1}^{\infty} u_n$ 对其项任意加括号后所成级数仍收敛，且其和不变．

注意 如果加括号后所成级数收敛时，不能判断原先未加括号的级数收敛．即性质 3 的逆命题不成立．

例题 6 级数 $\sum\limits_{n=1}^{\infty}(-1)^{n+1}$ 发散，但加上括号后的级数 $(1-1)+(1-1)+\cdots$ 显然结果为零，级数收敛．

例题 7 判断级数 $\sum\limits_{n=1}^{\infty}\left[\dfrac{1}{2^n} + \left(\dfrac{8}{9}\right)^n\right]$ 的敛散性．

解 因为级数 $\sum\limits_{n=1}^{\infty} \dfrac{1}{2^n}$ 收敛，几何级数 $\sum\limits_{n=1}^{\infty}\left(\dfrac{8}{9}\right)^n$ 收敛，由性质 2 知，级数 $\sum\limits_{n=1}^{\infty}\left[\dfrac{1}{2^n} + \left(\dfrac{8}{9}\right)^n\right]$ 收敛．

习题 8-2

本节习题答案

1. 设级数 $\sum\limits_{n=1}^{\infty} u_n$ 和 $\sum\limits_{n=1}^{\infty} v_n$ 都收敛，试说明下列级数是否收敛（其中 k 是常数且 $k \neq 0$）：

(1) $\sum\limits_{n=1}^{\infty} k u_n$；

(2) $\sum\limits_{n=1}^{\infty} (u_n + v_n)$；

(3) $k + \sum\limits_{n=1}^{\infty} v_n$；

(4) $\sum\limits_{n=1}^{\infty} (u_n - k)$．

2. 判断下列级数的敛散性：

(1) $\sum\limits_{n=1}^{\infty} \dfrac{2n^2}{n^2+1}$；

(2) $\sum\limits_{n=1}^{\infty} \left(\dfrac{n+1}{n}\right)^n$；

(3) $\dfrac{1}{3} + \dfrac{1}{6} + \dfrac{1}{9} + \cdots + \dfrac{1}{3n} + \cdots$；

(4) $\dfrac{1}{2} - \dfrac{2}{3} + \dfrac{3}{4} - \dfrac{2^2}{3^2} + \dfrac{5}{6} - \dfrac{2^3}{3^3} + \cdots$．

第三节 正项级数

学习内容：正项级数收敛的基本定理以及正项级数的收敛准则一（比较判别法）．项级数的收敛准则——比较判别法的极限形式、比值判别法以及根式判别法．

目的要求：掌握正项级数收敛的基本定理以及级数收敛的四个准则，能够熟练地运用比较判别法、比值判别法以及根式判别法判别级数的敛散性．

重点难点：正项级数收敛的四个准则，利用比较判别法、比值判别法以及根式判别法判别级数的敛散性．

案例 1 判定级数 $\sum\limits_{n=1}^{\infty} \dfrac{1}{\sqrt{1+n^3}}$ 的敛散性．

案例 2 讨论级数 $\sum\limits_{n=1}^{\infty} n x^{n-1} \quad (x > 0)$ 的敛散性．

一、正项级数收敛的基本定理

对于一个级数，我们一般会提出这样两个问题：它是否收敛？它的和是多少？显然第一个问题更重要．如果级数发散，那么第二个问题就不存在了．下面我们学习如何确定级数的收敛和发散问题．

我们先来考虑正项级数（即每一项 $u_n \geqslant 0$ 的级数）的收敛问题．

定理 1 正项级数 $\sum\limits_{n=1}^{\infty} u_n (u_n \geqslant 0)$ 收敛的充分必要条件是其部分和数列 $\{S_n\}$ 有界．如果 $\{S_n\}$ 无界，则级数 $\sum\limits_{n=1}^{\infty} a_n$ 发散于正无穷大．

例题 1 p 级数 $\sum \dfrac{1}{n^p} = 1 + \dfrac{1}{2^p} + \dfrac{1}{3^p} + \cdots + \dfrac{1}{n^p} + \cdots$，当 $p > 1$ 时收敛；当 $p \leqslant 1$ 时发散.

二、正项级数的收敛准则

准则一（比较判别法） 设有两个正项级数 $\sum u_n$ 及 $\sum v_n$，且
$$u_n \leqslant v_n \quad (n = 1, 2, \cdots).$$

（1）若级数 $\sum v_n$ 收敛，则级数 $\sum u_n$ 收敛；

（2）若级数 $\sum u_n$ 发散，则级数 $\sum v_n$ 发散.

例题 2 判别级数 $\sum \dfrac{1}{n^n} = 1 + \dfrac{1}{2^2} + \dfrac{1}{3^3} + \cdots + \dfrac{1}{n^n} + \cdots$ 的敛散性.

解 因为，当 $n > 1$ 时，有
$$\frac{1}{n^n} \leqslant \frac{1}{2^n} \quad (n = 2, 3, 4, \cdots)$$

而等比级数 $\sum \dfrac{1}{2^n}$ 是收敛的，由比较判别法知，级数 $\sum \dfrac{1}{n^n}$ 也是收敛的.

推论 1 设 $\displaystyle\sum_{n=1}^{\infty} u_n$ 和 $\displaystyle\sum_{n=1}^{\infty} v_n$ 都是正项级数，

（1）如果级数 $\displaystyle\sum_{n=1}^{\infty} v_n$ 收敛，且存在自然数 N，使得当 $n \geqslant N$ 时，有 $u_n \leqslant k v_n (k > 0)$ 成立，则级数 $\displaystyle\sum_{n=1}^{\infty} u_n$ 收敛；

（2）如果级数 $\displaystyle\sum_{n=1}^{\infty} v_n$ 发散，且存在自然数 N，使得当 $n \geqslant N$ 时，有 $u_n \geqslant k v_n (k > 0)$ 成立，则级数 $\displaystyle\sum_{n=1}^{\infty} u_n$ 发散.

例题 3 判别级数 $\displaystyle\sum_{n=1}^{\infty} \dfrac{1}{2n-1}$ 的敛散性.

解 因为 $\dfrac{1}{2n-1} > \dfrac{1}{2n} \quad (n = 1, 2, 3, \cdots)$，而级数 $\displaystyle\sum_{n=1}^{\infty} \dfrac{1}{n}$ 发散，由级数的基本性质 1 知，级数 $\displaystyle\sum_{n=1}^{\infty} \dfrac{1}{2n} = \dfrac{1}{2} \displaystyle\sum_{n=1}^{\infty} \dfrac{1}{n}$ 发散，从而由比较判别法的推论 1 知，级数 $\displaystyle\sum_{n=1}^{\infty} \dfrac{1}{2n-1}$ 发散.

推论 2 设 $\displaystyle\sum_{n=1}^{\infty} u_n$ 是正项级数，

（1）如果当 $p > 1$ 时，$u_n \leqslant \dfrac{1}{n^p} (n = 1, 2, \cdots)$，则级数 $\displaystyle\sum_{n=1}^{\infty} u_n$ 收敛；

（2）如果 $u_n \geqslant \dfrac{1}{n} (n = 1, 2, \cdots)$，则级数 $\displaystyle\sum_{n=1}^{\infty} u_n$ 发散.

例题 4 讨论级数 $\displaystyle\sum_{n=1}^{\infty} \dfrac{1}{n \sqrt{n+1}}$ 的敛散性.

解　因为 p 级数 $\sum \dfrac{1}{n^{\frac{3}{2}}}$ 收敛 $\left(p=\dfrac{3}{2}>1\right)$ 收敛，而

$$\frac{1}{n\sqrt{n+1}}\leqslant\frac{1}{n^{\frac{3}{2}}}\quad(n=1,2,3,\cdots)$$

由比较判别法的推论 2 知，级数 $\displaystyle\sum_{n=1}^{\infty}\dfrac{1}{n\sqrt{n+1}}$ 收敛．

例题 5　判别级数 $\displaystyle\sum_{n=1}^{\infty}\dfrac{\ln n}{\sqrt{n}}$ 的敛散性．

解　注意到当 $n\geqslant3$ 时，$\ln n>1$，而

$$\frac{\ln n}{\sqrt{n}}\geqslant\frac{1}{\sqrt{n}}\quad(n=3,4,5,\cdots)$$

又 $\displaystyle\sum_{n=1}^{\infty}\dfrac{1}{\sqrt{n}}$ 是发散的 $\left(p=\dfrac{1}{2}<1\right)$ 级数，由比较判别法知，级数 $\displaystyle\sum_{n=1}^{\infty}\dfrac{\ln n}{\sqrt{n}}$ 是发散的．

例题 6　判定级数 $\displaystyle\sum_{n=1}^{\infty}\dfrac{1}{\sqrt{1+n^3}}$ 的敛散性．

解　因为 p 级数 $\sum\dfrac{1}{n^{\frac{3}{2}}}$ 收敛 $\left(p=\dfrac{3}{2}>1\right)$ 收敛，而

$$\frac{1}{\sqrt{1+n^3}}\leqslant\frac{1}{n^{\frac{3}{2}}}\quad(n=1,2,3,\cdots)$$

由比较判别法知，级数 $\displaystyle\sum_{n=1}^{\infty}\dfrac{1}{\sqrt{1+n^3}}$ 收敛．

准则二　设 $\displaystyle\sum_{n=1}^{\infty}u_n$ 和 $\displaystyle\sum_{n=1}^{\infty}v_n$ 都是正项级数，且

$$\lim_{n\to\infty}\frac{u_n}{v_n}=l$$

（1）若 $0<l<+\infty$，则级数 $\displaystyle\sum_{n=1}^{\infty}u_n$ 与 $\displaystyle\sum_{n=1}^{\infty}v_n$ 同时收敛或同时发散；

（2）若 $l=0$ 且级数 $\displaystyle\sum_{n=1}^{\infty}v_n$ 收敛，则级数 $\displaystyle\sum_{n=1}^{\infty}u_n$ 收敛；

（3）若 $l=+\infty$ 且级数 $\displaystyle\sum_{n=1}^{\infty}v_n$ 发散，则级数 $\displaystyle\sum_{n=1}^{\infty}u_n$ 发散．

例题 7　判别级数 $\displaystyle\sum_{n=1}^{\infty}\tan\dfrac{1}{n^2}$ 的敛散性．

解　级数的通项 $u_n=\tan\dfrac{1}{n^2}>0$，这是正项级数．当 $n\to\infty$ 时，$\tan\dfrac{1}{n^2}$ 与 $\dfrac{1}{n^2}$ 是等价无穷小，即

$$\lim_{n \to \infty} \frac{\tan \dfrac{1}{n^2}}{\dfrac{1}{n^2}} = 1$$

而级数 $\sum\limits_{n=1}^{\infty} \dfrac{1}{n^2}$ 收敛，所以级数 $\sum\limits_{n=1}^{\infty} \tan \dfrac{1}{n^2}$ 收敛.

注意 用比较判别法和比较判别法的极限形式两个准则来判断一个已知级数的敛散性，都需要另选一个收敛或发散的级数进行比较. 下面我们来学习两个只依赖于级数本身的收敛准则.

准则三（达朗贝尔比值判别法） 设 $\sum\limits_{n=1}^{\infty} u_n$ 是正项级数，且

$$\lim_{n \to \infty} \frac{u_{n+1}}{u_n} = \rho$$

（1）当 $\rho < 1$ 时，级数收敛；
（2）当 $\rho > 1$ 时，级数发散；
（3）当 $\rho = 1$ 时，级数可能收敛也可能发散.

例题 8 判别级数 $\sum\limits_{n=1}^{\infty} \dfrac{2n-1}{2^n}$ 的敛散性.

解 因为级数的通项 $u_n = \dfrac{2n-1}{2^n}$ ，且

$$\lim_{n \to \infty} \frac{u_{n+1}}{u_n} = \lim_{n \to \infty} \frac{\dfrac{2(n+1)-1}{2^{n+1}}}{\dfrac{2n-1}{2^n}} = \lim_{n \to \infty} \frac{2(n+1)-1}{2^{n+1}} \cdot \frac{2^n}{2n-1} = \lim_{n \to \infty} \frac{2n-3}{2(2n-1)} = \frac{1}{2} < 1$$

由比值判别法知，级数 $\sum\limits_{n=1}^{\infty} \dfrac{2n-1}{2^n}$ 收敛.

例题 9 判别级数 $\sum\limits_{n=1}^{\infty} 2^n \sin \dfrac{\pi}{3^n}$ 的敛散性.

解 因为级数的通项 $u_n = 2^n \sin \dfrac{\pi}{3^n} > 0$ （$n = 1,2,3,\cdots$），且

$$\lim_{n \to \infty} \frac{u_{n+1}}{u_n} = \lim_{n \to \infty} \frac{2^{n+1} \sin \dfrac{\pi}{3^{n+1}}}{2^n \sin \dfrac{\pi}{3^n}} = \lim_{n \to \infty} \frac{2}{3} \cdot \frac{\sin \dfrac{\pi}{3^{n+1}}}{\dfrac{\pi}{3^{n+1}}} \cdot \frac{\dfrac{\pi}{3^n}}{\sin \dfrac{\pi}{3^n}} = \frac{2}{3} < 1$$

由比值判别法知，级数 $\sum\limits_{n=1}^{\infty} 2^n \sin \dfrac{\pi}{3^n}$ 收敛.

准则四（根式判别法） 设 $\sum\limits_{n=1}^{\infty} u_n$ 是正项级数，且

$$\lim_{n \to \infty} \sqrt[n]{u_n} = \lambda$$

（1）当 $\lambda < 1$ 时，级数收敛；

（2）当 $\lambda > 1$ 时，级数发散．

例题 10　判定级数 $\displaystyle\sum_{n=1}^{\infty} n^n \mathrm{e}^{-n}$ 的敛散性．

解　因为级数的通项 $u_n = n^n \mathrm{e}^{-n}$，且

$$\lim_{n \to \infty} \sqrt[n]{u_n} = \lim_{n \to \infty} \sqrt[n]{n^n \mathrm{e}^{-n}} = n \mathrm{e}^{-1} = \infty$$

由根式判别法知，级数 $\displaystyle\sum_{n=1}^{\infty} n^n \mathrm{e}^{-n}$ 发散．

例题 11　讨论级数 $\displaystyle\sum_{n=1}^{\infty} n x^{n-1}$　$(x > 0)$ 的敛散性．

解　由 $x > 0$ 知，这是正项级数，因为

$$\lim_{n \to \infty} \frac{u_{n+1}}{u_n} = \lim_{n \to \infty} \frac{(n+1)x^n}{n x^{n-1}} = x$$

由比值判别法知，当 $0 < x < 1$ 时，级数收敛；当 $x > 1$ 时，级数发散；当 $x = 1$ 时，所讨论的级数是 $\displaystyle\sum_{n=1}^{\infty} n$，它显然是发散的．

习题 8 - 3

1. 判别下列级数的敛散性：

（1）$\displaystyle\sum_{n=1}^{\infty} \frac{1}{n^2 + 2}$；

（2）$\displaystyle\sum_{n=1}^{\infty} \frac{1}{n \sqrt{n+3}}$；

（3）$\displaystyle\sum_{n=1}^{\infty} \frac{1}{3n - 2}$；

（4）$\displaystyle\sum_{n=1}^{\infty} \frac{1}{\sqrt{2 + n^5}}$；

（5）$\displaystyle\sum_{n=1}^{\infty} \frac{1}{\sqrt{n(n+2)}}$；

（6）$\displaystyle\sum_{n=1}^{\infty} \frac{\pi}{n} \tan \frac{\pi}{n}$；

（7）$\displaystyle\sum_{n=1}^{\infty} \sin \frac{1}{2n}$；

（8）$\displaystyle\sum_{n=1}^{\infty} \frac{2^n}{n \cdot 1000}$；

（9）$\displaystyle\sum_{n=1}^{\infty} \frac{1}{n!}$；

（10）$\displaystyle\sum_{n=1}^{\infty} \frac{3n}{2^n}$；

（11）$\displaystyle\sum_{n=1}^{\infty} 4^n \sin \frac{1}{3^n}$；

（12）$\displaystyle\sum_{n=1}^{\infty} \frac{2 \times 5 \times 8 \cdots [2 + 3(n-1)]}{1 \times 5 \times 9 \cdots [1 + 4(n-1)]}$．

本节习题答案

第四节　任意项级数

学习内容：任意项级数、交错级数的定义，莱布尼茨定理，级数的绝对收敛与条件收敛．

目的要求：掌握交错级数的莱布尼茨定理，能够熟练地利用莱布尼茨定理判断级数的敛散性，并且能够熟练地判断级数的绝对收敛与条件收敛．

重点难点：莱布尼茨定理，级数的绝对收敛与条件收敛.

案例　讨论级数 $\sum\limits_{n=1}^{\infty} (-1)^{n+1} \dfrac{1}{n}$ 的敛散性.

一、交错级数

若在级数 $\sum\limits_{n=1}^{\infty} u_n$ 中，有无穷多个正项和无穷多个负项，则称为**任意项级数**. 在这类级数中，最重要的一种特殊情形是**交错级数**.

定义 1　若级数的各项符号正负相间，即若 $u_n > 0$　$(n=1,2,3,\cdots)$，则

$$\sum_{n=1}^{\infty} (-1)^{n-1} u_n = u_1 - u_2 + u_3 - u_4 + \cdots + (-1)^{n-1} u_n + \cdots$$

称为**交错级数**.

对于交错级数的收敛性，有一个很简单的判别方法——**莱布尼茨判别法**.

定理 1　（莱布尼茨定理）若交错级数 $\sum\limits_{n=1}^{\infty} (-1)^{n-1} u_n (u_n > 0, n=1,2,3,\cdots)$ 满足条件：

(1) $u_n \geqslant u_{n+1}(n=1,2,3,\cdots)$；

(2) $\lim\limits_{n \to \infty} u_n = 0$，

则该级数**收敛**，且其和 $S \leqslant u_1$，其余项 R_n 的绝对值 $|R_n| \leqslant u_{n+1}$.

例题 1　判定级数 $\sum\limits_{n=1}^{\infty} (-1)^{n+1} \dfrac{1}{n}$ 的敛散性.

解　因为 $u_n = \dfrac{1}{n} > \dfrac{1}{n+1} = u_{n+1} > 0(n=1,2,3,\cdots)$，且 $\lim\limits_{n \to \infty} \dfrac{1}{n} = 0$，所以，由莱布尼茨定理知，级数 $\sum\limits_{n=1}^{\infty} (-1)^{n+1} \dfrac{1}{n}$ 是收敛的，并且其和 $S \leqslant 1$.

二、绝对收敛与条件收敛

定义 2　对于任意项级数 $\sum\limits_{n=1}^{\infty} u_n$，如果级数 $\sum\limits_{n=1}^{\infty} |u_n|$ 收敛，则称级数 $\sum\limits_{n=1}^{\infty} u_n$ 为**绝对收敛**；如果级数 $\sum\limits_{n=1}^{\infty} |u_n|$ 发散，而级数 $\sum\limits_{n=1}^{\infty} u_n$ 却是收敛的，则称 $\sum\limits_{n=1}^{\infty} u_n$ 为**条件收敛**.

定理 2　绝对收敛级数必为收敛级数，但反之不然.

例题 2　判定级数 $\sum\limits_{n=1}^{\infty} \dfrac{(-1)^n}{2n}$ 的敛散性.

解　级数 $\sum\limits_{n=1}^{\infty} \left| \dfrac{(-1)^n}{2n} \right| = \sum\limits_{n=1}^{\infty} \dfrac{1}{2n}$，因为 $\lim\limits_{n \to \infty} \dfrac{\frac{1}{2n}}{\frac{1}{n}} = \dfrac{1}{2}$，且级数 $\sum\limits_{n=1}^{\infty} \dfrac{1}{n}$ 发散，由正项级数的比较判别法的极限形式知，级数 $\sum\limits_{n=1}^{\infty} \left| \dfrac{(-1)^n}{2n} \right|$ 发散；但是 $u_n = \dfrac{1}{2n} > \dfrac{1}{2(n+1)} = u_{n+1} >$

$0(n = 1, 2, 3, \cdots)$，且 $\lim\limits_{n \to \infty} \dfrac{1}{2n} = 0$，由莱布尼茨定理知，级数 $\sum\limits_{n=1}^{\infty} \dfrac{(-1)^n}{2n}$ 收敛. 综上所述，级数 $\sum\limits_{n=1}^{\infty} \dfrac{(-1)^n}{2n}$ 条件收敛.

例题 3 判定级数 $\sum\limits_{n=1}^{\infty} \dfrac{\sin na}{n^2}$（$a$ 为常数）的敛散性.

解 因为 $\left| \dfrac{\sin na}{n^2} \right| \leqslant \dfrac{1}{n^2}(n = 1, 2, 3, \cdots)$，且级数 $\sum\limits_{n=1}^{\infty} \dfrac{1}{n^2}$ 收敛，由正项级数的比较判别法知，级数 $\sum\limits_{n=1}^{\infty} \left| \dfrac{\sin na}{n^2} \right|$ 收敛，所以级数 $\sum\limits_{n=1}^{\infty} \dfrac{\sin na}{n^2}$ 绝对收敛.

例题 4 判别级数 $\sum\limits_{n=1}^{\infty} \dfrac{(-1)^{n-1} n!}{n^n}$ 的敛散性.

解 因为级数 $\sum\limits_{n=1}^{\infty} \left| \dfrac{(-1)^{n-1} n!}{n^n} \right| = \sum\limits_{n=1}^{\infty} \dfrac{n!}{n^n}(n = 1, 2, 3, \cdots)$，对于级数 $\sum\limits_{n=1}^{\infty} \dfrac{n!}{n^n}$，它的通项

$u_n = \dfrac{n!}{n^n}$，且 $\lim\limits_{n \to \infty} \dfrac{u_{n+1}}{u_n} = \lim\limits_{n \to \infty} \dfrac{\dfrac{(n+1)!}{(n+1)^{n+1}}}{\dfrac{n!}{n^n}} = \lim\limits_{n \to \infty} \left(\dfrac{n}{n+1} \right)^n = \lim\limits_{n \to \infty} \dfrac{1}{\left(1 + \dfrac{1}{n} \right)^n} = \dfrac{1}{\mathrm{e}} < 1.$ 由比值

判别法知，级数 $\sum\limits_{n=1}^{\infty} \dfrac{n!}{n^n}$ 收敛，从而级数 $\sum\limits_{n=1}^{\infty} \left| \dfrac{(-1)^{n-1} n!}{n^n} \right|$ 收敛，即级数 $\sum\limits_{n=1}^{\infty} \dfrac{(-1)^{n-1} n!}{n^n}$ 绝对收敛.

例题 5 判别级数 $\sum\limits_{n=1}^{\infty} \left(\dfrac{(-1)^n}{\sqrt{n}} + \dfrac{1}{n} \right)$ 的敛散性.

解 级数 $\sum\limits_{n=1}^{\infty} \left(\dfrac{(-1)^n}{\sqrt{n}} + \dfrac{1}{n} \right) = \sum\limits_{n=1}^{\infty} \dfrac{(-1)^n}{\sqrt{n}} + \sum\limits_{n=1}^{\infty} \dfrac{1}{n}$，而级数 $\sum\limits_{n=1}^{\infty} \dfrac{1}{n}$ 发散，对于级数 $\sum\limits_{n=1}^{\infty} \dfrac{(-1)^n}{\sqrt{n}}$，因为 $u_n = \dfrac{1}{\sqrt{n}} > \dfrac{1}{\sqrt{n+1}} = u_{n+1} > 0(n = 1, 2, 3, \cdots)$，且 $\lim\limits_{n \to \infty} \dfrac{1}{\sqrt{n}} = 0$，所以，由莱布尼茨定理知，级数 $\sum\limits_{n=1}^{\infty} \dfrac{(-1)^n}{\sqrt{n}}$ 是收敛的，所以，由级数的基本性质知，级数 $\sum\limits_{n=1}^{\infty} \left(\dfrac{(-1)^n}{\sqrt{n}} + \dfrac{1}{n} \right)$ 是发散的.

说明 由于任意项级数各项取绝对值后所构成的级数为正项级数，根据定义 2，可用正项级数的判别法判别任意项级数的敛散性.

<h3 style="text-align:center">习题 8 - 4</h3>

1. 判别下列级数的敛散性.

(1) $\sum\limits_{n=1}^{\infty} \dfrac{(-1)^n}{2n}$；

(2) $\sum\limits_{n=1}^{\infty} \dfrac{(-1)^{n-1}}{(2n+1)^2}$；

本节习题答案

(3) $\sum_{n=1}^{\infty} \frac{(-1)^{n-1}}{\sqrt{n(n+2)}}$; (4) $\sum_{n=1}^{\infty} (-1)^{n-1} \frac{n}{n+1}$.

2. 判断下列级数是条件收敛还是绝对收敛.

(1) $\sum_{n=1}^{\infty} (-1)^n \sin \frac{2}{n}$; (2) $\sum_{n=1}^{\infty} \frac{(-1)^{n-1}}{(2n-1)^2}$;

(3) $\sum_{n=1}^{\infty} \frac{(-1)^n n^2}{3^n}$.

3. 判别级数 $\sum_{n=1}^{\infty} \left[\frac{(-1)^{n-1}}{\sqrt{n(n+1)}} + \frac{1}{n^2} \right]$ 的敛散性.

第五节 幂级数

学习内容：幂级数的定义，幂级数的收敛准则，幂级数的性质.

目的要求：掌握幂级数的概念、幂级数的收敛准则以及幂级数的性质，能够熟练地利用幂级数的收敛准则及性质求幂级数的收敛半径、收敛区间以及幂级数的和函数.

重点难点：幂级数的收敛准则及性质，求幂级数的收敛半径、收敛区间以及幂级数的和函数.

在自然科学与工程技术中运用级数这一工具时，经常用到的不是常数项级数，而是函数项级数. 在这一节中，我们将介绍每项均为函数的函数项级数.

一、幂级数的概念

定义 1 设有函数序列 $f_1(x), f_2(x), f_3(x), \cdots f_n(x), \cdots$，其中每一个函数都在同一个定义区间 I 上有定义，那么表达式 $\sum_{n=1}^{\infty} f_n(x) = f_1(x) + f_2(x) + \cdots + f_n(x) + \cdots$ 称为定义在 I 上的**函数项级数**.

定义 2 函数项级数 $\sum_{n=0}^{\infty} a_n (x-x_0)^n = a_0 + a_1(x-x_0) + a_2 (x-x_0)^2 + \cdots + a_n (x-x_0)^n + \cdots$ 称为**幂级数**. 其中常数 $a_0, a_1, a_2, \cdots, a_n, \cdots$ 称为幂级数的**系数**. 当 $x_0 = 0$ 时，幂级数最简单的形式 $\sum_{n=0}^{\infty} a_n x^n = a_0 + a_1 x + a_2 x^2 + \cdots + a_n x^n + \cdots$.

显然，当上面级数中的变量 x 取定了某一值 x_0 时，它就变为一个常数项级数. 幂级数的收敛问题与常数项级数一样，我们把 $S_n(x) = a_0 + a_1 x + a_2 x^2 + \cdots + a_n x^n$ 称为幂级数的**部分和**. 如果这个部分和当 $n \to \infty$ 时对区间 I 中的每一点都收敛，那么称级数在区间 I **收敛**. 此时 $S_n(x)$ 的极限是定义在区间 I 中的函数，记作 $S(x)$，这个函数 $S(x)$ 称为级数的**和函数**，简称为**级数和**，记作 $S(x) = \sum_{n=0}^{\infty} a_n x^n$.

二、幂级数的收敛准则

对于幂级数，我们关心的问题仍是它的收敛与发散的判定问题，讨论幂级数收敛的问题主要在于收敛半径的寻求.

定理 1   设幂级数 $\sum\limits_{n=0}^{\infty} a_n x^n$ 的系数满足 $\lim\limits_{n \to \infty} \left| \dfrac{a_{n+1}}{a_n} \right| = \rho$，称 $\dfrac{1}{\rho}$ 为级数的收敛半径，记作 R，那么该幂级数的收敛半径和收敛区间为：

(1) 若 $\rho \neq 0$，则 $R = \dfrac{1}{\rho}$，收敛区间为 $(-R, R)$；

(2) 若 $\rho = 0$，则 $R = +\infty$，收敛区间为 $(-\infty, +\infty)$；

(3) 若 $\rho = +\infty$，则 $R = 0$，幂级数仅在一点 $x = 0$ 收敛.

例题 1   求幂级数 $\sum\limits_{n=1}^{\infty} (-1)^{n-1} \dfrac{x^n}{n}$ 的收敛半径和收敛区间.

解   因为 $\rho = \lim\limits_{n \to \infty} \left| \dfrac{a_{n+1}}{a_n} \right| = \lim\limits_{n \to \infty} \left| \dfrac{\dfrac{1}{n+1}}{\dfrac{1}{n}} \right| = 1$，所以收敛半径 $R = \dfrac{1}{\rho} = 1$.

在端点 $x = 1$ 处，级数成为交错级数 $\sum\limits_{n=1}^{\infty} (-1)^{n-1} \dfrac{1}{n}$，收敛；在端点 $x = -1$ 处，级数成为数项级数 $-\sum\limits_{n=1}^{\infty} \dfrac{1}{n}$，发散. 所以，幂级数的收敛区间是 $(-1, 1]$.

三、幂级数的性质

性质 1   设幂级数 $\sum\limits_{n=0}^{\infty} a_n x^n$ 和 $\sum\limits_{n=0}^{\infty} b_n x^n$ 的收敛半径分别为 $R_1 (> 0)$ 和 $R_2 (> 0)$，令 $R = \min(R_1, R_2)$，则在区间 $(-R, R)$ 内，有 $\sum\limits_{n=0}^{\infty} (a_n \pm b_n) x^n = \sum\limits_{n=0}^{\infty} a_n x^n \pm \sum\limits_{n=0}^{\infty} b_n x^n$.

性质 2   幂级数 $\sum\limits_{n=0}^{\infty} a_n x^n$ 的和 $S(x)$ 在收敛区内连续.

性质 3   设幂级数 $\sum\limits_{n=0}^{\infty} a_n x^n$ 的收敛半径 $R > 0$，且其和函数为 $S(x)$，则函数 $S(x)$ 在收敛区间 $(-R, R)$ 内的可导，且可逐项求导，即有

$$S'(x) = \left(\sum_{n=0}^{\infty} a_n x^n \right)' = \sum_{n=0}^{\infty} (a_n x^n)' = \sum_{n=1}^{\infty} n a_n x^{n-1}.$$

求导后所得到的幂级数 $\sum\limits_{n=1}^{\infty} n a_n x^{n-1}$ 与原级数 $\sum\limits_{n=0}^{\infty} a_n x^n$ 有相同的收敛半径.

性质 4   设幂级数 $\sum\limits_{n=0}^{\infty} a_n x^n$ 的收敛半径 $R > 0$，且其和函数为 $S(x)$，则函数 $S(x)$ 在收敛区间 $(-R, R)$ 内可积，且可逐项求积分，即有

$$\int_0^x S(t) \, \mathrm{d}t = \int_0^x \left(\sum_{n=0}^{\infty} a_n t^n \right) \mathrm{d}t = \sum_{n=0}^{\infty} \int_0^x a_n t^n \, \mathrm{d}t = \sum_{n=0}^{\infty} \frac{a_n}{n+1} x^{n+1},$$

积分后所得到的幂级数 $\sum\limits_{n=0}^{\infty} \dfrac{a_n}{n+1} x^{n+1}$ 与原级数 $\sum\limits_{n=0}^{\infty} a_n x^n$ 有相同的收敛半径.

例题 2　求幂级数 $1+2x+3x^2+\cdots+nx^{n-1}+\cdots$ 的和函数.

解　不难看出此级数是对 $x+x^2+x^3+\cdots+x^n+\cdots$ 逐项求导而得到的.

已知
$$x+x^2+x^3+\cdots+x^n+\cdots=\frac{x}{1-x},\ -1<x<1.$$

所以
$$1+2x+3x^2+\cdots+nx^{n-1}+\cdots$$
$$=(x)'+(x^2)'+(x^3)'+\cdots+(x^n)'+\cdots$$
$$=(x+x^2+x^3+\cdots+x^n+\cdots)'$$
$$=\left(\frac{x}{1-x}\right)'=\frac{1}{(1-x)^2},\ -1<x<1.$$

例题 3　求幂级数 $x-\dfrac{x^3}{3}+\dfrac{x^5}{5}-\dfrac{x^7}{7}+\cdots$ 的和函数.

解　这个级数是通过对 $1-x^2+x^4-x^6+\cdots$ 逐项积分而得到的.

已知
$$1-x^2+x^4-x^6+\cdots=\frac{1}{1+x^2},\ -1<x<1,$$

所以
$$x-\frac{x^3}{3}+\frac{x^5}{5}-\frac{x^7}{7}+\cdots$$
$$=\int_0^x 1\mathrm{d}t-\int_0^x t^2\mathrm{d}t+\int_0^x t^4\mathrm{d}t-\int_0^x t^6\mathrm{d}t+\cdots$$
$$=\int_0^x (1-t^2+t^4-t^6+\cdots)\mathrm{d}t$$
$$=\int_0^x \frac{1}{1+t^2}\mathrm{d}t=\arctan x,\ -1<x<1.$$

习题 8－5

本节习题答案

1. 求下列幂级数的收敛半径和收敛区间：

(1) $\displaystyle\sum_{n=1}^{\infty}\frac{x^n}{n^2 2^n}$；

(2) $\displaystyle\sum_{n=1}^{\infty}\frac{x^{n-1}}{3^{n-1}n}$；

(3) $\displaystyle\sum_{n=0}^{\infty}n!x^n$；

(4) $x+2x^2+3x^3+\cdots+nx^x+\cdots$.

2. 求下列幂级数的和函数.

(1) $\displaystyle\sum_{n=1}^{\infty}nx^{n-1}$；

(2) $\displaystyle\sum_{n=1}^{\infty}\frac{x^{4n+1}}{4n+1}$；

(3) $x+\dfrac{x^3}{3}+\cdots+\dfrac{x^{2n-1}}{2n-1}+\cdots$.

第六节　无穷级数测试题

一、选择题

1. 设级数 $\displaystyle\sum_{n=1}^{\infty}(u_{2n-1}+u_{2n})$ 收敛，则级数 $\displaystyle\sum_{n=1}^{\infty}u_n$（　　　）.

A. 必收敛

B. 未必收敛

C. $u_n \to 0 (n \to \infty)$

D. 发散

2. 级数 $\ln x + (\ln x)^2 + \cdots + (\ln x)^n + \cdots$，则（ ）.

A. x 取任何值时发散

B. x 取任何值时收敛

C. $x \in (e^{-1}, e)$ 时收敛

D. $x \in (0, e)$ 时发散

3. 下列级数中，条件收敛的是（ ）.

A. $\sum\limits_{n=1}^{\infty} (-1)^n \dfrac{n}{2n+1}$

B. $\sum\limits_{n=1}^{\infty} (-1)^n \dfrac{1}{n^2+1}$

C. $\sum\limits_{n=1}^{\infty} (-1)^n \dfrac{1}{\sqrt{n(n+1)}}$

D. $\sum\limits_{n=1}^{\infty} (-1)^n \dfrac{2}{3^n}$.

4. 下列级数中，绝对收敛的是（ ）.

A. $\sum\limits_{n=1}^{\infty} (-1)^{n-1} \dfrac{1}{2n-1}$

B. $\sum\limits_{n=1}^{\infty} (-1)^n \dfrac{1}{\sqrt[n]{n}}$

C. $\sum\limits_{n=1}^{\infty} (-1)^n \dfrac{1}{\ln n}$

D. $\sum\limits_{n=1}^{\infty} (-1)^n \dfrac{n}{3^n}$

5. 设级数 $\sum\limits_{n=1}^{\infty} a_n$ 绝对收敛，则 $\sum\limits_{n=1}^{\infty} a_n \sin \dfrac{\pi}{3^n}$（ ）.

A. 发散　　　　　　B. 条件收敛　　　　　C. 绝对收敛　　　　　D. 敛散性不能确定

6. 幂级数 $\sum\limits_{n=1}^{\infty} \dfrac{2^n}{n} x^n$ 的收敛域是（ ）.

A. $\left[-\dfrac{1}{2}, \dfrac{1}{2}\right]$　　　　B. $\left[-\dfrac{1}{2}, \dfrac{1}{2}\right)$　　　　C. $[-2, 2]$　　　　D. $[-2, 2)$

二、判断下列级数的敛散性.

(1) $\sum\limits_{n=1}^{\infty} \dfrac{\sqrt{n}}{2n^2+n+2}$;

(2) $\sum\limits_{n=1}^{\infty} \dfrac{3^n n!}{n^n}$.

三、判断下列级数的敛散性，若收敛，判断是绝对收敛还是相对收敛.

(1) $\sum\limits_{n=1}^{\infty} (-1)^{n-1} \dfrac{(n+1)!}{n^{n+1}}$;

(2) $\sum\limits_{n=1}^{\infty} (-1)^{n-1} \dfrac{2n-1}{n^2}$.

四、求幂级数 $\sum \dfrac{x^n}{n^2 \cdot 2^n}$ 的收敛半径和收敛区间.

五、求幂级数 $1 \times 2x + 2 \times 3x^2 + \cdots + n(n+1)x^n + \cdots$ 的收敛域及和函数.

【数学文化之华人数学家丘成桐的强国梦】

1976 年，27 岁的丘成桐完成了卡拉比猜想的证明. 这一成就马上在世界上引起轰动. 丘成桐因此一举成名.

有人说，丘成桐与其他数学家不同，他把数学推向中国，推向整个华人世界，这是他的伟大之处. 丘成桐培养的 50 位博士大部分是中国人，其中许多人已成为国际上知名的学者，

成为我国科研院校教学和研究的领军人物.

2004年12月17日，700多位华人数学家云集中国香港，参加第三届世界华人数学家大会.

当大会主席丘成桐教授出现在主席台时，坐在记者旁边的一位内地年轻数学家激动得两眼放光了.“我是来朝圣的！”他说，“丘成桐教授是数学界的圣人！”“当代国内外华人中最伟大的数学家有两个，一个是刚刚去世的陈省身，另一个就是丘成桐.陈省身、丘成桐是世界数学界的领袖，更是华人数学家的领袖！”在这次大会上获得晨兴数学金奖的国际著名数学家刘克峰说.

耀眼的数学巨星丘成桐，美国哈佛大学讲座教授，浙江大学数学中心主任，中科院晨兴数学中心主任，香港中文大学数学研究所所长，世界最高数学奖——菲尔兹奖获得者.

丘成桐1949年4月出生在广东汕头，不久即随父定居中国香港.父亲丘镇英是哲学教授，来往的客人常常谈希腊哲学，谈康德，谈中国文学，幼小的丘成桐懵懂地听着，这些知识都对他起着潜移默化的作用，但他最喜欢的还是数学.

14岁时，父亲突然去世，丘成桐的生活陷入困境，初二时他便开始做家教，为自己挣学费.逆境中他更加奋发，高中时，他已开始阅读华罗庚等数学家的书.

1966年，丘成桐考入香港中文大学数学系，3年修完大学课程.他的出众才华被一代宗师陈省身发现，便将其破格收到美国加州大学伯克利分校自己的门下直接攻读博士.

伯克利分校是世界微分几何的中心.在名师的指导下，丘成桐如饥似渴地学习，他攻读了拓扑、几何、微分方程、数论、组合学、概率及动力系统等学科.摩里教授的非线性偏微方程极为深奥，听得所有学生全逃光了，只剩下丘成桐一人，摩里干脆在办公室单独为丘成桐授课.丘成桐事后认为，这门课成为他数学生涯的基础.

一年后，22岁的丘成桐便获得了博士学位.此后他来到斯坦福大学工作.在一个几何大会上，一位物理学家就广义相对论的发言引起了他强烈的兴趣.会议期间，他开始反证这个问题，这就是世界著名数学难题卡拉比猜想.“卡拉比猜想不是个当代几何学者研究的标准课题，这是分析学上的一道难题，没有人愿意跟它沾上边.”他说.

但他却乐意与世界难题“沾边”，并且如醉如痴.

敢于怀疑权威，敢于向权威挑战，这是许多科学家成功的必备条件.丘成桐也是这样.一开始，他便用反证的办法对卡拉比猜想进行论证，他认为这个猜想错了.他的观点很快传到卡拉比教授耳朵里.不久，他接到卡拉比教授的来信，卡拉比帮助他厘清了许多问题.经过两周的冥思苦想，他终于发现是自己错了，于是马上调整方向进行研究.

丘成桐以自己的勤奋和聪慧很快在数学领域脱颖而出，25岁就成为斯坦福大学教授.

1976年，27岁的丘成桐完成了卡拉比猜想的证明.这一成就马上在世界上引起轰动.

1978年，29岁的他应邀在芬兰赫尔辛基召开的国际数学家大会上做一小时大会报告.一小时大会报告是世界数学界对其领导地位的承认，在他之前华人数学家中仅陈省身一人享受过这样的待遇.他的大会报告代表了20世纪80年代前后国际微分几何的研究方向、方法和主流.

也是在1978年，内地家喻户晓的著名数学家陈景润被国际数学家大会邀请作45分钟报告.

20 世纪 70 年代末，丘成桐进入学术的黄金时代，他在数学领域高歌猛进，成果迷现：他解决了史密斯猜想、正质量猜想、闵可夫斯基问题、镜猜想以及稳定性与特殊度量间的对应性等世界数学难题，以他的研究命名的卡拉比-丘流形在数学与理论物理上发挥了重要作用．

一颗耀眼的巨星在世界数学星空中升起．

1981 年，美国数学学会授予丘成桐世界微分几何最高奖维勃伦奖．

1983 年，他获得菲尔兹奖，这是世界数学领域的诺贝尔奖，直到今天，他还是华人中唯一的获奖者．

1994 年，他获得瑞典皇家科学院为弥补诺贝尔奖没设数学奖而专门设立的国际大奖"克雷福特奖"，这是 7 年颁发一次的世界级大奖，有人称"比诺贝尔奖还难拿"．

1997 年，美国总统亲自颁发给他美国国家科学奖．

国际数学大师、菲尔兹奖获得者唐纳森称他是"近四分之一世纪里最有影响的数学家"．国际数学大师、阿贝尔奖获得者辛格说："即使在哈佛，丘成桐一个人就是一个数学系！"

"我一生最大的愿望是帮中国强大起来．"

就在丘成桐的事业臻于峰巅时，他却突然调转方向，把大量时间和精力放到影响自己研究的行政和社交活动上．

这一举动源于他的一个梦——让中国成为数学强国．他说："我一生的最大愿望是帮中国强大起来！"

科学没有国界，但科学家却有自己的民族．作为一个华夏子孙，丘成桐有着强烈的民族自尊心和爱国心．

"当今中国数学界的大难，便是缺乏领导者．"丘成桐说．为此，他迎难而上，牺牲了个人部分宝贵的研究精力，担当起领导全球华人数学家的重任．

1979 年，30 岁的丘成桐应华罗庚的邀请第一次回国访问．一出机场，他激动地两手扑地，这是祖国的土地啊！负笈他乡的游子归来了！

访问，讲学，他在国内首先出版的专著《微分几何》产生了巨大的学术影响，他把自己的知识无私地贡献给祖国．期间他受到多位党和国家领导人的接见，这些领导都曾希望他能为中国培养人才．

1995 年，国家主席江泽民接见丘成桐．江主席再次提出，希望丘成桐帮助中国培养更多的数学家，推进中国的数学研究事业．

数十年的海外经历，丘成桐痛感落后受歧视，迫切希望祖国强盛起来．科技强则国强，而数学是科技之母，发达国家都是数学大国，中国要成为经济强国，首先必须是数学强国．而要数学强，必须有第一流的人才．

可是要培养一流人才，要有一流的研究条件，这就需要大笔的钱，到哪里去募集资金呢？

正在此时，他接到好友陈启宗的电话，陈启宗刚好在北京，看到江主席接见丘成桐的消息，非常兴奋．

"振兴中华，培养人才，我能做点什么？"陈启宗是香港晨兴集团董事长，一个热心公益事业的实业家．

丘成桐提出要设立一个高级别的数学奖，建一个国际数学中心，为中国培养一批世界一流的数学家，他希望老朋友援手，陈启宗一口答应．

丘成桐马上找来时任中科院副院长的路甬祥，最后商定，由晨兴集团出资设立晨兴数学奖，奖励 45 岁以下在世界数学领域取得一流成就的华人数学家；同时和中科院合作创办晨兴数学研究中心．

不久，路甬祥飞赴香港．在香港中环的一个饭店里，丘、陈、路商谈创建晨兴数学中心的种种细节．此时又遇到一个问题：没有办公楼．

"干脆，你捐钱，再为中心建座数学楼．"丘成桐乘胜追击．

陈启宗笑了．"为了江主席的嘱托，为了中华民族的振兴，我愿意！"

中科院对丘成桐和陈启宗的义举非常支持，拨专款支持中心创立．

1996 年 6 月 10 日，晨兴数学中心成立，丘成桐任中心主任，著名数学家杨乐任副主任．中心的宗旨是培养和造就优秀的青年数学家，在前沿领域开拓新的学术方向，促进与国际及港澳台地区数学交流，促进数学与其他学科的结合．中心在管理上完全按国际管理运作，每年年初，丘成桐聘请 10 多位国内外著名数学家组成学术委员会，研究确定一年中 6 到 10 个项目，这些课题都是根据中国需要又接近国际前沿的尖端课题．每个项目请 3 个国际一流的数学家担纲，国内 3 个教授协助，同时面向全国引进年轻的教授和博士参与课题研究．每年约有 150 至 200 位学者来晨兴从事高层次研究工作．

国际国内的数学精英开始向晨兴数学中心集聚，中心年年爆满．

2002 年 8 月，丘成桐又在浙江大学创立数学科学研究中心，中心的发展势头更为迅猛，形成南北呼应的大好局面．浙大数学中心名誉主任陈省身、主任丘成桐、执行主任刘克峰是三代嫡传的世界顶尖数学家，2004 年 4 月，陈省身先生为浙大数学中心题词"浙江数学，领导全国"．刘克峰的《折服于数学之美——追忆陈省身先生》一文记录了中国数学史上的这一段佳话．这三代数学家共同的最大愿望就是：帮中国强大起来．

早在 20 世纪 90 年代初，丘成桐便在香港中文大学创立数学研究所并亲自任所长，此举使该校的数学研究水平飙升．行政事务使丘成桐付出了很大的精力，但那是为自己的祖国工作，他心甘情愿．为了募集经费，丘成桐不得不周旋于企业家之间，和他们一起吃饭，商谈捐款问题，用科学家最宝贵的时间去做本来最不屑于做的应酬．李嘉诚捐助香港中文大学数学所 1 000 万元，郭鹤年捐助 3 000 万元．多年来，丘成桐为香港中文大学数学研究所、晨兴数学中心募集到的资金逾亿元，为浙江大学数学中心募集到 4 000 多万元．最近，他又说服陈启宗出资为晨兴中心建一座 8 000 平方米的大楼．

如此大的贡献，丘成桐该有丰厚报酬吧？没有．丘成桐在浙大中心、晨兴中心、香港任职不收分文报酬．

"丘成桐先生真正是无私奉献啊，连来往的飞机票等差旅费都是他自己出的．"刘克峰谈及此，非常感动．"他还自己掏钱呢，他一次就向浙大数学中心捐赠了 50 万美元的图书，还在浙大、中科大设立了丘成桐奖学金．"

在中国香港期间，记者来到丘成桐在香港中文大学的办公室，没想到如此著名的大师，他的办公室是如此简陋，不到 10 平方米的办公室里，仅摆着一桌两凳，主人与记者一落座，陪同的刘克峰就没地方坐了．中午，丘成桐请记者共进午餐，就在学校食堂许多教师们一起的大厅里点了几个菜，半个钟头就吃好了．

　　"丘先生对生活很随意，很俭朴．"刘克峰说．"他乘飞机一般都是坐经济舱．这次从美国到中国香港开会，他秘书给他买了商务舱，还挨了他的批评．"

　　就这样，这些年来，丘成桐来往穿梭于北京、杭州、中国香港和美国之间，筹备高端国际学术会议，物色来中国任职的国际一流数学家，邀请国际顶尖的科学大师来中国讲学和交流．他还担任清华、北大、复旦、中科大等十多所大学的名誉教授．"没有长期在大陆扎根的数学家不行．"丘成桐说．为此，他不遗余力将世界一流的人才引进回国工作．

　　2003 年，刘克峰获得国际数学大奖谷庚海默奖，获得一年的学术休假．丘成桐获悉后马上电邀刘克峰到浙大数学中心任职，担任浙大数学中心执行主任和数学系主任．刘克峰一来就签了 5 年的合同．

　　刘克峰抛妻别女只身来中国工作，细心的丘成桐亲自给浙大数学中心副主任许洪伟教授打电话："刘克峰喜欢打乒乓球，你给他买一张乒乓球桌吧，不然他会寂寞的．"

　　刘克峰不负大师所望，他领导的浙大数学中心以及数学系成果累累，而刘克峰在浙大的一年多时间里就攻克了马里诺-瓦发猜想、丘成桐几何度量猜想这两大世界数学难题．

　　通过丘成桐、刘克峰等人的努力，一大批世界著名数学家、理论物理学家应邀来浙大数学中心从事研究、教学和学术交流工作，其中包括菲尔兹奖获得者威腾，诺贝尔奖获得者格罗斯、霍夫特，沃尔奖获得者霍金、陈省身，费马大定理证明人维尔斯的导师科茨等 20 多位欧美国家科学院院士．这即使在哈佛、普林斯顿都很难做到．很多欧美国家的研究生、博士后因此自费来到浙大数学中心留学．

　　为使国内外数学家在高层次交流平台上开展学术交流，使国内数学家了解、掌握世界数学研究的最新动向，丘成桐还发起召开世界华人数学家大会．

　　1998 年，第一届世界华人数学家大会在北京举行．在这次大会上，晨兴数学奖首次开奖．此后华人数学家大会每 3 年开一次会，评一次奖，评奖委员会由国际数学大师组成，丘成桐已连续三届被推举为世界华人数学家大会主席．

　　华人数学家大会已得到世界数学界的高度重视，国际数学大师陈省身先生向大会捐赠10 万元表示支持．还有人说，这个大会的水平已经可以与世界数学家大会媲美，而晨兴数学奖金奖则是华人数学家的菲尔兹奖．

　　世界数学家大会每 4 年举行一次，可是近一个世纪以来，这个大会从未在第三世界举行过．海内外华人的数学研究已经取得很大进展，能否把大会拉到中国来开？丘成桐说动他的老师陈省身一起向江泽民主席提出建议．在他们的努力下，第 24 届世界数学大会于 2002 年在中国举行，这是第三世界第一次举办这样的大会．

　　1994 年，丘成桐当选中科院首批外籍院士．2003 年，他获得中国政府授予的国际科技合作奖．江泽民主席在给他的信中高度称赞他："先生心念中华，胸怀报国之志……"

　　法国数学大师彭加莱说："科学是堆砖头，数学家将之变成华厦．"

　　全世界的华人数学家也是一块块砖头，丘成桐甘做"泥瓦匠"，他要用这些砖头砌出中华数学强国的"华厦"．

　　有人说，丘成桐与其他数学家不同，他把数学推向中国，推向整个华人世界，这是他的伟大之处．多年来，丘成桐为了振兴中华数学研究事业，利用自己的学术地位和世界性影响，创立国际数学研究机构，培养年轻数学家和战略科学家，挑战世界性数学难题，设立全球性的大奖以激励年轻数学家，创办世界华人数学家大会，以帮助年轻数学家了解国际学术动态，交流研究成果，号召一大批国际杰出青年数学家回国服务．他促进了国内外数学家的融合和团结；同时他创立的数学中心促进了数学学科和其他学科的融合，浙大数学中心、晨兴数学中心的选题将纯粹数学、应用数学、概率统计、运筹控制、计算数学、生命科学、理论物理、金融、计算机等学科融合在一起．

2002 年，国际弦理论会议在丘成桐的倡导下先后在杭州、北京隆重召开，他和刘克峰请来了当时"活着的爱因斯坦"霍金、诺贝尔奖获得者格罗斯、菲尔兹奖获得者威腾等十多位国际科学大师出席会议并作主旨演讲，倡导了热爱科学、崇尚科学的社会风尚．丘成桐把全球华人数学家团结在一起，提携后辈，培养人才．他所做的工作是以往所有华人数学家没有做过的．他以一颗华夏子孙的赤子之心，为了中华民族数学事业的崛起，为了中国成为数学强国，做出了无私奉献．

丘成桐培养的 50 位博士大部分是中国人，其中许多人已成为国际上知名的学者，成为我国科研院校教学和研究的领军人物．在他的鼓励和影响下，刘克峰、李骏、张寿武、林芳华、辛周平、鄂维南、侯一钊、应志良、刘军、舒其望、励建书、范剑青等一大批在海外的国际顶尖数学家或回国工作，或回国讲学，给国内的数学界带来了一股股清新的学术空气．丘成桐深有感触地说："胡锦涛主席最近在看望数学家杨乐时，提出要'识别人才'，说出了我的心里话．我以前教过的一个学生，绝对算不上国际一流，论文错误连连，不肯修改，误导内地学生，在国际学术界成为笑柄，这样的水平和学风在内地居然可以被捧为高端引进人才，向国家伸手要钱、要待遇的本事比谁都大，不少真正属于国际一流水平的引进人才享受不到他的一半待遇．"

丘成桐被称为世界华人数学家的领军人物，在他的统率下，外邦俊彦，九州豪士，个个怀瑾握瑜，云集于他的麾下，这支海内外交融的世界级数学兵团正气势浩荡地向着世界数学的高峰挺进．

"陈省身教授提出的中国成为世界数学大国的愿望已实现，中华数学事业已进入丘成桐时代，中国将成为世界数学强国！"英国数学大师约翰·科茨动情地说．

附录 常用积分公式

一、含有 $ax+b$ 的积分（$a\neq0$）

1. $\displaystyle\int\frac{\mathrm{d}x}{ax+b}=\frac{1}{a}\ln|ax+b|+C$

2. $\displaystyle\int(ax+b)^{\mu}\mathrm{d}x=\frac{1}{a(\mu+1)}(ax+b)^{\mu+1}+C(\mu\neq-1)$

3. $\displaystyle\int\frac{x}{ax+b}\mathrm{d}x=\frac{1}{a^{2}}(ax+b-b\ln|ax+b|)+C$

4. $\displaystyle\int\frac{x^{2}}{ax+b}\mathrm{d}x=\frac{1}{a^{3}}\left[\frac{1}{2}(ax+b)^{2}-2b(ax+b)+b^{2}\ln|ax+b|\right]+C$

5. $\displaystyle\int\frac{\mathrm{d}x}{x(ax+b)}=-\frac{1}{b}\ln\left|\frac{ax+b}{x}\right|+C$

6. $\displaystyle\int\frac{\mathrm{d}x}{x^{2}(ax+b)}=-\frac{1}{bx}+\frac{a}{b^{2}}\ln\left|\frac{ax+b}{x}\right|+C$

7. $\displaystyle\int\frac{x}{(ax+b)^{2}}\mathrm{d}x=\frac{1}{a^{2}}\left(\ln|ax+b|+\frac{b}{ax+b}\right)+C$

8. $\displaystyle\int\frac{x^{2}}{(ax+b)^{2}}\mathrm{d}x=\frac{1}{a^{3}}\left(ax+b-2b\ln|ax+b|-\frac{b^{2}}{ax+b}\right)+C$

9. $\displaystyle\int\frac{\mathrm{d}x}{x(ax+b)^{2}}=\frac{1}{b(ax+b)}-\frac{1}{b^{2}}\ln\left|\frac{ax+b}{x}\right|+C$

二、含有 $\sqrt{ax+b}$ 的积分

1. $\displaystyle\int\sqrt{ax+b}\mathrm{d}x=\frac{2}{3a}\sqrt{(ax+b)^{3}}+C$

2. $\displaystyle\int x\sqrt{ax+b}\mathrm{d}x=\frac{2}{15a^{2}}(3ax-2b)\sqrt{(ax+b)^{3}}+C$

3. $\displaystyle\int x^{2}\sqrt{ax+b}\mathrm{d}x=\frac{2}{105a^{3}}(15a^{2}x^{2}-12abx+8b^{2})\sqrt{(ax+b)^{3}}+C$

4. $\displaystyle\int\frac{x}{\sqrt{ax+b}}\mathrm{d}x=\frac{2}{3a^{2}}(ax-2b)\sqrt{ax+b}+C$

5. $\displaystyle\int\frac{x^{2}}{\sqrt{ax+b}}\mathrm{d}x=\frac{2}{15a^{3}}(3a^{2}x^{2}-4abx+8b^{2})\sqrt{ax+b}+C$

6. $\displaystyle\int \frac{\mathrm{d}x}{x\sqrt{ax+b}} = \begin{cases} \dfrac{1}{\sqrt{b}}\ln\left|\dfrac{\sqrt{ax+b}-\sqrt{b}}{\sqrt{ax+b}+\sqrt{b}}\right|+C & (b>0) \\[4mm] \dfrac{2}{\sqrt{-b}}\arctan\sqrt{\dfrac{ax+b}{-b}}+C & (b<0) \end{cases}$

7. $\displaystyle\int \frac{\mathrm{d}x}{x^2\sqrt{ax+b}} = -\frac{\sqrt{ax+b}}{bx} - \frac{a}{2b}\int \frac{\mathrm{d}x}{x\sqrt{ax+b}}$

8. $\displaystyle\int \frac{\sqrt{ax+b}}{x}\mathrm{d}x = 2\sqrt{ax+b} + b\int \frac{\mathrm{d}x}{x\sqrt{ax+b}}$

9. $\displaystyle\int \frac{\sqrt{ax+b}}{x^2}\mathrm{d}x = -\frac{\sqrt{ax+b}}{x} + \frac{a}{2}\int \frac{\mathrm{d}x}{x\sqrt{ax+b}}$

三、含有 $x^2 \pm a^2$ 的积分

1. $\displaystyle\int \frac{\mathrm{d}x}{x^2+a^2} = \frac{1}{a}\arctan\frac{x}{a}+C$

2. $\displaystyle\int \frac{\mathrm{d}x}{(x^2+a^2)^n} = \frac{x}{2(n-1)a^2(x^2+a^2)^{n-1}} + \frac{2n-3}{2(n-1)a^2}\int \frac{\mathrm{d}x}{(x^2+a^2)^{n-1}}$

3. $\displaystyle\int \frac{\mathrm{d}x}{x^2-a^2} = \frac{1}{2a}\ln\left|\frac{x-a}{x+a}\right|+C$

四、含有 $ax^2+b(a>0)$ 的积分

1. $\displaystyle\int \frac{\mathrm{d}x}{ax^2+b} = \begin{cases} \dfrac{1}{\sqrt{ab}}\arctan\sqrt{\dfrac{a}{b}}x+C & (b>0) \\[4mm] \dfrac{1}{2\sqrt{-ab}}\ln\left|\dfrac{\sqrt{a}x-\sqrt{-b}}{\sqrt{a}x+\sqrt{-b}}\right|+C & (b<0) \end{cases}$

2. $\displaystyle\int \frac{x}{ax^2+b}\mathrm{d}x = \frac{1}{2a}\ln|ax^2+b|+C$

3. $\displaystyle\int \frac{x^2}{ax^2+b}\mathrm{d}x = \frac{x}{a} - \frac{b}{a}\int \frac{\mathrm{d}x}{ax^2+b}$

4. $\displaystyle\int \frac{\mathrm{d}x}{x(ax^2+b)} = \frac{1}{2b}\ln\frac{x^2}{|ax^2+b|}+C$

5. $\displaystyle\int \frac{\mathrm{d}x}{x^2(ax^2+b)} = -\frac{1}{bx} - \frac{a}{b}\int \frac{\mathrm{d}x}{ax^2+b}$

6. $\displaystyle\int \frac{\mathrm{d}x}{x^3(ax^2+b)} = \frac{a}{2b^2}\ln\frac{|ax^2+b|}{x^2} - \frac{1}{2bx^2}+C$

7. $\displaystyle\int \frac{\mathrm{d}x}{(ax^2+b)^2} = \frac{x}{2b(ax^2+b)} + \frac{1}{2b}\int \frac{\mathrm{d}x}{ax^2+b}$

五、含有 $ax^2+bx+c(a>0)$ 的积分

1. $\displaystyle\int\frac{\mathrm{d}x}{ax^2+bx+c}=\begin{cases}\dfrac{2}{\sqrt{4ac-b^2}}\arctan\dfrac{2ax+b}{\sqrt{4ac-b^2}}+C & (b^2<4ac)\\[4mm]\dfrac{1}{\sqrt{b^2-4ac}}\ln\left|\dfrac{2ax+b-\sqrt{b^2-4ac}}{2ax+b+\sqrt{b^2-4ac}}\right|+C & (b^2>4ac)\end{cases}$

2. $\displaystyle\int\frac{x}{ax^2+bx+c}\mathrm{d}x=\frac{1}{2a}\ln|ax^2+bx+c|-\frac{b}{2a}\int\frac{\mathrm{d}x}{ax^2+bx+c}$

六、含有 $\sqrt{x^2+a^2}$（$a>0$）的积分

1. $\displaystyle\int\frac{\mathrm{d}x}{\sqrt{x^2+a^2}}=\operatorname{arch}\frac{x}{a}+C_1=\ln(x+\sqrt{x^2+a^2})+C$

2. $\displaystyle\int\frac{\mathrm{d}x}{\sqrt{(x^2+a^2)^3}}=\frac{x}{a^2\sqrt{x^2+a^2}}+C$

3. $\displaystyle\int\frac{x}{\sqrt{x^2+a^2}}\mathrm{d}x=\sqrt{x^2+a^2}+C$

4. $\displaystyle\int\frac{x}{\sqrt{(x^2+a^2)^3}}\mathrm{d}x=-\frac{1}{\sqrt{x^2+a^2}}+C$

5. $\displaystyle\int\frac{x^2}{\sqrt{x^2+a^2}}\mathrm{d}x=\frac{x}{2}\sqrt{x^2+a^2}-\frac{a^2}{2}\ln(x+\sqrt{x^2+a^2})+C$

6. $\displaystyle\int\frac{x^2}{\sqrt{(x^2+a^2)^3}}\mathrm{d}x=-\frac{x}{\sqrt{x^2+a^2}}+\ln(x+\sqrt{x^2+a^2})+C$

7. $\displaystyle\int\frac{\mathrm{d}x}{x\sqrt{x^2+a^2}}=\frac{1}{a}\ln\frac{\sqrt{x^2+a^2}-a}{|x|}+C$

8. $\displaystyle\int\frac{\mathrm{d}x}{x^2\sqrt{x^2+a^2}}=-\frac{\sqrt{x^2+a^2}}{a^2x}+C$

9. $\displaystyle\int\sqrt{x^2+a^2}\,\mathrm{d}x=\frac{x}{2}\sqrt{x^2+a^2}+\frac{a^2}{2}\ln(x+\sqrt{x^2+a^2})+C$

10. $\displaystyle\int\sqrt{(x^2+a^2)^3}\,\mathrm{d}x=\frac{x}{8}(2x^2+5a^2)\sqrt{x^2+a^2}+\frac{3}{8}a^4\ln(x+\sqrt{x^2+a^2})+C$

11. $\displaystyle\int x\sqrt{x^2+a^2}\,\mathrm{d}x=\frac{1}{3}\sqrt{(x^2+a^2)^3}+C$

12. $\displaystyle\int x^2\sqrt{x^2+a^2}\,\mathrm{d}x=\frac{x}{8}(2x^2+a^2)\sqrt{x^2+a^2}-\frac{a^4}{8}\ln(x+\sqrt{x^2+a^2})+C$

13. $\displaystyle\int\frac{\sqrt{x^2+a^2}}{x}\mathrm{d}x=\sqrt{x^2+a^2}+a\ln\frac{\sqrt{x^2+a^2}-a}{|x|}+C$

14. $\displaystyle\int\frac{\sqrt{x^2+a^2}}{x^2}\mathrm{d}x=-\frac{\sqrt{x^2+a^2}}{x}+\ln(x+\sqrt{x^2+a^2})+C$

七、含有 $\sqrt{x^2-a^2}$ （$a>0$）的积分

1. $\displaystyle\int \frac{\mathrm{d}x}{\sqrt{x^2-a^2}} = \frac{x}{|x|}\operatorname{arch}\frac{|x|}{a}+C_1 = \ln\left|x+\sqrt{x^2-a^2}\right|+C$

2. $\displaystyle\int \frac{\mathrm{d}x}{\sqrt{(x^2-a^2)^3}} = -\frac{x}{a^2\sqrt{x^2-a^2}}+C$

3. $\displaystyle\int \frac{x}{\sqrt{x^2-a^2}}\mathrm{d}x = \sqrt{x^2-a^2}+C$

4. $\displaystyle\int \frac{x}{\sqrt{(x^2-a^2)^3}}\mathrm{d}x = -\frac{1}{\sqrt{x^2-a^2}}+C$

5. $\displaystyle\int \frac{x^2}{\sqrt{x^2-a^2}}\mathrm{d}x = \frac{x}{2}\sqrt{x^2-a^2}+\frac{a^2}{2}\ln\left|x+\sqrt{x^2-a^2}\right|+C$

6. $\displaystyle\int \frac{x^2}{\sqrt{(x^2-a^2)^3}}\mathrm{d}x = -\frac{x}{\sqrt{x^2-a^2}}+\ln\left|x+\sqrt{x^2-a^2}\right|+C$

7. $\displaystyle\int \frac{\mathrm{d}x}{x\sqrt{x^2-a^2}} = \frac{1}{a}\arccos\frac{a}{|x|}+C$

8. $\displaystyle\int \frac{\mathrm{d}x}{x^2\sqrt{x^2-a^2}} = \frac{\sqrt{x^2-a^2}}{a^2x}+C$

9. $\displaystyle\int \sqrt{x^2-a^2}\,\mathrm{d}x = \frac{x}{2}\sqrt{x^2-a^2}-\frac{a^2}{2}\ln\left|x+\sqrt{x^2-a^2}\right|+C$

10. $\displaystyle\int \sqrt{(x^2-a^2)^3}\,\mathrm{d}x = \frac{x}{8}(2x^2-5a^2)\sqrt{x^2-a^2}+\frac{3}{8}a^4\ln\left|x+\sqrt{x^2-a^2}\right|+C$

11. $\displaystyle\int x\sqrt{x^2-a^2}\,\mathrm{d}x = \frac{1}{3}\sqrt{(x^2-a^2)^3}+C$

12. $\displaystyle\int x^2\sqrt{x^2-a^2}\,\mathrm{d}x = \frac{x}{8}(2x^2-a^2)\sqrt{x^2-a^2}-\frac{a^4}{8}\ln\left|x+\sqrt{x^2-a^2}\right|+C$

13. $\displaystyle\int \frac{\sqrt{x^2-a^2}}{x}\mathrm{d}x = \sqrt{x^2-a^2}-a\arccos\frac{a}{|x|}+C$

14. $\displaystyle\int \frac{\sqrt{x^2-a^2}}{x^2}\mathrm{d}x = -\frac{\sqrt{x^2-a^2}}{x}+\ln\left|x+\sqrt{x^2-a^2}\right|+C$

八、含有 $\sqrt{a^2-x^2}$ （$a>0$）的积分

1. $\displaystyle\int \frac{\mathrm{d}x}{\sqrt{a^2-x^2}} = \arcsin\frac{x}{a}+C$

2. $\displaystyle\int \frac{\mathrm{d}x}{\sqrt{(a^2-x^2)^3}} = \frac{x}{a^2\sqrt{a^2-x^2}}+C$

3. $\displaystyle\int \frac{x}{\sqrt{a^2-x^2}}\mathrm{d}x = -\sqrt{a^2-x^2}+C$

4. $\displaystyle\int \frac{x}{\sqrt{(a^2-x^2)^3}}\mathrm{d}x = \frac{1}{\sqrt{a^2-x^2}}+C$

5. $\displaystyle\int \frac{x^2}{\sqrt{a^2-x^2}}\mathrm{d}x =-\frac{x}{2}\sqrt{a^2-x^2}+\frac{a^2}{2}\arcsin\frac{x}{a}+C$

6. $\displaystyle\int \frac{x^2}{\sqrt{(a^2-x^2)^3}}\mathrm{d}x = \frac{x}{\sqrt{a^2-x^2}}-\arcsin\frac{x}{a}+C$

7. $\displaystyle\int \frac{\mathrm{d}x}{x\sqrt{a^2-x^2}} = \frac{1}{a}\ln\frac{a-\sqrt{a^2-x^2}}{|x|}+C$

8. $\displaystyle\int \frac{\mathrm{d}x}{x^2\sqrt{a^2-x^2}} =-\frac{\sqrt{a^2-x^2}}{a^2 x}+C$

9. $\displaystyle\int \sqrt{a^2-x^2}\,\mathrm{d}x = \frac{x}{2}\sqrt{a^2-x^2}+\frac{a^2}{2}\arcsin\frac{x}{a}+C$

10. $\displaystyle\int \sqrt{(a^2-x^2)^3}\,\mathrm{d}x = \frac{x}{8}(5a^2-2x^2)\sqrt{a^2-x^2}+\frac{3}{8}a^4\arcsin\frac{x}{a}+C$

11. $\displaystyle\int x\sqrt{a^2-x^2}\,\mathrm{d}x =-\frac{1}{3}\sqrt{(a^2-x^2)^3}+C$

12. $\displaystyle\int x^2\sqrt{a^2-x^2}\,\mathrm{d}x = \frac{x}{8}(2x^2-a^2)\sqrt{a^2-x^2}+\frac{a^4}{8}\arcsin\frac{x}{a}+C$

13. $\displaystyle\int \frac{\sqrt{a^2-x^2}}{x}\mathrm{d}x = \sqrt{a^2-x^2}+a\ln\frac{a-\sqrt{a^2-x^2}}{|x|}+C$

14. $\displaystyle\int \frac{\sqrt{a^2-x^2}}{x^2}\mathrm{d}x =-\frac{\sqrt{a^2-x^2}}{x}-\arcsin\frac{x}{a}+C$

九、含有 $\sqrt{\pm ax^2+bx+c}$ （$a>0$） 的积分

1. $\displaystyle\int \frac{\mathrm{d}x}{\sqrt{ax^2+bx+c}} = \frac{1}{\sqrt{a}}\ln\left|2ax+b+2\sqrt{a}\sqrt{ax^2+bx+c}\right|+C$

2. $\displaystyle\int \sqrt{ax^2+bx+c}\,\mathrm{d}x = \frac{2ax+b}{4a}\sqrt{ax^2+bx+c}+\frac{4ac-b^2}{8\sqrt{a^3}}\ln\left|2ax+b+2\sqrt{a}\sqrt{ax^2+bx+c}\right|+C$

3. $\displaystyle\int \frac{x}{\sqrt{ax^2+bx+c}}\mathrm{d}x = \frac{1}{a}\sqrt{ax^2+bx+c}-\frac{b}{2\sqrt{a^3}}\ln\left|2ax+b+2\sqrt{a}\sqrt{ax^2+bx+c}\right|+C$

4. $\displaystyle\int \frac{\mathrm{d}x}{\sqrt{c+bx-ax^2}} =-\frac{1}{\sqrt{a}}\arcsin\frac{2ax-b}{\sqrt{b^2+4ac}}+C$

5. $\displaystyle\int \sqrt{c+bx-ax^2}\,\mathrm{d}x = \frac{2ax-b}{4a}\sqrt{c+bx-ax^2}+\frac{b^2+4ac}{8\sqrt{a^3}}\arcsin\frac{2ax-b}{\sqrt{b^2+4ac}}+C$

6. $\displaystyle\int \frac{x}{\sqrt{c+bx-ax^2}}\mathrm{d}x =-\frac{1}{a}\sqrt{c+bx-ax^2}+\frac{b}{2\sqrt{a^3}}\arcsin\frac{2ax-b}{\sqrt{b^2+4ac}}+C$

十、含有 $\sqrt{\pm\dfrac{x-a}{x-b}}$ 或 $\sqrt{(x-a)(b-x)}$ 的积分

1. $\displaystyle\int \sqrt{\frac{x-a}{x-b}}\,\mathrm{d}x = (x-b)\sqrt{\frac{x-a}{x-b}} + (b-a)\ln(\sqrt{|x-a|} + \sqrt{|x-b|}) + C$

2. $\displaystyle\int \sqrt{\frac{x-a}{b-x}}\,\mathrm{d}x = (x-b)\sqrt{\frac{x-a}{b-x}} + (b-a)\arcsin\sqrt{\frac{x-a}{b-x}} + C$

3. $\displaystyle\int \frac{\mathrm{d}x}{\sqrt{(x-a)(b-x)}} = 2\arcsin\sqrt{\frac{x-a}{b-x}} + C \quad (a<b)$

4. $\displaystyle\int \sqrt{(x-a)(b-x)}\,\mathrm{d}x = \frac{2x-a-b}{4}\sqrt{(x-a)(b-x)} + \frac{(b-a)^2}{4}\arcsin\sqrt{\frac{x-a}{b-x}} +$
$\qquad C \ (a<b)$

十一、含有三角函数的积分

1. $\displaystyle\int \sin x\mathrm{d}x = -\cos x + C$

2. $\displaystyle\int \cos x\mathrm{d}x = \sin x + C$

3. $\displaystyle\int \tan x\mathrm{d}x = -\ln|\cos x| + C$

4. $\displaystyle\int \cot x\mathrm{d}x = \ln|\sin x| + C$

5. $\displaystyle\int \sec x\mathrm{d}x = \ln\left|\tan\left(\frac{\pi}{4} + \frac{x}{2}\right)\right| + C = \ln|\sec x + \tan x| + C$

6. $\displaystyle\int \csc x\mathrm{d}x = \ln\left|\tan\frac{x}{2}\right| + C = \ln|\csc x - \cot x| + C$

7. $\displaystyle\int \sec^2 x\mathrm{d}x = \tan x + C$

8. $\displaystyle\int \csc^2 x\mathrm{d}x = -\cot x + C$

9. $\displaystyle\int \sec x\tan x\mathrm{d}x = \sec x + C$

10. $\displaystyle\int \csc x\cot x\mathrm{d}x = -\csc x + C$

11. $\displaystyle\int \sin^2 x\mathrm{d}x = \frac{x}{2} - \frac{1}{4}\sin 2x + C$

12. $\displaystyle\int \cos^2 x\mathrm{d}x = \frac{x}{2} + \frac{1}{4}\sin 2x + C$

13. $\displaystyle\int \sin^n x\,\mathrm{d}x = -\frac{1}{n}\sin^{n-1} x\cos x + \frac{n-1}{n}\int \sin^{n-2} x\mathrm{d}x$

14. $\displaystyle\int \cos^n x\,\mathrm{d}x = \frac{1}{n}\cos^{n-1} x\sin x + \frac{n-1}{n}\int \cos^{n-2} x\mathrm{d}x$

15. $\displaystyle\int \frac{\mathrm{d}x}{\sin^n x} = -\frac{1}{n-1} \cdot \frac{\cos x}{\sin^{n-1} x} + \frac{n-2}{n-1}\int \frac{\mathrm{d}x}{\sin^{n-2} x}$

16. $\displaystyle\int \frac{\mathrm{d}x}{\cos^n x} = \frac{1}{n-1} \cdot \frac{\sin x}{\cos^{n-1} x} + \frac{n-2}{n-1}\int \frac{\mathrm{d}x}{\cos^{n-2} x}$

17. $\displaystyle\int \cos^m x\,\sin^n x\,\mathrm{d}x = \frac{1}{m+n}\cos^{m-1} x\,\sin^{n+1} x + \frac{m-1}{m+n}\int \cos^{m-2} x\,\sin^n x\,\mathrm{d}x$

$\displaystyle\qquad\qquad\qquad = -\frac{1}{m+n}\cos^{m+1} x\,\sin^{n-1} x + \frac{n-1}{m+n}\int \cos^m x\,\sin^{n-2} x\,\mathrm{d}x$

18. $\displaystyle\int \sin ax\cos bx\,\mathrm{d}x = -\frac{1}{2(a+b)}\cos(a+b)x - \frac{1}{2(a-b)}\cos(a-b)x + C$

19. $\displaystyle\int \sin ax\sin bx\,\mathrm{d}x = -\frac{1}{2(a+b)}\sin(a+b)x + \frac{1}{2(a-b)}\sin(a-b)x + C$

20. $\displaystyle\int \cos ax\cos bx\,\mathrm{d}x = \frac{1}{2(a+b)}\sin(a+b)x + \frac{1}{2(a-b)}\sin(a-b)x + C$

21. $\displaystyle\int \frac{\mathrm{d}x}{a+b\sin x} = \frac{2}{\sqrt{a^2-b^2}}\arctan \frac{a\tan\dfrac{x}{2}+b}{\sqrt{a^2-b^2}} + C \quad (a^2 > b^2)$

22. $\displaystyle\int \frac{\mathrm{d}x}{a+b\sin x} = \frac{1}{\sqrt{b^2-a^2}}\ln\left| \frac{a\tan\dfrac{x}{2}+b-\sqrt{b^2-a^2}}{a\tan\dfrac{x}{2}+b+\sqrt{b^2-a^2}} \right| + C \quad (a^2 < b^2)$

23. $\displaystyle\int \frac{\mathrm{d}x}{a+b\cos x} = \frac{2}{a+b}\sqrt{\frac{a+b}{a-b}}\arctan\left(\sqrt{\frac{a-b}{a+b}}\tan\frac{x}{2} \right) + C \quad (a^2 > b^2)$

24. $\displaystyle\int \frac{\mathrm{d}x}{a+b\cos x} = \frac{1}{a+b}\sqrt{\frac{a+b}{b-a}}\ln\left| \frac{\tan\dfrac{x}{2}+\sqrt{\dfrac{a+b}{b-a}}}{\tan\dfrac{x}{2}-\sqrt{\dfrac{a+b}{b-a}}} \right| + C \quad (a^2 < b^2)$

25. $\displaystyle\int \frac{\mathrm{d}x}{a^2\cos^2 x + b^2\sin^2 x} = \frac{1}{ab}\arctan\left(\frac{b}{a}\tan x \right) + C$

26. $\displaystyle\int \frac{\mathrm{d}x}{a^2\cos^2 x - b^2\sin^2 x} = \frac{1}{2ab}\ln\left| \frac{b\tan x + a}{b\tan x - a} \right| + C$

27. $\displaystyle\int x\sin ax\,\mathrm{d}x = \frac{1}{a^2}\sin ax - \frac{1}{a}x\cos ax + C$

28. $\displaystyle\int x^2\sin ax\,\mathrm{d}x = -\frac{1}{a}x^2\cos ax + \frac{2}{a^2}x\sin ax + \frac{2}{a^3}\cos ax + C$

29. $\displaystyle\int x\cos ax\,\mathrm{d}x = \frac{1}{a^2}\cos ax + \frac{1}{a}x\sin ax + C$

30. $\displaystyle\int x^2\cos ax\,\mathrm{d}x = \frac{1}{a}x^2\sin ax + \frac{2}{a^2}x\cos ax - \frac{2}{a^3}\sin ax + C$

十二、含有反三角函数的积分（其中 $a>0$）

1. $\int \arcsin \dfrac{x}{a} \mathrm{d}x = x \arcsin \dfrac{x}{a} + \sqrt{a^2 - x^2} + C$

2. $\int x \arcsin \dfrac{x}{a} \mathrm{d}x = \left(\dfrac{x^2}{2} - \dfrac{a^2}{4}\right) \arcsin \dfrac{x}{a} + \dfrac{x}{4} \sqrt{a^2 - x^2} + C$

3. $\int x^2 \arcsin \dfrac{x}{a} \mathrm{d}x = \dfrac{x^3}{3} \arcsin \dfrac{x}{a} + \dfrac{1}{9}(x^2 + 2a^2) \sqrt{a^2 - x^2} + C$

4. $\int \arccos \dfrac{x}{a} \mathrm{d}x = x \arccos \dfrac{x}{a} - \sqrt{a^2 - x^2} + C$

5. $\int x \arccos \dfrac{x}{a} \mathrm{d}x = \left(\dfrac{x^2}{2} - \dfrac{a^2}{4}\right) \arccos \dfrac{x}{a} - \dfrac{x}{4} \sqrt{a^2 - x^2} + C$

6. $\int x^2 \arccos \dfrac{x}{a} \mathrm{d}x = \dfrac{x^3}{3} \arccos \dfrac{x}{a} - \dfrac{1}{9}(x^2 + 2a^2) \sqrt{a^2 - x^2} + C$

7. $\int \arctan \dfrac{x}{a} \mathrm{d}x = x \arctan \dfrac{x}{a} - \dfrac{a}{2} \ln(a^2 + x^2) + C$

8. $\int x \arctan \dfrac{x}{a} \mathrm{d}x = \dfrac{1}{2}(a^2 + x^2) \arctan \dfrac{x}{a} - \dfrac{a}{2} x + C$

9. $\int x^2 \arctan \dfrac{x}{a} \mathrm{d}x = \dfrac{x^3}{3} \arctan \dfrac{x}{a} - \dfrac{a}{6} x^2 + \dfrac{a^3}{6} \ln(a^2 + x^2) + C$

十三、含有指数函数的积分

1. $\int a^x \mathrm{d}x = \dfrac{1}{\ln a} a^x + C$

2. $\int \mathrm{e}^{ax} \mathrm{d}x = \dfrac{1}{a} \mathrm{e}^{ax} + C$

3. $\int x \mathrm{e}^{ax} \mathrm{d}x = \dfrac{1}{a^2}(ax - 1) \mathrm{e}^{ax} + C$

4. $\int x^n \mathrm{e}^{ax} \mathrm{d}x = \dfrac{1}{a} x^n \mathrm{e}^{ax} - \dfrac{n}{a} \int x^{n-1} \mathrm{e}^{ax} \mathrm{d}x$

5. $\int x a^x \mathrm{d}x = \dfrac{x}{\ln a} a^x - \dfrac{1}{(\ln a)^2} a^x + C$

6. $\int x^n a^x \mathrm{d}x = \dfrac{1}{\ln a} x^n a^x - \dfrac{n}{\ln a} \int x^{n-1} a^x \mathrm{d}x$

7. $\int \mathrm{e}^{ax} \sin bx \, \mathrm{d}x = \dfrac{1}{a^2 + b^2} \mathrm{e}^{ax} (a \sin bx - b \cos bx) + C$

8. $\int \mathrm{e}^{ax} \cos bx \, \mathrm{d}x = \dfrac{1}{a^2 + b^2} \mathrm{e}^{ax} (b \sin bx + a \cos bx) + C$

9. $\int \mathrm{e}^{ax} \sin^n bx \, \mathrm{d}x = \dfrac{1}{a^2 + b^2 n^2} \mathrm{e}^{ax} \sin^{n-1} bx (a \sin bx - nb \cos bx) + \dfrac{n(n-1)b^2}{a^2 + b^2 n^2} \int \mathrm{e}^{ax} \sin^{n-2} bx \, \mathrm{d}x$

10. $\displaystyle\int e^{ax} \cos^n bx\, \mathrm{d}x = \frac{1}{a^2 + b^2 n^2} e^{ax} \cos^{n-1} bx\, (a\cos bx + nb\sin bx) +$

$\displaystyle\qquad\qquad\qquad \frac{n(n-1)b^2}{a^2 + b^2 n^2} \int e^{ax} \cos^{n-2} bx\, \mathrm{d}x$

十四、含有对数函数的积分

1. $\displaystyle\int \ln x\, \mathrm{d}x = x\ln x - x + C$

2. $\displaystyle\int \frac{\mathrm{d}x}{x\ln x} = \ln|\ln x| + C$

3. $\displaystyle\int x^n \ln x\, \mathrm{d}x = \frac{1}{n+1} x^{n+1} \left(\ln x - \frac{1}{n+1} \right) + C$

4. $\displaystyle\int (\ln x)^n \mathrm{d}x = x\,(\ln x)^n - n \int (\ln x)^{n-1} \mathrm{d}x$

5. $\displaystyle\int x^m (\ln x)^n \mathrm{d}x = \frac{1}{m+1} x^{m+1} (\ln x)^n - \frac{n}{m+1} \int x^m (\ln x)^{n-1} \mathrm{d}x$

十五、含有双曲函数的积分

1. $\displaystyle\int \mathrm{sh}\, x\, \mathrm{d}x = \mathrm{ch}\, x + C$

2. $\displaystyle\int \mathrm{ch}\, x\, \mathrm{d}x = \mathrm{sh}\, x + C$

3. $\displaystyle\int \mathrm{th}\, x\, \mathrm{d}x = \ln \mathrm{ch}\, x + C$

4. $\displaystyle\int \mathrm{sh}^2 x\, \mathrm{d}x = -\frac{x}{2} + \frac{1}{4}\mathrm{sh}\, 2x + C$

5. $\displaystyle\int \mathrm{ch}^2 x\, \mathrm{d}x = \frac{x}{2} + \frac{1}{4}\mathrm{sh}\, 2x + C$

十六、定积分

1. $\displaystyle\int_{-\pi}^{\pi} \cos nx\, \mathrm{d}x = \int_{-\pi}^{\pi} \sin nx\, \mathrm{d}x = 0$

2. $\displaystyle\int_{-\pi}^{\pi} \cos mx \sin nx\, \mathrm{d}x = 0$

3. $\displaystyle\int_{-\pi}^{\pi} \cos mx \cos nx\, \mathrm{d}x = \begin{cases} 0, & m \neq n \\ \pi, & m = n \end{cases}$

4. $\displaystyle\int_{-\pi}^{\pi} \sin mx \sin nx\, \mathrm{d}x = \begin{cases} 0, & m \neq n \\ \pi, & m = n \end{cases}$

5. $\displaystyle\int_{0}^{\pi} \sin mx \sin nx\, \mathrm{d}x = \int_{0}^{\pi} \cos mx \cos nx\, \mathrm{d}x = \begin{cases} 0, & m \neq n \\ \pi/2, & m = n \end{cases}$

6. $I_n = \int_0^{\frac{\pi}{2}} \sin^n x \, \mathrm{d}x = \int_0^{\frac{\pi}{2}} \cos^n x \, \mathrm{d}x$

　　$I_n = \dfrac{n-1}{n} I_{n-2} I_n = \dfrac{n-1}{n} \cdot \dfrac{n-3}{n-2} \cdot \cdots \times \dfrac{4}{5} \times \dfrac{2}{3}$　　（n 为大于 1 的正奇数），$I_1 = 1$

　　$I_n = \dfrac{n-1}{n} \cdot \dfrac{n-3}{n-2} \cdot \cdots \cdot \dfrac{3}{4} \times \dfrac{1}{2} \times \dfrac{\pi}{2}$　（n 为正偶数），$I_0 = \dfrac{\pi}{2}$

参 考 文 献

[1] 王德华，王金平. 高等数学——土建类 [M]. 镇江：江苏大学出版社，2011.

[2] 高玉静. 高等数学——计算机类 [M]. 镇江：江苏大学出版社，2011.

[3] 沙淑波，胡伟. 高等数学——机械类 [M]. 镇江：江苏大学出版社，2011.

[4] 李本图，夏德昌. 高等数学——财经类 [M]. 镇江：江苏大学出版社，2011.

[5] 施桂萍. 高等数学——轻纺类 [M]. 镇江：江苏大学出版社，2011.

[6] 王德华，王金平. 高等数学——土建类（修订版）[M]. 镇江：江苏大学出版社，2015.

[7] 高玉静. 高等数学——计算机类（修订版）[M]. 镇江：江苏大学出版社，2015.

[8] 夏德昌，沙淑波，胡伟. 高等数学——机械类（修订版）[M]. 镇江：江苏大学出版社，2015.

[9] 李本图，夏德昌. 高等数学——财经类（修订版）[M]. 镇江：江苏大学出版社，2015.

[10] 施桂萍. 高等数学——轻纺类（修订版）[M]. 镇江：江苏大学出版社，2015.

[11] 冉兆平. 高等数学 [M]. 上海：上海财经大学出版社，2006.

[12] 贾明斌，沙淑波. 高等数学（修订版）[M]. 上海：上海交通大学出版社，2009.

[13] 刘书田，冯翠莲，侯明华. 高等数学 [M]. 第二版. 北京：北京大学出版社，2004.

[14] 刘书田，孙惠玲. 微积分 [M]. 北京：北京大学出版社，2006.

[15] 沙淑波，高等数学 [M]. 北京：人民出版社，2006.

[16] 沙淑波，王金平 [M]. 青岛：中国海洋大学出版社，2003.

[17] 冉兆平. 高等数学 [M]. 上海：上海财经大学出版社，2006.

[18] 高汝熹. 高等数学（经济和管理专业用）[M]. 上海：复旦大学出版社，1988.

[19] 邓成梁. 经济管理数学 [M]. 第二版. 武汉：华中科技大学出版社，2001.

[20] 冯翠莲，赵益坤. 应用经济数学 [M]. 北京：高等教育出版社，2006.

[21] 同济大学概率统计教研组. 概率统计 [M]. 第二版. 上海：同济大学出版社，2000.

[22] 夏勇，汪晓空. 经济数学基础（微积分及其应用）[M]. 北京：清华大学出版社，2004.

[23] 叶鹰，李萍，刘小茂. 概率论与数理统计 [M]. 第二版. 武汉：华中科技大学出版社，2004.

[24] 于信，徐史明. 高等应用数学 [M]. 北京：北京大学出版社，2007.

［25］康永强. 应用数学与数学文化［M］. 北京：高等教育出版社，2011.

［26］周志燕，程黄金. 高等数学［M］. 沈阳：东北大学出版社，2014.

［27］皮利利. 经济应用数学［M］. 北京：机械工业出版社，2010.

［28］张凤祥，刘贵基. 高等数学（微积分）［M］. 兰州：兰州大学出版社，2002.

［29］顾静相. 经济数学基础［M］. 第二版. 北京：高等教育出版社，2004.

［30］关叶青，张凤林. 经济数学［M］. 上海：立信会计出版社，2006.

［31］贺新瑜. 应用数学（高职分册）［M］. 大连：东北财经大学出版社，2003.

［32］金路. 微积分［M］. 北京：北京大学出版社，2006.